U0159023

电力监控系统安全防护设备

培训教材

国网浙江省电力有限公司　组编

中国电力出版社
CHINA ELECTRIC POWER PRESS

内 容 提 要

本书共七章,内容涵盖了电力专用单向横向隔离装置、纵向加密认证装置等电力专用安防设备,防火墙、入侵检测系统等通用安防设备,网络设备、操作系统、数据库等基础软硬件,并针对这些软硬件设备的运维操作提供了详细的指导。本书精选了典型配置案例并制作成视频课件,以二维码的形式插入相关章节。

本书可作为电力监控系统安全防护从业人员的培训教材及工作参考书。

图书在版编目(CIP)数据

电力监控系统安全防护设备培训教材/国网浙江省电力有限公司组编. —北京:中国电力出版社,2021.4
ISBN 978-7-5198-5070-8

Ⅰ.①电… Ⅱ.①国… Ⅲ.①电力监控系统—安全防护—技术培训—教材 Ⅳ.① TM73

中国版本图书馆 CIP 数据核字(2020)第 201690 号

出版发行:中国电力出版社
地   址:北京市东城区北京站西街 19 号(邮政编码 100005)
网   址:http://www.cepp.sgcc.com.cn
责任编辑:刘丽平 王蔓莉(010-63412791)
责任校对:黄 蓓 常燕昆
装帧设计:张俊霞
责任印制:石 雷

印   刷:三河市万龙印装有限公司
版   次:2021 年 4 月第一版
印   次:2021 年 4 月北京第一次印刷
开   本:787 毫米 × 1092 毫米 16 开本
印   张:19
字   数:352 千字
印   数:0001—1000 册
定   价:76.00 元

编 写 组

主　　编　肖艳炜

副主编　张　静　金学奇

编写人员　孔飘红　章杜锡　宓群超　蒋正威

　　　　　　黄银强　江　杰　胡健鹏　屠雨夕

　　　　　　戚　峰　潘仲达　公　正　曹张洁

　　　　　　王立建　曹志勇　郑剑波　刘华蕾

　　　　　　李嘉茜　杨　勇　熊佩华　黄红艳

　　　　　　张　超　史俊霞　钱海峰　徐红泉

前　言

　　电力系统的信息网络正从"大型、封闭"逐渐向"超大型、半封闭"转换，网络安全环境日趋复杂，网络攻击对电网安全构成严重威胁。乌克兰大停电、委内瑞拉大停电等国际事件表明，对电力系统进行网络攻击已成为国家对抗战略的一种重要手段。监控系统是电力系统运行控制的中枢，确保其网络安全，已成为保障电网安全乃至国家安全的一项重要措施。

　　近年来，国网浙江省电力有限公司落实各项措施，加强专业队伍建设，强化技术能力提高，全面提升电力监控系统网络安全的运行管理水平。然而，电力监控系统网络安防设备种类多、更新速度快，迫切需要合适的教材来开展针对性培训，以提升一线运维人员的业务技能。

　　本书着眼于实际操作技能的培养，契合日常运维实际，提炼总结电力监控系统网络安全设备的典型配置、运维方法并辅以常见问题解答，可切实提升一线人员的运维技能。

　　本书所述内容涵盖了操作系统加固，基础网络设备和防火墙、入侵检测等通用安防设备的配置，物理隔离装置、纵向加密装置等电力专用安防设备的配置等，能较好地满足实际工作需要。

　　同时，本书还精选了典型配置案例并制作成视频课件，以二维码的形式插入相关章节，以便读者更直观地理解和学习相关知识。

　　由于网络安全技术领域发展迅速，加上编者水平有限，书中难免有疏漏和不足之处，恳请广大读者不吝赐教，谢谢！

编者

2020 年 9 月

目　录

1

网络设备

电力调度数据网是建设在电力同步数字体系（Synchronous Digital Hierarchy，SDH）通信传输网络平台上的调度生产专用数据网，是实现调度实时和非实时业务数据传输的基础平台，也是实现电力生产、电力调度、实时监控、数据管理智能化及电网调度自动化的有效途径，为发电、输电、变电、配电联合运转提供安全、经济、稳定、可靠的网络通道。交换机和路由器是电力调度数据网的主要组成设备，其性能满足承载业务安全性、实时性和可靠性的要求。

本章主要介绍交换机和路由器的基本知识，并以接入层交换机和路由器为例介绍它们的配置和使用方法。

1.1 网络基础

计算机网络是计算机技术与通信技术密切结合的产物。计算机网络的简单定义是：以实现远程通信为目的，一些互联的、独立自治的计算机的集合。

1.1.1 网络概述

1.1.1.1 计算机网络分类

按照计算机网络所覆盖的地理范围的大小进行分类，计算机网络可分为局域网、城域网和广域网，如表 1-1 所示。

表 1-1   计算机网络分类

网络分类	适用范围	网络特点
局域网	某一区域内，覆盖范围一般在方圆几十米到几千米	封闭型网络，具有组建灵活、成本低廉、运行可靠、速度快等优点
城域网	一般是一个城市	多媒体通信网络，提供高速率、高质量数据通信业务
广域网	跨接很大的物理范围	主要使用分组交换技术，一般由电信部门负责组建、管理和维护，并向全社会提供面向通信的有偿服务、流量统计和计费问题

1.1.1.2   计算机网络拓扑

在日常工作中，表 1-2 中的几类网络拓扑结构使用较为普遍，能适用各类场合。

表 1-2   常见的网络拓扑结构

拓扑类型	结构特点	优点	缺点
总线拓扑	所有的节点都共享一条公用传输媒体	①结构简单，组网容易；②信道利用率高，传输速率高	①一次只能有一个设备传输数据；②传输距离有限，通信范围受限制；③不具有实时功能
星状拓扑	中央节点"点到点"链接到各个站点组成	①结构简单，扩展性强；②易检测、隔离故障；③网络延迟时间较小，传输误差低	①安装和维护的费用较高；②通信线路利用率不高；③一旦中央节点出现故障，则整个网络将瘫痪
环状拓扑	各节点通过环路连成闭合环形通信线路	①电缆长度短；②结构简单，容易实现	①节点的故障会引起全网故障；②故障检测困难
树状拓扑	多级显状结构自上而下呈三角形分布，不形成闭合回路	①易于扩展；②故障隔离较容易	过于依赖根节点
网状拓扑	混合型结构	①故障诊断和隔离较为方便；②易于扩展；③安装方便	①网络建设成本比较高；②线缆长度较长

1.1.1.3   OSI 七层参考模型与 TCP/IP 模型

国际标准化组织（International Organization for Standardization，ISO）于 1977 年提出了开放系统互联（Open System Interconnection，OSI）七层参考模型，如表 1-3 所示。在开放系统中，任意两台终端机即使有不同的体系结构也可以进行通信。

表 1-3 　　　　　　　　　　　　OSI 模型简介

OSI 模型结构	主要功能	典型协议
物理层	为设备之间的数据通信提供传输媒体及互连设备，为数据传输提供可靠的环境	RS485
数据链路层	建立、拆除数据链路，并进行数据检错、纠错	PPP、HDLC
网络层	路由选择，获得从源到目的的路径	IP
传输层	负责向两个主机中进程之间的通信提供通用的数据传输服务，应用进程利用该服务传送应用层报文	TCP、UDP
会话层	建立和维持应用程序会话，并使会话获得同步，负担应用进程服务要求	SQL、NFS、RPC
表示层	数据的加密、压缩、格式转换，保证信息互通	ASCII、MPEG、JPEG
应用层	为操作系统或网络应用程序提供访问网络服务的接口	文字处理、邮件、电子表格

OSI 模型提供了控制互联系统交互规则的标准框架，它定义了一种抽象结构，而非具体实现的描述。对等层实体之间通信由该层的协议管理，相邻层间的接口定义了原语操作和下层向上层提供的服务，该服务可以是面向连接的或无连接的数据服务。

传输控制协议 / 网际协议（Transmission Control Protocol/Internet Protocol，TCP/IP）是 OSI 模型的一种实现。TCP/IP 实际上是一个协议系列或称协议簇。对应 OSI 模型的层次结构，并且为了实现的简单性将 OSI 部分层次的功能合并，TCP/IP 协议体系共分为网络接口层、网际层、传输层和应用层共四层，如图 1-1 所示。

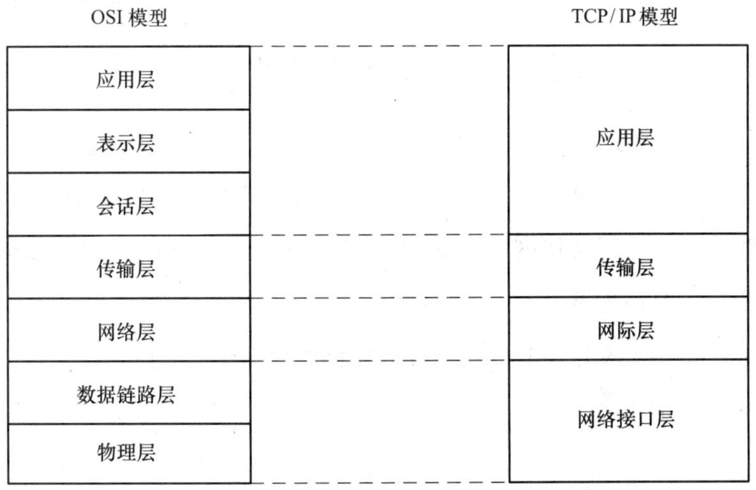

OSI 模型 　　　　　　　　　　　　　　　　　　TCP/IP 模型

OSI 模型	TCP/IP 模型
应用层	应用层
表示层	
会话层	
传输层	传输层
网络层	网际层
数据链路层	网络接口层
物理层	

图 1-1　OSI 模型与 TCP/IP 协议簇的层次对应关系

1.1.2　MAC 地址

网络层的数据包被加上帧头和帧尾，构成了可由数据链路层识别的数据帧（以太网数据帧）。以太网帧头和帧尾所用的字节数是固定不变的，但根据被封装数据包大小的不同，以太网数据帧的长度也随之变化，变化的范围是 64~1518Byte。以太网帧结构见图 1-2。

目的地址 6Byte	源地址 6Byte	类型 2Byte	数据 46~1500 Byte	校验码 4Byte

图 1-2　以太网帧结构

1.1.2.1　MAC 地址结构

从帧的结构中可以看出，目的地址和源地址是帧在数据链路层的传输过程中对数据发送端与接收端进行寻址的重要依据，这组地址被称为媒体存取控制位址（Media Access Control Address，MAC），也称为局域网地址、硬件地址或物理地址。它被生产厂商以烧录的形式固化在网卡等网络组件芯片中，长度为 48bit。

MAC 地址结构如图 1-3 所示，48 位二进制数被分为两个部分，前 24 位是网络设备生产厂家自己的标识，称为组织唯一标符，需要生产厂家到 IEEE 进行申请，后 24 位是识别 LAN 节点的标识。通过 MAC 地址，可以唯一地识别局域网中的一台终端或一个接口。MAC 地址也可以用十六进制表示，便于记忆和书写，一般标记为 D4:28:A4:8E:99:4B 或 D4-28-A4-8E-99-4B。

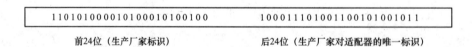

1101010000101000010100100	100011101001100101001011
前24位（生产厂家标识）	后24位（生产厂家对适配器的唯一标识）

图 1-3　MAC 地址结构

1.1.2.2　MAC 地址的寻址过程

MAC 地址就如同身份证号码一样，是用来在网络中唯一标识适配器的编号，具有全球唯一性，即世界上任何两块网卡上的 MAC 地址都是不一样的，因此数据链路层通过 MAC 地址来识别主机适配器。

从以太网格式可以看出，MAC 地址在以太网中扮演很重要的角色，以太网的寻址过程主要通过 MAC 地址实现。

1.1.3　IP 地址与子网掩码

IP 地址是 TCP/IP 的网络层用以标识网络中主机的逻辑地址。逻辑地址是与数据链路层的物理地址（即硬件地址）相对的一种可配置地址，有时又被称为网络地址。物理地址（如 MAC 地址）固化在网卡的芯片中，是不能改变的。而逻辑地址（如 IP 地址）则是第 3 层地址，可以根据主机所在网络灵活的配置，是可变的。

IP 地址由网络号与主机号两部分组成的，如图 1-4 所示。网络号又称网络地址，用于标识该主机所在的网络，同一个网络中每台机器 IP 地址的网络号部分是相同的。主机号表示该主机在相应网络中的序号，可以唯一地标识该主机，因此同一网络中各主机号必须是不同的。

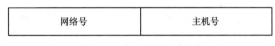

网络号	主机号

图 1-4　IP 地址示意图

由于广域网上有数以亿计的主机，标识主机的地址不仅需要唯一性，同时被赋予了其他的管理意义，如地理位置等。因此，MAC 地址只在局域网中用于寻址，在广域网或 Internet 上需要使用 IP 地址去唯一地标识一台主机。

1.1.3.1　IP 地址的分类

IP 地址总长度为 32 位，点分十进制地址采用 x.x.x.x 的格式来表示，每个 x 为 8 位，每个 x 的值为 0~255（如 202.113.29.119），那么网络号和主机号的位数是不固定的，取决于其属于哪一类 IP 地址。根据网络规模，IP 地址被默认分为 A 到 E 共 5 类，也叫自然网段。其中 A、B、C 类称为基本类，用于主机地址，D 类地址是种组播地址，E 类地址保留今后使用，如表 1-4 所示。

表 1-4　　　　　　　　　　　　IP 地址自然网段分类

	IP 地址范围	子网掩码
A 类 IP 地址	0.0.0.0~127.255.255.255	255.0.0.0
B 类 IP 地址	128.0.0.0~191.255.255.255	255.255.0.0
C 类 IP 地址	192.0.0.0~223.255.255.255	255.255.255.0
D 类 IP 地址	224.0.0.0~239.255.255.255	
E 类 IP 地址	240.0.0.0~255.255.255.255	

在所有 IP 地址中，有三类地址被用作特殊用途，不代表具体主机：

（1）网络地址。网络地址主要是用来标识一个网络，它不是指具体的哪一个主机或设备，而是标识属于同一个网络的主机或网络设备的集合。对任意一个 IP 地址来说，将它的地址结构中的主机号全部取 0 就得到了它所处的网络地址。

例如 A 类地址 80.231.2.33 的网络地址是 80.0.0.0；B 类地址 163.23.5.53 的网络地址是 163.23.0.0；C 类地址 212.29.75.8 的网络地址是 212.29.75.0。

（2）广播地址。在广播方式下，一台网络设备所发送的数据分组将会被本网络内的所有主机接收，每个主机都收到同样的信息。在一个网络内，将它的地址结构中的主机号全部取 1 就得到了它所处网络的广播地址。

例如 A 类地址 80.231.2.33 的网络地址是 80.255.255.255；B 类地址 163.23.5.53 的网络地址是 163.23.255.255；C 类地址 212.29.75.8 的网络地址是 212.29.75.255。

（3）环回地址。将 127.0.0.1 称为环回（Loopback）地址，所谓环回，是指发送给该地址的数据不离开发送主机。环回地址用于网络软件测试和本地进程间通信。TCP/IP 协议规定，含网络号为 127 的分组不能出现在任何网络，主机和路由器不能为该地址广播任何寻址信息。

1.1.3.2　子网掩码及子网划分

在 IP 协议中，子网掩码（Subnet Mask）用来区分网络上的主机是否在同一网段内。它的形式和 IP 地址一样，长度是 32 位，从左端开始的连续二进制数字"1"表示 IP 地址的 32 位二进制数字中有多少位属于网络号，剩余的二进制数字"0"则表示主机号是哪些位。

子网掩码同样可以采用点分十进制的数字来表示，如子网掩码 11111111 11111111 00000000 00000000 可以写成 255.255.0.0。子网掩码的另一种表示方法是在 IP 地址后加上"/"符号以及 1~32 的数字，其中 1~32 的数字表示子网掩码中网络标识位的长度（也就是有多个"1"），如 IP 地址 172.16.1.1 和子网掩码 255.255.0.0，也可以写成 172.16.1.1/16。

由于 A、B、C 类地址中网络号和主机号所占的位数是固定的，所以 A 类地址的子网掩码为 255.0.0.0，B 类地址的子网掩码为 255.255.0.0，C 类地址的子网掩码为 255.255.255.0。而实际应用过程中，为提高 IP 地址的使用效率，可以采用借位的方法将一个网络划分为多个子网，从主机最高位开始借位变为新的子网位，剩余部分仍为主机位，使本来应当属于主机号的部分改变为网络号，这样就实现了划分子网的目的，也叫可变长子网掩码。

借位使得 IP 地址的结构分为网络号、子网号和主机号 3 部分，如图 1-5 所示。

网络号	主机号	

网络号	子网号	主机号

图 1-5 借位前后 IP 地址的含义变化

1.1.4 路由

路由器是专门设计用于实现网络层路由选择和数据转发功能的网络互联设备。一个网络内部一般不需要路由器，路由器一般用于将局域网接入广域网及多个网络互联。

路由器并不关心主机，只关心网络的位置以及通向每个网络的路径。路由器的某个接口在收到 IP 数据包后，利用 IP 数据包中的 IP 地址和子网掩码计算出目标网络号，并将目标网络号与路由表进行匹配，即确定是否存在一条到达目标网络的最佳路径信息。若存在匹配，则将 IP 数据包重新进行封装并将其从路由器相应端口转发出去；若不存在匹配，则将相应的 IP 分组丢弃。上述查找路由表以获得最佳路径信息的过程被称为路由器的"路由"功能，而将从接收端口进来的数据在输出端口重新转发出去的功能称为路由器的"交换"功能。"路由"与"交换"是路由器的两大基本功能。

现举例说明路由器的工作原理。当同一个网络中的主机进行数据传输时，例如图 1-6 中的主机 A 要发送数据给主机 B，由于此时 IP 数据包中源 IP 在同一个网络中，数据包不经过路由器而直接由交换机根据 MAC 地址表转发。

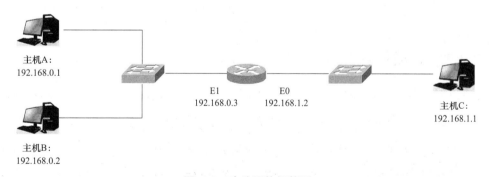

图 1-6 直连网络拓扑图

当不同网络中的主机进行数据传输时，由路由器转发 IP 数据包。路由器接收到数据包后，如果目的 IP 所在的网络是直连网路，则直接从直连网络相应的接口转发。例如主机 A 发送数据到主机 C，由于主机 C 所在的网络 192.168.1.0 直连在 E0 口上，因此将 IP 数据包从 E0 口上转发出去。

非直连网络拓扑图如图 1-7 所示。

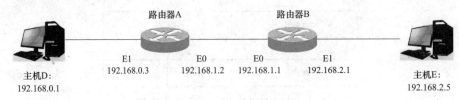

图 1-7　非直连网络拓扑图

如果目的 IP 所在的网络也不是直连网络，则根据路由表将接收到的数据包转发到下一跳地址，由下一跳地址所在的路由器继续转发。例如主机 D 发送数据到主机 E，由于主机 D 所在的网络 192.168.0.0 和主机 E 所在的网络 192.168.2.0 不同，因此 IP 数据包首先被发送到路由器 A。路由器 A 在路由表中查询到网络 192.168.2.0 的下一跳地址是 192.168.1.1，下一跳地址的接口为 E0，因此将 IP 数据包从 E0 口上转发到 192.168.1.1，192.168.1.1 所在的路由器 B 的 E0 接口接收该数据包，并根据路由器 B 的路由表将该数据包从 E1 口发送到路由器 B 的直连目的网络 192.168.2.0。

从路由器的工作原理可以看出，路由器的路由表中只存放目的网络的相关信息，并没有主机的信息，路由器的工作任务主要是根据一定的算法和策略，决定如何将来自一个网络的 IP 数据包转发到另一个网络，而在一个网络内部则由交换机将 IP 数据包封装成数据链路层的帧，再根据交换机的 MAC 地址表转发。

1.2　网络协议

1.2.1　生成树协议

生成树协议（Spanning Tree Protocol，STP）是一个用于在局域网中消除环路的协议。运行该协议的交换机通过彼此交互信息发现网络中的环路，并适当对某些端口进行逻辑阻塞（并非物理关闭），逻辑上消除环路，防止广播风暴的产生，如图 1-8 所示。同时，STP 为数据链路提供了冗余，有效避免在一个交换网络中出现单点失效的故障，提高网络的可靠性。单点失效是指由于网络中某一台设备的故障而影响整个网络的通信。

1.2.1.1　STP 的角色

运行 STP 协议的交换机根据生成及接收到的所有消息，选举产生根桥，并确定各类端口角色。

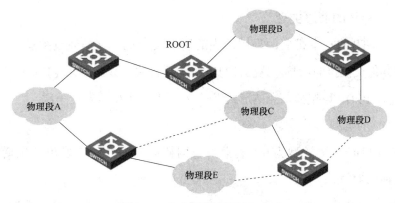

图 1-8　生成树协议逻辑示意图

（1）根桥。

由"优先级 +MAC 地址"构成，先比较优先级，再比较 MAC 地址，数值越小者，越优先选举。

（2）根端口（RootPort，RP）。

1）在非根桥上选举根路径开销（Cost）最小的端口为 RP，一个运行 STP 协议的交换机上有且仅有一个 RP。

2）在根路径开销相同时，所连网段发送者桥 ID（BridgeID，BID）最小的端口为根端口。

3）在根路径开销、发送者 BID 相同时，所连网段发送者端口 ID（Port ID，PID）最小的端口为根端口。

对于根桥发出的报文来看，流量从根端口进入交换机，可以理解为离上游设备最近的端口。

（3）指定端口（DesignatedPort，DP）。

1）根桥上的所有端口都为指定端口。

2）非根桥上指定 RP 后，直连的每个物理段选出根路径开销最小的桥作为指定桥（Designated Bridge），连接指定桥的端口为指定端口，一个链路上有且仅有一个 DP。

3）在根路径开销相同时，链路两端发送者 BID 小的作为指定桥。

4）在根路径开销、发送者 BID 相同时，链路两端发送者 PID 小的作为指定桥。

对于根桥发出的报文来看，流量从指定端口流出交换机，可以理解为离下游设备最近的端口。

（4）可选端口。可选端口（AlternatedPort，AP）即非根端口，也非指定端口，说明该端口不在生成树上，需要阻塞，也被称为阻塞端口。

1.2.1.2 STP 的消息类型

对于参与 STP 的一个扩展的局域网中的所有交换机，它们通过数据消息的交换来获取网络中其他交换接的信息。这些消息被称为桥接协议数据单元（Bridge Protocol Data Unit，BPDU）。BPDU 以组播信息的形式发送，每隔 2s 由根桥发送一次。

（1）BPDU 的类型。

1）配置 BPDU 报文类型为 0，通常由根网桥以周期性间隔发出，包括 STP 参数，用于进行各种选举。

2）拓扑变更通告（Topology Change Notification，TCN）BPDU 报文类型为 80，TCN BPDU 是在交换机检测到拓扑发生变更时产生。

（2）BPDU 的信息字段。

1）根桥 ID（Root ID，根桥 ID），标明已经被选定为根桥的设备标识。

2）根路径开销，路径开销按照数据传往根桥的方向进行路径开销累加。

IEEE802.1D 标准最初将开销定义为 1000Mbit/s 除以链路的带宽（单位为 Mbit/s），随着吉比特以太网和速率更高的技术的出现，这种定义就出现了一些问题：开销是作为整数而不是浮点数存放的。例如 10Gbit/s 的开销是 1000/10000=0.1，而这是一个无效的开销。为了解决这个问题。IEEE 改变了这个反比定义，出现了更新后的开销定义，如表 1-5 所示。

表 1-5　　　　　　　　　　　　　STP 路径开销

带宽	STP 开销
4 Mbit/s	250
10 Mbit/s	100
16 Mbit/s	62
45 Mbit/s	39
100 Mbit/s	19
155 Mbit/s	14
622 Mbit/s	6
1 Gbit/s	4
10 Gbit/s	2

3）发送者 BID。发送者 BID 指该 BPDU 的网桥 ID，由网桥优先级和 MAC 地址组成。其中网桥优先级默认取 32768，也可人工定义为 0~65535 区间内的任一数值。

4）发送者 PID。发送该 BPDU 的网桥端口 ID，由端口优先级和端口编号组成。其中端口优先级默认取 128，也可人工定义为 0~255 区间内的任一数值。

1.2.1.3　STP 的端口状态

（1）阻塞（blocking）。在阻塞状态，接口接收但不转发 BPDU。同时，端口不能学习 MAC 地址，也不能收发数据帧。

（2）监听（listening）。在监听状态，接口能够接收并发送 BPDU，交换机能够决定根桥，并且可以选举产生根端口、指定端口和可选端口。同时，端口不能学习 MAC 地址，也不能收发数据帧。

（3）学习（learning）。在学习状态，接口能够接收并发送 BPDU。同时，端口能够在这个状态学习 MAC 地址表项，但却不能收发数据帧。

（4）转发（forwarding）。在转发状态，接口能够接收并发送 BPDU。同时，可以根据 MAC 地址表项进行数据接收、转发。

（5）禁用（disabled）。在禁用状态，接口不参与生成树计算。

1.2.1.4　STP 的工作过程

（1）最初，每一台交换机都认为自己是根桥，尝试向外通告这一信息。

（2）STP 交换机在每一个端口上定期（2s）发送 BPDU 报文。

（3）每台交换机除了发送 BPDU 外，也从所有端口上接收 BPDU，一旦某端口上收听到比自己发的还要"好"的 BPDU，那么这个端口就提取该 BPDU 中的某些信息，更新自己的信息，并停止在该链路上发送 BPDU。

此时，需要更新的信息包括：

1）根桥 BID（交换机决策）：从所有端口中最好的 BPDU 中获得。

2）根端口（交换机决策）：从所有端口中最好的 BPDU 中获得。

3）指定端口（端口决策）：如果从该端口收到更好的 BPDU，则说明别人距离根桥更近，则自己端口不是 DP，否则认为自己是 DP。

4）上述过程一直持续，直到最终网络收敛：最优的根桥最终被选举出来，并且 RP，DP 端口也被确定下来，整个网络形成"以最优 BID 为根"的树形拓扑。

该端口缓存他人 BPDU 后，自己则立即停止发送 BPDU。

当发送 BPDU 时，交换机填充"发送者 BID"字段总是自己的 BID，而填充"根桥 ID"字段则是"当前我所认为是根桥的 BID"。

以上为 STP 协议的基本原理介绍，实际中 STP 协议尚有不足之处，在此基础上更新有 RSTP、MSTP 等优化版本，这里不一一展开。

1.2.2 ARP/RARP 协议

地址解析协议（Address Resolution Protocol，ARP）用于将 IP 地址解析为物理地址，是从已知的 IP 地址找出对应物理地址的映射过程；逆向地址解析协议（Reverse Address Resolution Protocol，RARP）用于将物理地址解析为 IP 地址，是从已知的物理地址找出对应 IP 地址的映射过程。ARP/RARP 协议如图 1-9 所示。

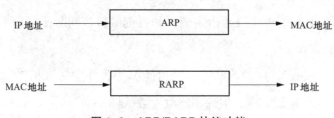

IP 地址 ——→ ARP ——→ MAC 地址

MAC 地址 ——→ RARP ——→ IP 地址

图 1-9 ARP/RARP 协议功能

1.2.2.1 ARP 工作过程

局域网中的某台主机要发送数据给另一台主机，知道对方的 IP 地址但不知道对方的硬件地址时，就需要先通过 ARP 协议解析对方的硬件地址，才能正确发送和接收数据。

假设某拓扑结构，主机 B 的 IP 为 192.168.0.1/24，硬件地址为 11-13-a5-66-70-b2，主机 E 的 IP 为 192.168.0.223/24，主机 B 要查询 E 的硬件地址以便发送数据给 E，则 ARP 解析过程为：

（1）主机 B 的 ARP 进程在局域网上广播一个 ARP 请求包，其内容为"我是 192.168.0.1/24 主机，硬件地址是 11-13-a5-66-70-b2，我想知道 192.168.0.223/24 的硬件地址"。

（2）在本局域网上的所有主机（A、C、D、E）都收到此 ARP 请求包。

（3）主机 E 在 ARP 请求包中见到自己的 IP 地址，就向主机 B 发送 ARP 响应包，在响应包中写入自己的硬件地址，其余所有的主机（A、C、D）都不会响应。ARP 响应包的主要内容是"我是 192.168.0.223/24，硬件地址是 22-24-b6-81-c3"。

（4）主机 B 收到主机 E 发送过来的响应分组后，就在其高速缓存中写入主机 E 的 IP 地址到硬件地址的映射。写入缓存的作用是今后主机 B 再发送数据给主机 E，就不需要再次通过 ARP 协议查询 E 的硬件地址，而是可以直接从主机 B 的缓存中读出 E 的硬件地址。

1.2.2.2 RARP 工作过程

RARP 允许局域网的物理机器从 RARP 服务器的 RARP 表或者缓存上请求其 IP 地

址。对于一些没有磁盘的主机来说，其自身不能保存数据，因此网络管理员需要在局域网中的 RARP 服务器中创建一个表以映射物理地址和其对应的 IP 地址，如图 1-10 所示。

图 1-10　RARP 客服端 / 服务器工作模式

具体步骤如下：

（1）无盘机（RARP 客户端）发送一个本地的 RARP 广播，在此广播中声明自己的 MAC 地址，并且请求任何收到此请求的 RARP 服务器分配一个 IP 地址。

（2）本地网段上的 RARP 服务器收到此请求后，检查其 RARP 映射表，查找该 MAC 地址对应的 IP 地址。

（3）如果对应的 IP 地址存在，RARP 服务器就给源主机发送一个响应数据包并将此 IP 地址提供给对方主机使用；如果不存在，RARP 服务器对此不做任何的响应。

（4）无盘机收到来自 RARP 服务器的响应信息，就利用得到的 IP 地址进行通信；如果一直没有收到 RARP 服务器的响应信息，表示初始化失败。

1.2.3　OSPF 路由协议

开放最短路径优先（Open Shortest Path First，OSPF）路由协议是一种典型的链路状态（Link-state）的路由协议，一般用于一个自治系统（Autonomous System，AS）内，即一组通过统一的路由政策或路由协议互相交换路由信息的网络。在这个 AS 中，所有的 OSPF 路由器都维护一个相同的描述这个 AS 结构的数据库，该数据库中存放的是路由域中相应链路的状态信息，OSPF 路由器通过这个数据库计算出其 OSPF 路由表。

OSPF 报文直接封装在 IP 报文中，国际标准给予协议号为 89，如图 1-11 所示。

链路层帧头	IP Header	OSPF Packet	链路层帧尾

图 1-11　OSPF 报文格式

1.2.3.1　OSPF 协议的消息类型

（1）邻居消息（Hello Packet）：向网络中介绍本路由器，发现、建立邻居关系，并通过周期性报文维护邻居关系。

（2）数据库描述消息（Database Description，DD）：数据库内容的汇总信息，仅包含有链路状态广播（Link State，LSA）摘要。其中通过 hash 算法不可逆地生成 LSA 摘要信息，一一对应原信息。

（3）链路状态请求（Link State Request，LSR）：当接收到的 DD 报文与自身持有的 DD 报文不一致时发送，请求自己没有的或者比自己更新的链路状态详细信息。

（4）链路状态更新（Link State Update，LSU）：即链路状态信息（携带 LSA 摘要）。

（5）链路状态确认（Link State Acknowledge，LSAck）：因 IP 协议没有确认机制，无法保证信息输出的可靠性，OSPF 规定使用 LSAck 进行接收确认。

1.2.3.2　OSPF 协议的运行表项

（1）邻居表：记录已建立邻居关系的路由器。

（2）链路状态数据库（Link State DataBase，LSDB）：含有所有的链路状态信息及 LSA 摘要信息，并需要实时同步。

（3）OSPF 协议路由表：经由 LSDB 数据库通过 SPF 算法计算出的路由存放在 OSPF 协议路由表中，只存储本协议的路由计算结果。

1.2.3.3　OSPF 协议的工作过程。

（1）邻居表的建立。一台新加入 OSPF 区域的路由器首先要跟邻居路由器建立邻接关系，过程如下：

1）新加入的路由器处于失效状态（down state），发送 hello 分组，向网段中的其他路由器介绍自己，并试图发送其他路由，如图 1-12 所示。

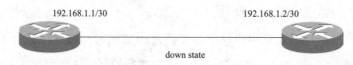

图 1-12　OSPF 两端网络拓扑图

2）新路由器发出第一个 hello 分组以后等待应答，等待期间的状态称为路由器的初始状态。

3）网络上的其他路由器收到新路由器发的 hello 分组以后将该路由器的 Router ID 加入到拓扑数据库中，并发消息回应 hello 分组，其中包含自己的 Router ID 和一个由所有邻居组成的列表。当新路由器看见自己的 ID 出现在其他路由器应答的邻居表中，表示邻接关系建立完成，新路由器将其状态改为双向状态（two-waystate），如图 1-13 所示。新路由器从接收到的 hello 分组中获知指定路由器（Designated Router，DR）和备份指定

路由器（Back-up Designated Router，BDR）；如果没有，则进行 DR 和 BDR 的选举。

DR 代表指定路由器，为避免信息泛洪，所有其他路由器只和 DR 交换整个网络的路由更新信息，再由 DR 对邻居路由器发送更新报文。BDR 代表备份指定路由器：当 DR 出现宕机时，BDR 自动成为 DR，并重新进行 BDR 的选举；当 BDR 宕机时，不影响现有运行条件，自动进行 BDR 的重新选举。

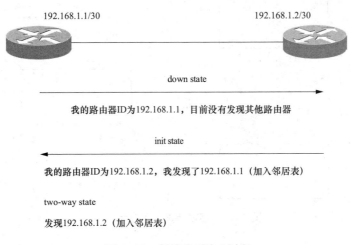

图 1-13　邻接关系建立过程

（2）拓扑表的建立。在建立拓扑表的时候，新加入的路由器要经历预启动状态、交换状态、加载状态、完全邻接状态。

1）预启动状态（exstart state）：两个邻居根据 Router ID 来确定主、从关系，选举 RID 大的一方为主路由器，负责发起通信。

2）交换状态（exchange state）：两台路由器都发送 DD（数据库描述分组），DR 发送一系列的数据库描述分组，其中包含了存储在其拓扑数据库中的网络。DD 中没有包含所有必要的信息，仅包含 LSA 摘要信息，如图 1-14 所示。

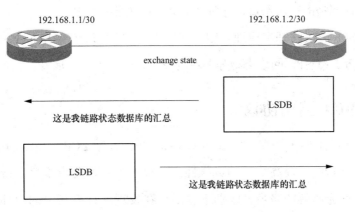

图 1-14　路由器交换状态示意图

3）加载状态（loading state）：新路由器需要更详细的信息，将使用 LSR 请求有关特定链路的详细信息，如图 1-15 所示。

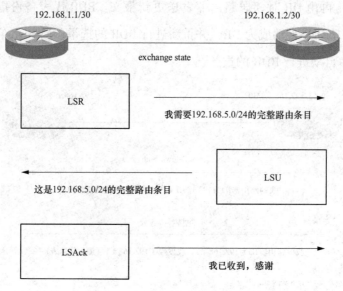

图 1-15　路由器加载状态示意图

4）完全邻接状态（full state）：收到邻居发送的 LSU 并更新和同部拓扑数据库后，邻居之间处于完全邻接状态，如图 1-16 所示。

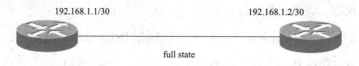

图 1-16　路由器完全邻接状态示意图

经过以上四步，此 OSPF 区域的所有路由器的数据拓扑图都达到了同步。

（3）OSPF 路由表的建立。每个路由器按照产生的全区域数据拓扑图，运行 SPF 算法产生到达目标网络的路由条目，并装在 OSPF 协议路由表中。

以上为 OSPF 协议的基本原理介绍，实际中 OSPF 协议还有 Router-ID 选举，骨干、非骨干区域划分，COST，网络类型等参数的设置，这里不一一展开。

1.2.4　BGP 路由协议

BGP 是一种外部网关协议（Exterior Gateway Protocol，EGP），采用 TCP 作为其传输层协议（端口号 179），提高协议的可靠性，并提供丰富的路由策略，帮助管理人员控制路由的传播和选择最佳路径，区别于着眼点在发现和计算路由的内部网关协议，如

16

OSPF 协议等。

1.2.4.1 BGP 的消息类型

（1）Open 消息：Open 消息是 TCP 连接建立后发送的第一个消息，用于建立 BGP 对等体之间的链接关系并进行参数协商，内容包括使用的 BGP 版本号、自己所属的 AS 号、Router-ID、Hold Time 值、认证信息等信息。

（2）Keepalive 消息：BGP 会周期性地向对等体发出 Keepalive 消息，主要作用是让 BGP 邻居知道自己的存在，保持邻居关系的稳定；另一个作用是对收到的 Open 消息的回应。消息格式中只包含消息头，没有附件任何字段，长度为 19 字节，消息只有标记、长度、类型，不包括数据域。

（3）UPdate 消息：主要用于在对等体之间交换路由信息。它既可以发布可达路由信息，也可以发布不可达路由消息；一条 Update 消息可以携带某一类具有相同路径属性的可达路由，同时还可以携带多条不可达路由。

（4）Notification 消息：作用是错误通知。BGP 发言者如果检测到对方发过来的消息有错误或者主动断开 BGP 链接，都会发出 Notification 消息来通知 BGP 邻居，并关闭链接回到 idle 状态；如果收到邻居发来的 Notification 消息，也会将链接状态变为 idle。Notification 消息的内容包括错误代码和错误子代码及错误数据等信息。

（5）Route-refresh 消息：Route-refresh 用来要求对等体重新发送指定地址族的路由信息。

1.2.4.2 BGP 的工作过程

在完整建立 BGP 会话的过程中，BGP 协议应用程序上的路由器可能处于 6 个状态中的任一态。

（1）Idle 状态（空闲状态）：初始状态，不接受任何 BGP 连接，等待 start 事件的产生。如果有 start 事件产生（一般为配置 BGP 进程）则系统开启 ConnectRetry 定时器，向邻居发起 TCP 连接，将状态变为 Connect。

（2）Connect 状态（连接状态）：在 Connect 状态，系统会等待 TCP 连接建立完成。

1）如果 TCP 状态为 Established，则拆除 ConnectRetry 定时器，并发送 OPEN 消息，将状态变为 Opensent 状态。

2）如果 TCP 连接失败，则重置 ConnectRetry 定时器，并发送 OPEN 消息，将状态变为 Active。

3）如果 ConnectRetry timer expired（重传定时器）超时，则重新连接，仍处于 Connect 状态。

（3）Active 状态（活跃状态）。

1）如果有启动时间但是 TCP 连接未完成则处于 Active 状态，在 Active 状态系统会响应 ConnectRetry timer expired 事件，重新进行 TCP 连接，同时重置 ConnectRetry 定时器，变为 Connect 状态。

2）如果与对方的 TCP 连接成功建立则会发送 OPEN 消息，将状态变为 Open-sent，并清除 ConnectRetry 定时器，重置 HoldTime 定时器。

（4）Open-sent 状态（OPEN 消息已发送）：此状态表明系统已经发出 Open 消息，在等待 BGP 邻居发给自己的 OPEN 消息。

1）如果收到 BGP 邻居发来的 OPEN 消息并且没有错误的话，则转向 Openconfirm 状态，同时将 HoldTime 定时器的值置为协商值，发送 Keepalive 消息并置 Keepalive 定时器。

2）如果有错误则发送 Notification 消息并断开链接。

（5）OpenConfirm 状态（OPEN 消息确认）：此状态表明系统已经发出 Keepalive 消息，并等待 BGP 邻居的 Keepalive 消息。

1）如果收到邻居的 Keepalive 消息则转向 Established 状态并重置 HoldTime 定时器。

2）如果 KeepAlive 定时器超时则重置并发送 KeepAlive 消息。

3）如果收到 Notification 消息，则断开链接。

（6）Established 状态（连接建立）：处于 Established 状态，则说明 BGP 链接建立完成。

1）可以发送或接收 Update 消息交换路由信息。

2）如果 KeepAlive 定时器超时，则重置 KeepAlive 定时器并发送 KeepAlive 消息。

3）如果收到 KeepAlive 消息则重置 HoldTime 定时器。

4）如果检测到错误或者收到 Notification 消息，则断开链接。

以上为 BGP 协议的基本原理介绍，实际中 BGP 协议还包含有 ORIGIN、AS-PATH 等多种属性参数，这里不一一展开。

1.2.5　MPLS 协议

多协议标签交换（Multiprotocol Label Switching，MPLS）是一种 IP 骨干网技术，用于在开放的通信网上利用标签引导数据高速、高效传输。MPLS 在无连接的 IP 网络上引入面向连接的标签交换概念：当分组进入网络时，为其分配固定长度的短标记，并将标记与分组封装在一起，依据标签交换路径进行数据传输，交换节点仅根据标记进行转发。

MPLS 独立于第三层路由技术与第二层交换技术，同时又结合两者，充分发挥了 IP 路由的灵活性和二层交换的简捷性，也被归为 "2.5 层协议"。MPLS 标签结构如图 1-17 所示。

图 1-17　MPLS 标签结构

MPLS 网络典型拓扑如图 1-18 所示。MPLS 网络中，路由器被分为两类：

（1）标签交换路由器（Label Switching Router，LSR）：LSR 是 MPLS 的网络的核心交换机或者路由器，它处于 MPLS 网络的内部，提供标签交换和标签分发功能。

（2）标签交换边界路由器（Label Switching Edge Router，LER）：在 MPLS 的网络边缘，报文由 LER 进入或离开 MPLS 网络，提供标签映射、标签移除和标签分发功能。

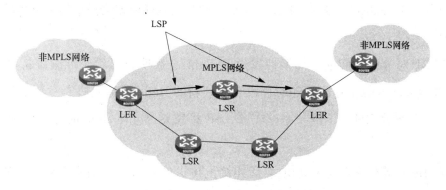

图 1-18　MPLS 典型网络拓扑

另外介绍两个重要概念：

（1）转发等价类（Forwarding Equivalence Class，FEC）：在转发过程中以等价的方式处理的一组数据分组，可以通过目的地址（主用）、隧道、报文优先级等来标识创建 FEC，是生成标签的依据。

（2）标签交换通道（Label Switching Path，LSP）：一个 FEC 的数据流在不同的节点被赋予确定的标签，数据转发按照这些标签进行，数据流所走路径就是 LSP。

1.2.5.1　标签分配协议

标签分配协议（Label Distribution Protocol，LDP）是多协议标签交换 MPLS 的一种控制协议，相当于传统网络中的信令协议，负责转发等价类 FEC 的分类、标签的分配以及标签交换路径 LSP 的建立和维护等。LDP 规定了标签分发过程中的各种消息以及相关处理过程，因其实现简单可靠，逐渐成为 MPLS 网络中应用最为广泛的标签分配协议之一。

消息类型包括以下几种：

1）发现（Discovery）消息：建立和维护 LDP 对等体，如 Hello 消息。

2）会话（Session）消息：建立、维护和终止 LDP 对等体之间的会话，如 Initialization 消息、Keepalive 消息。

3）通告（Advertisement）消息：创建、改变和删除 FEC 的标签映射。

4）通知（Notification）消息：提供事件和差错通知。

为保证 LDP 消息的可靠发送，除 Discovery 消息使用 UDP 传输外，LDP 的 Session 消息、Advertisement 消息和 Notification 消息都使用 TCP 传输，共同使用 646 端口。

1.2.5.2　LDP 工作过程

（1）LDP 会话的建立。通过 Hello 消息（UDP 消息）发现邻居后建立 TCP 连接，LSR 之间开始协商参数、建立 LDP 会话。会话建立后，LDP 对等体之间通过不断地发送 Hello 消息和 Keepalive 消息来维护这个会话，期间收到任何差错消息均关闭会话，断开 TCP 连接。

1）LDP 对等体之间通过周期性发送 Hello 消息表明自己希望继续维持这种邻接关系。如果 Hello 保持定时器超时仍没有收到新的 Hello 消息或协商参数不一致、不可接受，则删除 Hello 邻接关系，本端 LSR 将发送 Notification 消息，结束该 LDP 会话。

2）LDP 对等体之间通过 LDP 会话连接上传送的 Keepalive 消息来维持 LDP 会话。如果会话保持定时器（Keepalive 保持定时器）超时仍没有收到任何 Keepalive 消息，则关闭 TCP 连接，本端 LSR 将发送 Notification 消息，结束 LDP 会话。

（2）LDP LSP 的建立。LDP 通过发送标签请求和标签映射消息，在 LDP 对等体之间通告 FEC 和标签的绑定关系来建立 LSP，而标签的发布和管理由标签发布方式、标签分配控制方式和标签保持方式来决定，如表 1-6 所示。业务数据流的起点为上游，终点为下游。

表 1-6　　　　　　　　　　　　　标签管理模式

	下游按需标记分（Downstream on Demand，DOD）	上游 LSR 先向下游 LSR 发送标签请求消息（包含 FEC 的描述信息），下游 LSR 收到标签请求后为此 FEC 分配标签，并将分配的标签通过标签映射消息反馈给上游 LSR
标签发布模式		
	下游自主标记分配（Downstream Unsolicited，DU）	下游 LSR 在 LDP 会话建立成功，主动向其上游 LSR 发布标签映射消息，无需等待上游请求

标签控制模式	有序方式（Ordered）	上游设备只有收到它的下游返回的标签映射消息后才向其更上游发送标签映射消息；仅有对于该路由的最下游设备可以按照 DU 或者 DOD 的标签分发规则直接为该路由分发标签
	独立方式（Independent）	本地 LSR 可以自主地分配一个标签绑定到某个 FEC，并通告给上游 LSR，无需等待下游的标签
标签保持模式	保守模式（Conservative）	只保留来自下一跳邻居的标签，丢弃所有非下一跳邻居发来的标签
	自由模式（Liberal）	保留来自邻居的所有标签

目前，综合考虑各方需求、各影响因素的情况下，LSP 建立与维护的缺省方式为：下游自主（DU）+ 有序控制（Ordered）+ 自由保持（Liberal）。由此，可描述 LSP 的建立过程：

1）缺省情况下，网络的路由改变时，如果有一个边缘节点，即 LER 发现自己的路由表中出现了新的主机路由并且这一路由不属于任何现有的 FEC，则该边缘节点需要为这一路由建立一个新的 FEC。

2）如果该 LER 有可供分配的标签，则为 FEC 分配标签，并主动向上游发出标签映射消息，标签映射消息中包含分配的标签和绑定的 FEC 等信息。

3）转发节点，即 LSR 收到标签映射消息后，判断标签映射的发送者是否为该 FEC 的下一跳。若是，则在其标签转发表中增加相应的条目，然后主动向上游 LSR 发送对于指定 FEC 的标签映射消息。

4）其他边缘节点收到标签映射消息后，判断标签映射发送者是否为该 FEC 的下一跳。若是，则在标签转发表中增加相应的条目。此时完成 LSP 的建立，接下来就可以对该 FEC 对应的数据报文进行标签转发，完成 MPLS 网络的数据传输过程。

1.2.5.3 MPLS 协议的工作过程

在 MPLS 基本转发过程中涉及的相关概念如下：

（1）转发的基本动作。标签操作类型包括标签压入（Push）、标签交换（Swap）、标签弹出（Pop）和倒数第二跳弹出（Penultimate Hop Popping，PHP）。

1）Push：当 IP 报文进入 MPLS 域时，MPLS 边界设备在报文二层首部和 IP 首部之间插入一个新标签；或者 MPLS 中间设备根据需要，在标签栈顶增加一个新的标签（即标签嵌套封装）。

2）Swap：当报文在 MPLS 域内转发时，根据标签转发表用下一跳分配的标签替换

MPLS 报文的栈顶标签。

3）Pop：当报文离开 MPLS 域时，将 MPLS 报文的标签剥掉。

4）PHP：在最后一跳节点标签已经没有使用价值，这种情况下，可以利用倒数第二跳弹出特性 PHP。在倒数第二跳节点处将标签弹出，减少最后一跳的负担。最后一跳节点直接进行 IP 转发或者下一层标签转发。默认情况下，设备支持 PHP 特性，支持 PHP 的出节点（业务数据报文转出 MPLS 的边缘节点）分配给倒数第二跳节点的标签值为 3。

（2）转发的基本过程。以支持 PHP 的 LSP 为例，说明 MPLS 基本转发过程。

1）控制平面：负责标签分配、路由选择、标签转发表的建立、标签交换路径的建立、拆除等工作，即 LSP 的建立过程，如图 1-19 所示。

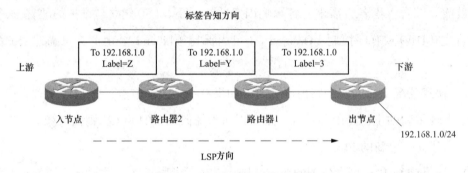

图 1-19　LSP 建立过程示意图

① 出节点为 4.4.4.2/32 的目的地址分配标签为"3"，并自主告知路由器 1（上游）。

② 路由器 1 收到出节点分配的标签后，为 4.4.4.2/32 的目的地址分配标签为 Y，并自主告知路由器 2（上游）。

③ 路由器 2 收到出节点分配的标签后，为 4.4.4.2/32 的目的地址分配标签为 Z，并自主告知入节点（上游）。

2）转发平面：依据标签转发表对收到的分组进行转发，如图 1-20 所示。

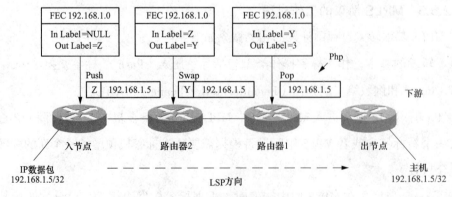

图 1-20　数据包转发过程

① 入节点收到目的地址为 4.4.4.2 的 IP 报文，压入标签 Z 并转发。

② 路由器 2 收到该标签报文，进行标签交换，将标签 Z 换成标签 Y。

③ 路由器 1 收到该标签报文，进行标签交换，将标签 Y 换成标签 3。此时，因为出节点分给它的标签值为 3，所以进行 PHP 操作，弹出标签 Y 并转发报文。从倒数第二跳转发给出节点的报文以 IP 报文形式传输。

④ 出节点收到该 IP 报文，将其转发给目的地址 4.4.4.2/32。

1.3 交换机的配置与加固

1.3.1 交换机基础

交换机可以有多种分类方式：

（1）根据网络构成方式可分为接入层交换机、汇聚层交换机和核心层交换机。

（2）根据 OSI 工作环境可分为二层交换机、三层交换机、四层交换机等。

（3）根据交换机的可管理性可分为可管理型交换机和不可管理型交换机，它们的区别在于对简单网络管理协议（Simple Network Management Protocol，SNMP）、远端网络监控（Remote Network Monitoring，RMON）等网管协议的支持。

在实际工程应用中，交换机选择主要考虑背板带宽、二 / 三层交换吞吐率、VLAN 类型和数量、端口数量及类型、支持网络管理的协议和方法、交换缓存和端口缓存、主存、转发延时等参数，如图 1-21 所示。

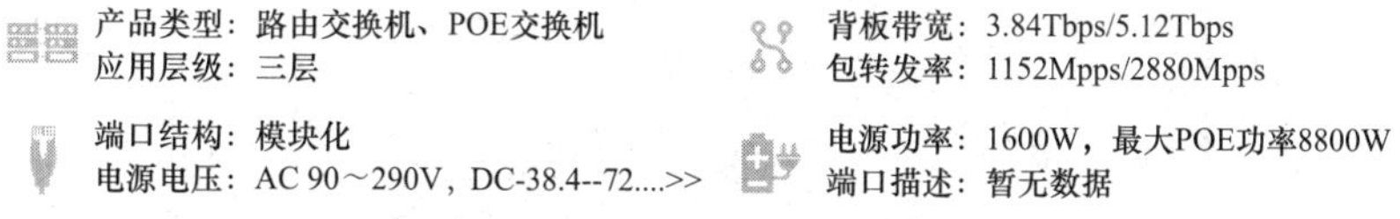

产品类型：路由交换机、POE交换机　　　　背板带宽：3.84Tbps/5.12Tbps
应用层级：三层　　　　　　　　　　　　　包转发率：1152Mpps/2880Mpps
端口结构：模块化　　　　　　　　　　　　电源功率：1600W，最大POE功率8800W
电源电压：AC 90～290V, DC-38.4--72....>>　端口描述：暂无数据

图 1-21　交换机主要参数

1.3.2 交换机的基本配置

本节以 H3C 5560 交换机为例（配置语言为 v7 版本）讲解交换机的基本配置。

1.3.2.1 交换机的访问

（1）使用 Console 线进行访问，如图 1-22 所示。

图 1-22　RS-232 串口线连接设备示意图

通过 Console 口进行本地登录是登录设备的最基本的方式，也是配置通过其他方式登录设备的基础。缺省情况下，设备可以通过 Console 口进行本地登录，用户登录到设备上后，可以对各种登录方式进行配置。

通过 Console 登录设备需要具备的条件如表 1-7 所示。

表 1-7　　　　　　　　　　　　　具备条件一览表

对象	需要具备的条件
设备	缺省情况下，设备侧不需要任何配置
Console 口登录用户	运行超级终端程序（如 crt；shell）
	配置超级终端属性

当用户使用 Console 口登录设备时，用户终端的通信参数配置要和设备 Console 口的缺省配置保持一致，才能通过 Console 口登录到设备上。设备 Console 口的缺省配置如图 1-23 所示。

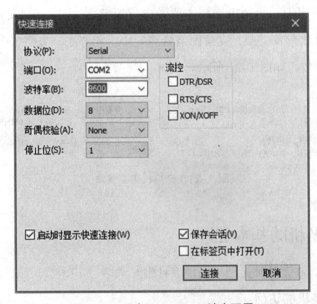

图 1-23　设备 Console 口缺省配置

图 1-23 以 crt 连接网络设备为例，协议选择 serial，端口需要右击我的电脑 →管理→设备管理器中查看，如图 1-24 所示，波特率选择 9600。

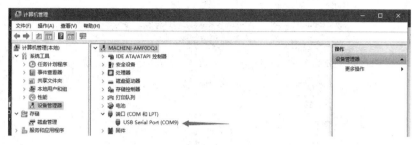

图 1-24 查看 COM 口

（2）使用 SSH 协议进行访问。用户通过一个不能保证安全的网络环境远程登录到设备时，安全外壳协议（Secure Shell，SSH）可以利用加密和强大的认证功能提供安全保障，保护设备不受诸如 IP 地址欺诈、明文密码截取等攻击。设备支持 SSH 功能的，用户可以通过 SSH 方式登录到设备上，对设备进行远程管理和维护，如图 1-25 所示。

图 1-25 SSH 协议连接设备示意图

采用 SSH 方式登录设备需要具备的条件如表 1-8 所示。

表 1-8 　　　　　　　　　　　　　　　**具备条件一览表**

对象	需要具备的条件
SSH 服务器端	配置设备的 IP 地址，设备与 SSH 客户端间路由可达
	配置 SSH 登录的认证方式和其他配置（根据 SSH 服务器端的情况而定）
SSH 客户端	如果是主机充当 SSH 客户端，则需要在主机上运行 SSH 客户端程序
	获取要登录设备的 IP 地址

以 crt 为例使用 SSH 协议登录网络设备，快速连接界面设置如图 1-26 所示。

协议选择 SSH2，主机名即网络设备的 IP 地址（现以 192.168.1.1 为例），其他默认，并在点击连接后输入设备的用户名和密码即可登录设备。

1.3.2.2 交换机的命令模式

（1）用户视图。在使用 console 线或者 SSH 登录进设备后首先进入的就是用户视图，

以 <> 表明。在该用户视图下，用户权限受到极大的限制，只能用来查看一些统计信息，如图 1-27 所示。

快速连接
协议(P): SSH2
主机名(H): 192.168.1.1
端口(O): 22
防火墙(F): None
用户名(U):
鉴权
密码
公钥
键盘交互
GSSAPI
属性(E)...
启动时显示快速连接(W)
保存会话(V)
在标签页中打开(T)
连接
取消

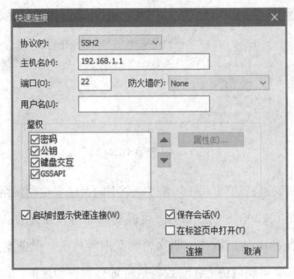

图 1-26　SSH 快速连接界面设置

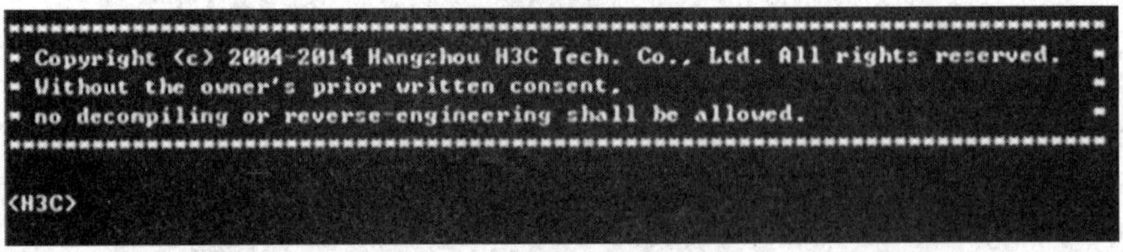

* Copyright (c) 2004-2014 Hangzhou H3C Tech. Co., Ltd. All rights reserved. *
* Without the owner's prior written consent, *
* no decompiling or reverse-engineering shall be allowed. *
<H3C>

图 1-27　用户模式示意图

（2）系统视图。在用户模式下输入 system-view 命令就可以进入系统视图，用户在该模式下可以查看并修改 h3c 设备的配置，如图 1-28 所示。

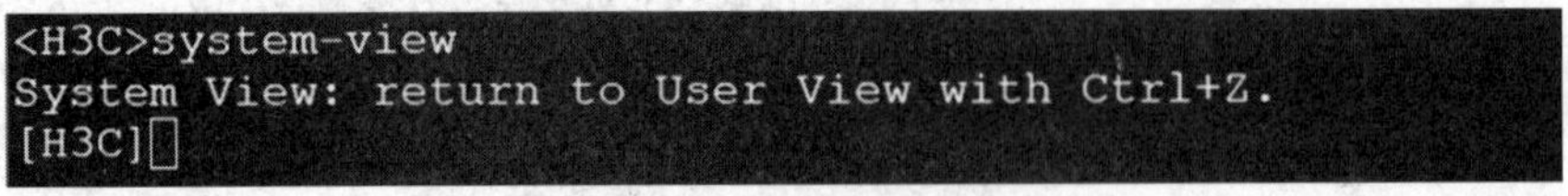

<H3C>system-view
System View: return to User View with Ctrl+Z.
[H3C]

图 1-28　系统模式示意图

1.3.2.3　配置文件查看与清除

【配置说明】熟练掌握查看交换机配置的命令，掌握配置清除及设备重启的命令。

```
<ZJDL>display current-configuration
<ZJDL>display saved-configuration
<ZJDL>reset saved-configuration
<ZJDL>reboot
```

1.3.2.4　用户管理

【配置说明】应按照用户性质分别创建账号，禁止不同用户间共享账号，禁止人员和设备通信公用账号。

```
<ZJDL>system-view
[ZJDL]sysname ZJDL
[ZJDL-User]local-user XXX
[ZJDL-User]password cipher XXXXXX
[ZJDL-User]service-type ssh terminal
[ZJDL-User]authorization-attribute level 3
```

1.3.2.5　端口配置

【配置说明】交换机端口的基本配置对交换机端口的开启或关闭、数据通信方式、数据传输速率、端口工作模式等基本物理参数进行设置，在完成通信过程中尤为基础。

```
[ZJDL]interface E0/1
[ZJDL-Ethernet0/1]duplex {half|full|auto}
[ZJDL-Ethernet0/1]speed {10|100|auto}
[ZJDL-Ethernet0/1]port link-type {trunk|access|hybrid}
[ZJDL-Ethernet0/1]shutdown
[ZJDL-Ethernet0/1] undo shutdown
```

1.3.2.6　端口镜像

【配置说明】端口镜像（Port Mirroring）功能是通过在交换机或路由器上，将一个或多个源端口的数据流量转发到某一个指定端口来实现对网络的监听，指定端口称为镜像端口或目的端口，在不严重影响源端口正常吞吐流量的情况下，可以通过镜像端口对网络的流量进行监控分析。

```
[ZJDL]mirroring-group 1 local
[ZJDL]mirroring-group 1 mirroring-port g1/0/1 to g1/0/3 both
[ZJDL]mirroring-group 1 monitor-port g1/0/24
```

1.3.2.7　VLAN 设置

【配置说明】在一个支持虚拟局域网（Virtual LANs，VLAN）技术的交换机中，可以将它的以太网口划分为几个组，组内的各个用户可以在二层环境内互相访问。同时，不是本组的用户就无法访问本组的成员，在一定程度上提高了各组的网络安全性。IEEE 802.1q 中采用 untagged 与 tagged 这两个术语来制定 VLAN 规范，然而在大多数实际的交换机设备配置中，却都采用 access，trunk 这两种端口类型来规划、使用 VLAN，如图 1–29 所示。

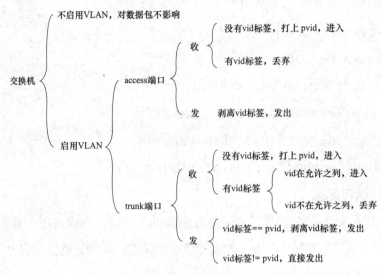

图 1–29　VLAN 常见端口类型与标签规则

```
[ZJDL]interface vlan 3
[ZJDL-Vlan-interface3]ip address 10.65.1.1 255.255.0.0
[ZJDL-Vlan-interface3]port ethernet 0/1 to ethernet 0/4
[ZJDL-Ethernet0/2]port access vlan 3
[ZJDL-Ethernet0/2]port link-type trunk
[ZJDL-Ethernet0/2]port trunk permit vlan {ID|All}
[ZJDL-Ethernet0/2]port trunk pvid vlan 3
[ZJDL]display vlan XX
```

1.3.2.8　SNMP 设置

【配置说明】简单网络管理协议（Simple Network Management Protocol，SNMP）被定义为 Internet 协议簇的一部分，支持网络管理系统，用以监测连接到网络上的设备是否有任何引起管理上关注的情况，一般使用 v2c、v3 版本。

（1）SNMP v2c 配置方法。

```
[ZJDL]snmp-agent
[ZJDL]snmp-agent community read XXX acl XXX
[ZJDL]snmp-agent sys-info version v2c
[ZJDL]undo snmp-agent sys-info version v3
```

[ZJDL]snmp-agent trap enable

[ZJDL]snmp-agent target-host trap address udp-domain X.X.X.X params securityname XXX

（2）SNMP V3 配置方法。

[ZJDL]snmp-agent

[ZJDL]snmp-agent sys-info version v3

[ZJDL]snmp-agent mib-view included XXX iso

[ZJDL]snmp-agent group v3 AAA privacy read-view BBB acl CCC

[ZJDL]snmp-agent usm-user v3 XXX（user）XXX（group）authentication-mode md5 DDDprivacy-mode aes128 EEE

[ZJDL]snmp-agent trap enable

[ZJDL]snmp-agent trap source loopback0

[ZJDL]snmp-agent trap life XX

[ZJDL]snmp-agent trap queue-size 200

[ZJDL]snmp-agent target-host trap address udp-domain X.X.X.X params securityname XXX v3

1.3.2.9　批量配置

【配置说明】批量设置命令可以简化操作，使设置对选中的所有端口生效。

[ZJDL]interface range g0/0 to g0/2

1.3.2.10　网络时间协议配置

【配置说明】网络时间协议（NetworkTimeProtocol，NTP）是用于同步网络中各个设备的时间的协议。

[ZJDL]ntp-service unicast-server 1.0.1.11

1.3.2.11　Console 配置密码

【配置说明】Console 口登录时默认没有密码，为了安全管理需要，可根据要求增设登录密码。

[ZJDL]user-interface aux 0

[ZJDL]authentication-mode password

[ZJDL]set authenticaton password simple 123456

1.3.3 交换机的加固配置

1.3.3.1 访问控制列表

【配置说明】访问控制列表（Access Control List，ACL）是提供网络安全访问的基本手段，帮助用户定义一组权限规则，对于一组特定的数据定义谁可以访问、可以访问什么、何时可以访问等系列规则。数据自上而下匹配规则，存在匹配则按照规则规定动作执行；不存在匹配则默认通过。

按照规则功能的不同，ACL 被划分为基本 ACL、高级 ACL、二层 ACL 用户自定义 ACL 和用户 ACL 这五种类型，区别如表 1-9 所示。

表 1-9　　　　　　　　　　　　　　　ACL 分类

ACL 类别	规则定义描述	编号范围
基本 ACl	仅使用报文的源 IP 地址、分片标记和时间段信息来定义规则	2000~2999
高级 ACL	既可使用报文的源 IP 地址，也可使用目的地址、IP 优先级、协议类型、源 / 目的端口号等来定义规则	3000~3999
二层 ACL	可根据报文的以太网帧头信息来定义规则，如根据源 MAC 地址、目的 MAC 地址、以太帧协议类型等	4000~4999
用户自定义 ACL	可根据报文偏移位置和偏移量来定义规则	5000~5999
用户 ACL	既可使用 IPv4 报文的源 IP 地址或源 UCL 组，也可以使用目的地址或目的 UCL 组、协议类型、源 / 目的端口号等来定义规则	6000~9999

本节主要介绍基本 ACL 与高级 ACL。

（1）基本 ACL。

```
[ZJDL]acl number 2500
[ZJDL-acl-2500] rule 10 deny source 192.168.0.1 0
```

（2）高级 ACL。

```
[ZJDL]acl number 3000
[ZJDL-acl-3000] rule 10 deny tcp destination-port eq 135
[ZJDL-acl-3000] rule 100 permit ip
```

（3）ACL 调用。

1）二层接口下直接调用。

[ZJDL]interface GigabitEthernet1/0/1

[ZJDL-GigabitEthernet1/0/1]packet-filter 3000 inbound

2）VLAN 下调用。

[ZJDL]interface Vlan-interface 10

[ZJDL-Vlan-interface10]packet-filter 3000 inbound

1.3.3.2 登录管理

【配置说明】默认情况下，从 Console 口登录的用户具有最高权限，可以使用所有配置命令，并且不需要任何口令。出于安全考虑，需对 console 登录及 telnet 登录方式进行安全认证配置。

[ZJDL]super password cipher XXXXXX level X

[ZJDL]user-interface aux 0

[ZJDL-ui-aux0]authentication-mode password|scheme

[ZJDL-ui-aux0]set authenticaton password simple|cipher XXX

[ZJDL]user-interface vty 0 4

[ZJDL-ui-vty0-4]authentication-mode password|scheme

[ZJDL-ui-vty0-4]set authentication-mode password simple|cipher XXX

[ZJDL-ui-vty0-4]user privilege level 3

[ZJDL-ui-vty0-4]protocol inbound ssh

[ZJDL-ui-vty0-4]acl XXXX inbound

[ZJDL-ui-vty0-4]idle-timeout 5 0

[ZJDL-ui-vty0-4]user privilege level 3

1.3.3.3 BANNER 信息查看与清除

【配置说明】应修改缺省 BANNER 语句，BANNER 不应出现含有系统平台或地址等有碍安全的信息，防止信息泄露。

[ZJDL]undo header legal

[ZJDL]undo header login

1.3.3.4 端口安全配置

【配置说明】对交换机的端口进行安全配置可以控制用户的安全接入，主要分为两类：① 限制交换机端口的最大连接数；② 针对交换机端口进行 MAC 地址、IP 地址的绑定，可以有效防止 ARP 欺骗、IP/MAC 地址欺骗、IP 地址攻击等恶意行为。

```
[ZJDL]port-security enable
[ZJDL]interface Ethernet 1/0/1
[ZJDL-Ethernet1/0/1]port-security max-mac-count XX
[ZJDL-Ethernet1/0/1]port-security port-mode XX
[ZJDL-Ethernet1/0/1]mac-address security XXXX-XXXX-XXXX vlan XX
[ZJDL-Ethernet1/0/1]port-security intrusion-mode
disableport-temporarily
[ZJDL]port-security timer disableport XX
```

1.3.3.5 网络服务

【配置说明】禁用不必要的公共网络服务；网络服务采取白名单方式管理，只允许开放 SNMP、SSH、NTP 等特定服务。

```
[ZJDL]undo ip http enable
[ZJDL]undo ftp server
[ZJDL]undo telnet server enable
```

1.4 路由器配置与加固

1.4.1 路由器基础

从功能、性能和应用方面划分，路由器可分为三种。

（1）骨干路由器：是实现主干网络互连的关键设备，通常采用模块化结构，通过热备份、双电源和双数据通路等冗余技术提高可靠性，并且采用缓存技术和专用集成电路加快路由表的查找，使得背板交换能力达到几百个 Gbps，被称为线速路由器。

（2）企业级路由器：可以连接许多终端系统，增强通信分类、优先级控制、用户认证、多协议路由和快速自愈等功能，提供数据传输、网络管理和安全应用等服务。

（3）接入级路由器：也叫边缘路由器，主要用于连接小型企业的客户群，实现简单的信息传输功能，一般采用低档路由器。

1.4.2 路由器的基本配置

本节以 H3C MSR3340 路由器为例（配置语言为 v5 版本）讲解路由器的基本配置。路由器的访问、命令状态、配置文件查看与清除、用户管理与交换机类似，不再赘述。

1.4.2.1 静态路由

【配置说明】出于安全考虑、业务需求等因素，有时会要求管理员为路由器手工配置路由信息。当一条静态路由被写入时，它的协议栏显示为 Static，优先级默认为 60，如图 1-30 所示。

```
[ZJDL]ip route-static 10.66.0.0 24 10.66.1.254
```

```
[ZJDL]dis ip r

Destinations : 15       Routes : 15

Destination/Mask    Proto    Pre Cost          NextHop         Interface
0.0.0.0/32          Direct   0   0             127.0.0.1       InLoop0
1.1.1.1/32          O_INTRA  10  1             192.168.0.1     GE0/0
2.2.2.2/32          Direct   0   0             127.0.0.1       InLoop0
10.66.0.0/24        Static   60  0             1.1.1.1         GE0/0
```

图 1-30 增加静态路由的路由表示意图

1.4.2.2 OSPF 协议配置

【配置说明】OSPF 用于在单一自治系统内决策路由。协议原理见本书 1.2.3。实验拓扑如图 1-31 所示。

图 1-31 OSPF 实验网络拓扑

（1）R1 的配置。

```
[ZJDL]interface loopback0
[ZJDL -LoopBack0]ip address 1.1.1.1 32
[ZJDL -LoopBack0]quit
[ZJDL]router id 1.1.1.1
[ZJDL]interface  GigabitEthernet0/0
[ZJDL -GigabitEthernet0/0]ip address 192.168.0.1 30
[ZJDL -GigabitEthernet0/0]quit
[ZJDL]ospf 1
[ZJDL-ospf-1]area 0.0.0.0
[ZJDL-ospf-1-area-0.0.0.0] network 192.168.0.0 0.0.0.3
[ZJDL-ospf-1-area-0.0.0.0] network 1.1.1.1 0.0.0.0
```

（2）R2 的配置。

R2 的配置步骤与 R1 类似。

查看 R2 的路由表，所有目的网络均为直连，如图 1-32 所示。

```
[H3C-ospf-1-area-0.0.0.0]dis ip r
Destinations : 13      Routes : 13

Destination/Mask    Proto   Pre Cost        NextHop         Interface
0.0.0.0/32          Direct  0   0           127.0.0.1       InLoop0
2.2.2.2/32          Direct  0   0           127.0.0.1       InLoop0
127.0.0.0/8         Direct  0   0           127.0.0.1       InLoop0
127.0.0.0/32        Direct  0   0           127.0.0.1       InLoop0
```

图 1-32　OSPF 配置过程图（一）

[ZJDL-ospf-1-area-0.0.0.0] network 192.168.0.0 0.0.0.3

发现 OSPF 邻居建立，状态为 FULL，如图 1-33 所示。

```
[H3C-ospf-1-area-0.0.0.0]%Jun  8 15:30:37:375 2019 H3C OSPF/5/OSPF_NBR_C
HG: OSPF 1 Neighbor 192.168.0.1(GigabitEthernet0/0) changed from LOADING
 to FULL.
```

图 1-33　OSPF 配置过程图（二）

再次查看 R2 的 ip routing-table，出现一条通过 OSPF 协议学到的路由信息，目的地址为 R1 发布的 1.1.1.1/32，如图 1-34 所示。

```
[H3C-ospf-1-area-0.0.0.0]dis ip r
Destinations : 14      Routes : 14

Destination/Mask    Proto    Pre Cost       NextHop         Interface
0.0.0.0/32          Direct   0   0          127.0.0.1       InLoop0
1.1.1.1/32          O_INTRA  10  1          192.168.0.1     GE0/0
2.2.2.2/32          Direct   0   0          127.0.0.1       InLoop0
```

图 1-34　OSPF 配置过程图（三）

1.4.2.3　BGP 协议配置

【配置说明】BGP 属于外部网关路由协议，主要为处于不同 AS 中的路由器之间进行路由信息通信提供保障，并提供丰富的选路策略。协议原理详见本章 1.2.4。实验网络拓扑如图 1-35 所示。

图 1-35　BGP 实验网络拓扑

（1）R1 的配置。

```
[ZJDL]interface loopback0
[ZJDL -LoopBack0]ip address 1.1.1.1 32
[ZJDL -LoopBack0]quit
[ZJDL]router id 1.1.1.1
[ZJDL]interface GigabitEthernet0/0
[ZJDL -GigabitEthernet0/0]ip address 192.168.0.1 30
[ZJDL -GigabitEthernet0/0]quit
[ZJDL]bgp 26300
[ZJDL-bgp-default]peer 2.2.2.2 as-number 26300
[ZJDL-bgp-default]peer 2.2.2.2 connect-interface LoopBack0
[ZJDL-bgp-default]address-family ipv4
[ZJDL-bgp-default-ipv4]peer 2.2.2.2 enable
[ZJDL-bgp-default-ipv4]import-route static
```

（2）R2 的配置。

```
[ZJDL]ip route-static 10.66.0.0 24 10.66.1.254
```

其余步骤与 R1 类似。

此时，BGP 邻居建立，可以看到 BGP 协议进程处于 ESTABLISHED 状态，如图 1-36 所示。

```
[ZJDL-bgp-default-ipv4]%Jun  8 16:05:17:787 2019 ZJDL BGP/5/BGP_STATE_CHANGED:
BGP default.: 1.1.1.1 State is changed from OPENCONFIRM to ESTABLISHED.
```

图 1-36 BGP 配置过程图（一）

[ZJDL–bgp–default–ipv4]import–route static

引入静态路由后，R2 路由器的静态路由通过 BGP 向 R1 发布，R1 通过 BGP 学习到该路由，如图 1-37 所示。

```
[ZJDL-bgp-default-ipv4]dis ip r

Destinations : 15        Routes : 15

Destination/Mask   Proto    Pre Cost      NextHop        Interface
0.0.0.0/32         Direct   0   0         127.0.0.1      InLoop0
1.1.1.1/32         Direct   0   0         127.0.0.1      InLoop0
2.2.2.2/32         O_INTRA  10  1         192.168.0.2    GE0/0
10.66.0.0/24       BGP      255 0         2.2.2.2        GE0/0
```

图 1-37 BGP 配置过程图（二）

1.4.2.4　MP-BGP 虚拟专用网络配置

虚拟专用网络（Virtual Private Network，VPN）是在公共网络（如 Internet）上构建临时的、安全的逻辑网络的技术，能够利用各类协议增强数据信息的安全性，保证内网 IP 地址对外网不可见，与公网专有网络拥有相同的管理及功能特点，有效节约企业成本。

【配置说明】以配置 MPLS L3VPN 为例，配置需求包括：

（1）CE 1、CE 3 属于 VPN 1，CE 2、CE 4 属于 VPN 2。

（2）VPN 1 使用的 VPN Target 属性为 111∶11，VPN 2 使用的 VPN Target 属性为 222∶2。不同 VPN 用户之间不能互相访问。

（3）CE 与 PE 之间配置 EBGP 交换 VPN 路由信息。

（4）PE 与 PE 之间配置 OSPF 实现 PE 内部的互通、配置 MP-IBGP 交换 VPN 路由信息。

实验拓扑如图 1-38 所示。

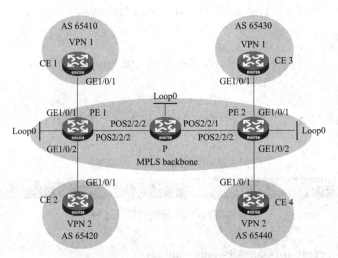

图 1-38　MPLS VPN 实验网络拓扑

各个设备接口地址如表 1-10 所示。

表 1-10　　　　　　　　　　MPLS VPN 实验网络拓扑接口地址表

设备	接口	IP 地址	设备	接口	IP 地址
CE1	G1/0/1	10.1.1.1/24		Loop0	2.2.2.9/32
PE1	Loop0	1.1.1.9/32	P	POS2/2/2	172.1.1.2/24
	G1/0/1	10.1.1.2/24		POS2/2/1	172.2.1.1/24
	G1/0/2	10.2.1.2/24	PE2	Loop0	3.3.3.9/32

设备	接口	IP 地址	设备	接口	IP 地址
PE1	POS2/2/2	172.1.1.1/24		G1/0/1	10.3.1.2/24
CE2	G1/0/1	10.2.1.1/24		G1/0/2	10.4.1.2/24
CE3	G1/0/1	10.3.1.1/24	PE2	POS2/2/2	172.2.1.2/24
CE4	G1/0/1	10.4.1.1/24			

（1）在 MPLS 骨干网上配置 IGP 协议，实现骨干网 PE 和 P 的互通。

（2）在 MPLS 骨干网上配置 MPLS 基本能力和 MPLS LDP，建立 LDP LSP。

```
[ZJDL-PE 1] mpls lsr-id 1.1.1.9

[ZJDL-PE 1] mpls ldp

[ZJDL-PE 1-ldp] quit

[ZJDL-PE 1] interface pos 2/2/2

[ZJDL-PE 1-Pos2/2/2] mpls enable

[ZJDL-PE 1-Pos2/2/2] mpls ldp enable

[ZJDL-PE 1-Pos2/2/2] quit
```

按以上步骤配置路由器 PE 1，按类似步骤配置路由器 P、PE2。

（3）在 PE 设备上配置 VPN 实例，将 CE 接入 PE。

```
[ZJDL-PE 1] ip vpn-instance vpn1

[ZJDL-PE 1-vpn-instance-vpn1] route-distinguisher 100：1

[ZJDL-PE 1-vpn-instance-vpn1] vpn-target 111：1

[ZJDL-PE 1-vpn-instance-vpn1] quit

[ZJDL-PE 1] ip vpn-instance vpn2

[ZJDL-PE 1-vpn-instance-vpn2] route-distinguisher 100：2

[ZJDL-PE 1-vpn-instance-vpn2] vpn-target 222：2

[ZJDL-PE 1-vpn-instance-vpn2] quit

[ZJDL-PE 1] interface gigabitethernet 1/0/1

[ZJDL-PE 1-GigabitEthernet1/0/1] ip binding vpn-instance
vpn1

[ZJDL-PE 1-GigabitEthernet1/0/1] ip address 10.1.1.2 24

[ZJDL-PE 1-GigabitEthernet1/0/1] quit
```

[ZJDL-PE 1] interface gigabitethernet 1/0/2

[ZJDL-PE 1-GigabitEthernet1/0/2] ip binding vpn-instance vpn2

[ZJDL-PE 1-GigabitEthernet1/0/2] ip address 10.2.1.2 24

[ZJDL-PE 1-GigabitEthernet1/0/2] quit

按以上步骤配置路由器 PE 1，按类似步骤配置路由器 PE2。

按表 1-10 配置各 CE 的接口 IP 地址。

（4）在路由器 PE 与路由器 CE 之间建立 EBGP 对等体，引入 VPN 路由。

（5）在 PE 之间建立 MP-IBGP 对等体。

（6）验证配置。在 PE 设备上执行 "display ip routing-table vpn-instance" 命令，可以看到去往对端 CE 的路由。

同一 VPN 的 CE 能够相互 ping 通，不同 VPN 的 CE 不能相互 ping 通。例如 CE 1 能够 ping 通 CE 3（10.3.1.1），但不能 ping 通 CE 4（10.4.1.1）。

1.4.3　路由器的加固配置

1.4.3.1　OSPF 认证

【配置说明】通过配置 OSPFMD5 认证，防止有人通过骨干区域路由器恶意学习全网络路由。

（1）在 OSPF 进程中认证。

[ZJDL]ospf 1

[ZJDL-ospf-1]area 0.0.0.0

[ZJDL-ospf-1-area-0.0.0.0] authentication-mode md5 X plain XXX

（2）在接口中认证。

[ZJDL]Interface G0/0

[ZJDL-GigabitEthernet0/0]ospf authentication-mode md5 1 plain XXX

当 R1 以上述任一种方式部署认证后，OSPF 进程状态由 FULL 转为 DOWN，如图 1-39 所示。

```
[ZJDL-ospf-1-area-0.0.0.0]authentication-mode md5 1 p
[ZJDL-ospf-1-area-0.0.0.0]authentication-mode md5 1 plain 123456
[ZJDL-ospf-1-area-0.0.0.0]%Jun  9 09:46:17:635 2019 ZJDL OSPF/5/OSPF_NB
R_CHG: OSPF 1 Neighbor 192.168.0.2(GigabitEthernet0/0) changed from FUL
L to DOWN.
```

图 1-39 OSPF 部署认证示意图（一）

此时在 R2 上部署同样的认证，OSPF 进程重新变为 FULL 状态，如图 1-40 所示。

```
[ZJDL-ospf-1-area-0.0.0.0]authentication-mode md5 1 plain 123456
[ZJDL-ospf-1-area-0.0.0.0]%Jun  9 09:47:46:812 2019 ZJDL OSPF/5/OSPF_NB
R_CHG: OSPF 1 Neighbor 192.168.0.1(GigabitEthernet0/0) changed from LOA
DING to FULL.
```

图 1-40 OSPF 部署认证示意图（二）

1.4.3.2 BGP 认证

【配置说明】与 OSPF 不同的是 BGP 协议仅支持在 BGP 进程中部署认证。

[ZJDL]bgp 26300

[ZJDL-bgp-default]peer 2.2.2.2 passwordsimple XXX

当 R1 部署 BGP 认证后，BGP 进程状态由 ESTABLISHED 转为 IDLE，如图 1-41
所示。

```
[ZJDL-bgp-default]peer 2.2.2.2 password simple 123456
[ZJDL-bgp-default]%Jun  9 09:53:57:871 2019 ZJDL BGP/5/BGP_STATE_CHANGE
D:
 BGP default.: 2.2.2.2 state has changed from ESTABLISHED to IDLE for T
CP Connection_Failed event received.
```

图 1-41 BGP 部署认证示意图（一）

此时在 R2 上部署同样的认证，BGP 进程重新变为 ESTABLISHED 状态，如图 1-42
所示。

```
[ZJDL-bgp-default]peer 1.1.1.1 password simple 123456
[ZJDL-bgp-default]%Jun  9 09:57:26:778 2019 ZJDL BGP/5/BGP_STATE_CHANGE
D:
 BGP default.: 1.1.1.1 State is changed from OPENCONFIRM to ESTABLISHED
```

图 1-42 BGP 部署认证示意图（二）

1.4.3.3 访问控制列表

【配置说明】同 "交换机访问控制列表"，详见本书 1.3.3。

1.4.3.4 路由策略

路由策略是为了改变网络流量所经过的途径而修改路由信息的技术，主要通过改变
路由属性（如 cost、tag 等，包括可达性）来实现。

【配置说明】在 IPv4 路由引入中应用路由策略，配置需求有如下两点：

（1）路由器 A、路由器 B 之间通过 BGP 协议交换路由信息。

（2）要求在路由器 A 上配置路由引入，并同时使用路由策略设置路由的属性：设置路由器 B 通过 BGP 学习到的路由开销为 123。

实验拓扑如图 1–43 所示。

图 1-43　路由策略实验网络拓扑

（1）配置各接口的 IP 地址（如图 1–43 所示）。

（2）配置 OSPF 路由协议 / 配置静态路由。

（3）在路由器 A 上设置路由策略并写入一条 10.66.1.0/24 的静态路由。

```
<ZJDL-A> system-view

[ZJDL-A] route-policy luyou permit node 123

[ZJDL-A-route-policy-luyou-123] apply cost 123

[ZJDL-A-route-policy-luyou-123] quit

[ZJDL-A] iproute-static10.66.1.024192.168.6.2
```

（4）配置 BGP 路由协议。

```
[ZJDL-A] bgp 26300

[ZJDL-A-bgp-default] peer 3.3.3.3 as-number 26300

[ZJDL-A-bgp-default] peer 3.3.3.3 connect-interface
LoopBack0

[ZJDL-A-bgp-default] address-familyipv4unicast

[ZJDL-A-bgp-default-ipv4] peer 3.3.3.3 enable

[ZJDL-A-bgp-default-ipv4] import-route static route-policy
luyou
```

（5）验证配置。

查看路由器 B 的路由表，看到目的地址为 10.66.1.0/24 路由的开销为 123，如图 1-44 所示。

```
[ZJDL-B]dis ip routing-table

Destinations : 15        Routes : 15

Destination/Mask    Proto    Pre  Cost    NextHop         Interface
0.0.0.0/32          Direct   0    0       127.0.0.1       InLoop0
2.2.2.2/32          Static   60   0       192.168.6.1     GE0/1
3.3.3.3/32          Direct   0    0       127.0.0.1       InLoop0
10.66.1.0/24        BGP      255  123     2.2.2.2         GE0/1
```

图 1-44　路由策略结果验证图

1.4.3.5　路由过滤

路由过滤是指路由协议在引入其他路由协议发现的路由时，通过策略（ACL、IP-prefix 等）过滤只引入满足条件的路由信息。

【配置说明】在 IPv4 路由导入路由表中应用路由过滤，配置需求有如下两点：

（1）在路由器 C 上配置为 ASBR 引入外部路由（静态路由），并在路由器 C 上配置过滤策略，对引入的一条路由（3.1.3.0/24）进行过滤。

（2）在路由器 A 上配置路由策略，对路由（10.5.1.0/24）进行过滤。

实验拓扑如图 1-45 所示。

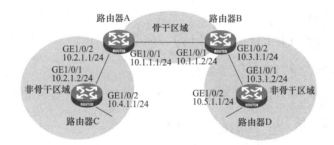

图 1-45　路由策略实验网络拓扑

（1）配置各接口的 IP 地址（如图 1-45 所示）。

（2）配置 OSPF 基本功能。

（3）配置引入自治系统外部路由。

[ZJDL-C] ip route-static 3.1.1.0 24 10.4.1.2

[ZJDL-C] ip route-static 3.1.2.0 24 10.4.1.2

[ZJDL-C] ip route-static 3.1.3.0 24 10.4.1.2

[ZJDL-C] ospf 1

[ZJDL-C-ospf-1] import-route static

[ZJDL-C-ospf-1] quit

此时，可以在路由器 A 上查看路由信息。

（4）在路由器 C 配置对路由 3.1.3.0/24 进行过滤。

```
[ZJDL-C] ip ip-prefix prefix1 index 1 deny 3.1.3.0 24
[ZJDL-C] ip ip-prefix prefix1 index 2 permit 3.1.1.0 24
[ZJDL-C] ip ip-prefix prefix1 index 3 permit 3.1.2.0 24
[ZJDL-C] ospf 1
[ZJDL-C-ospf-1] filter-policy ip-prefix prefix1 export static
```

此时，在路由器 A 上查看路由信息，与之前的路由信息相比较，可得：到目的网段 3.1.3.0/24 的路由被过滤掉了。

（5）在 router A 上配置对路由 10.5.1.1/24 进行过滤。

```
[ZJDL-A] acl number 2000
[ZJDL-A-acl-basic-2000] rule 0 deny source 10.5.1.0 0.0.0.255
[ZJDL-A-acl-basic-2000] rule 1 permit source any
[ZJDL-A-acl-basic-2000] quit
[ZJDL-A] ospf 1
[ZJDL-A-ospf-1] filter-policy 2000 import
[ZJDL-A-ospf-1] quit
```

配置对通过 LSA 计算出来的路由信息 10.5.1.0/24 进行过滤，此时，在路由器 A 上查看路由信息可得：到 10.5.1.0/24 的路由被过滤掉了。

完整网络配置过程可扫描下方二维码观看。

完整网络配
置过程可扫
描左侧二维
码观看

2

操作系统

计算机操作系统是电力监控系统的重要组成部分，随着电力监控系统安全防护和等级保护工作的深入开展，计算机操作系统暴露出的安全问题愈来愈多，在此环境下主机加固应运而生。本章首先介绍了操作系统系统的基本知识，随后介绍了 Windows 操作系统及凝思操作系统的常用命令及加固操作。加固操作是本章的重点内容，而凝思操作系统作为国产安全操作系统的一种，还具备了四权分立和强制访问控制等安全功能。

2.1 操作系统基础知识

计算机系统由硬件和软件两大部分组成，操作系统（Operating System）是用户与硬件间的中介程序，可以管理和控制计算机硬件和软件资源，是所有软件运行的基础和核心，为用户提供更方便、更高效的环境执行程序。操作系统对软硬件进行的资源管理与调度有利于资源优化、协调系统活动、处理可能出现的问题。

如果没有操作系统安全机制的支持，就不可能保障计算机信息安全。在网络环境中，网络的安全依赖于各主机系统的安全，没有操作系统的安全，就谈不上主机系统和网络系统的安全。因此操作系统的安全是整个计算机系统安全的基础。

2.1.1 操作系统的类型

根据所支持的用户数目，现在流行的微机运行着——单用户操作系统和多用户操作系统两类操作系统。单用户操作系统是 Windows 操作系统，多用户操作系统最主要的是 UNIX 和类 UNIX 操作系统。

（1）Windows 操作系统。

微软公司的 Windows 操作系统现在较为常用的有 Windows XP、Windows Vista、Windows 7 和 Windows 10 等。

（2）UNIX 和类 UNIX 操作系统。UNIX 操作系统是一个强大的多用户、多任务操作系统，支持多种处理器架构。只有符合单一 UNIX 规范的 UNIX 系统才能使用 UNIX 这个名称，否则类似系统只能称为类 UNIX 操作系统。

类 UNIX 操作系统主要有 Mac OS X、XENIX、UNIX S_V、Linux 发行版（如 Red Hat 红帽、openSUSE、Gentoo、Debian、Ubuntu、Linux Mint、Slackware、红旗 Linux 等）。国内常用的安全操作系统凝思、麒麟等也属于类 UNIX 系统。

Linux 是在微机上比较成功的类 UNIX 操作系统，Linux 系统具有类似 UNIX 的程序界面，而且继承了 UNIX 的稳定性，可以较好地满足工作需求。Linux 操作系统是 Linux 系统内核和各种常用软件的集合产品，全球约有数百款 Linux 系统版本，其中最热门的有红帽企业版 Linux（RedHat Enterprise Linux，RHEL）、openSUSE、Gentoo、Debian、Ubuntu 等。

为保障操作系统的安全性，一些重要计算机要求使用安全操作系统。国内常用的凝思安全操作系统是北京凝思科技有限公司自主研发、拥有完全自主知识产权、具备等保四级要求、并且达到军 B 级安全级别的操作系统，是国内首家达到安全服务器保护轮廓 EAL3 级别的安全产品。

2.1.2 操作系统的作用

操作系统的主要功能有存储管理、作业和进程管理、设备管理、文件管理和用户接口服务。

（1）存储管理。存储管理的资源是内存储器。它的任务是方便用户使用内存，提高内存的利用率以及从逻辑上扩充内存。内存管理主要功能包括内存分配，地址映射、内存保护和内存扩充。

（2）进程管理。程序的执行过程称为进程。进程是分配资源和在处理机上运行的基本单位。计算机系统中最重要的资源是中央处理器，对它管理的优劣直接影响整个系统的性能。因此，进程管理的基本功能包括进程控制、进程同步、进程通信和进程调度。

（3）设备管理。使用计算机就一定需要用到设备，比如用鼠标操作窗口、用键盘输入命令、用打印机输出结果等。设备的分配和驱动由操作系统负责，设备管理的主要功能包括缓冲区管理、设备分配、设备驱动和设备独立性。

（4）文件管理。在计算机上工作时需要新建文件、打开文件、读/写文件等，所以要能够进行文件管理。文件管理的功能包括文件存储空间的管理、文件操作的一般管理、目录管理、文件的读/写管理和存取控制。

（5）用户接口服务。为了方便用户使用操作系统，操作系统向用户提供了用户与操作系统的接口。通过这些接口，操作系统对外提供多种服务，使得用户可以方便、有效地使用计算机硬件和运行自己的程序，使软件开发工作变得容易、高效。

2.1.3　操作系统的安全

对计算机系统安全构成威胁的主要因素有计算机病毒、特洛伊木马、隐蔽通道、天窗、栈和缓冲区溢出、逻辑炸弹等。操作系统安全是计算机信息系统安全不可缺少的方面，研究和开发安全的操作系统具有非常重要的意义。

2.1.3.1　操作系统安全机制

为了实现操作系统的安全目标，需要建立相应的安全机制，操作系统共同拥有的安全机制包括身份认证机制、访问控制机制、数据加密机制以及安全审计机制等。

（1）身份认证机制：证明某人或某个对象身份的过程，是保证系统安全的重要措施。

（2）访问控制机制：计算机安全领域的一项传统的技术，其基本任务是防止非法用户进入系统及合法用户对系统资源的非法使用。

（3）数据加密机制：为防范入侵者通过物理途径读取磁盘信息，绕过系统文件访问控制机制而开发的文件加密系统。

（4）安全审计机制：审计是为系统进行事故原因的查询、定位，事故发生前的预测、报警，事故之后的实时处理提供详细、可靠的依据支持。

2.1.3.2　操作系统安全等级

美国国防部推出了历史上第一个计算机系统安全评测标准《可信计算机系统评测标准》（Trusted Computer System Evaluation Criteria，TCSEC）。它将计算机系统的安全级别分为四组七个等级：具体为 D、C（C1、C2）、B（B1、B2、B3）和 A（1），安全级别逐步提高，各级间向下兼容。

1999 年 9 月 13 日，中国国家质量技术监督局发布了中华人民共和国国家标准 GB 17859—1999《计算机信息系统安全保护等级划分准则》，它将计算机信息系统安全保护能力划分为 5 个等级：第一级，用户自主保护级；第二级，系统审计保护级；第三级，安全标记保护级；第四级，结构化保护级；第五级，访问验证保护级。

2.2 Windows 常用操作命令及安全加固

2.2.1 Windows 系统常用命令

在 Windows 中已经有了图形界面，但还需要用命令行。在很多情况下，命令行的效率要远远高于图形用户界面，包括图标、文件夹等。此外，命令行还有一个优点，就是它可以使用很多图形用户界面没有的工具，特别是网络命令。命令行需要在命令窗口中进行操作，有三种方法可以打开命令窗口：

（1）点击"开始"，打开"运行"对话框，输入 cmd，打开控制台命令窗口。

（2）同时按键盘上的"win"键和"r"键，调出运行，输入 cmd，打开控制台命令窗口。

（3）在文件夹空白处按 shift，同时右键弹出快捷菜单，点击"在此处打开命令窗口"。

本节主要介绍 Windows 系统中常用的网络命令。

2.2.1.1 ipconfig 命令

ipconfig 主要用于了解当前 TCP/IP 协议所设置的值，如 IP 地址、子网掩码、缺省网关、Mac 地址等，这些信息一般用来检验人工配置的 TCP/IP 设置是否正确。如果计算机和所在的局域网使用了动态主机配置协议 DHCP，使用 ipconfig 命令可以了解到计算机是否成功地租用到了一个 IP 地址，如果已经租用到，则可以了解 IP 地址、子网掩码和缺省网关等网络配置信息。ipconfig 命令的基本格式是：

ipconfig [/all/release/renew]

ipconfig 命令常用选项及其说明如表 2-1 所示。

表 2-1   ipconfig 命令选项及其说明

选项	说明
无参数选项	显示每个已经配置了的接口的 IP 地址、子网掩码和缺省网关值
/all	能为 DNS 和 WINS 服务器显示它已配置且所要使用的附加信息（如 IP 地址等），并且显示内置于本地网卡中的物理地址（MAC）。如果 IP 地址是从 DHCP 服务器租用的，它会显示 DHCP 服务器的 IP 地址和租用地址预计失效的日期

选项	说明
/release	只能用于向 DHCP 服务器租用 IP 地址的计算机,所有接口的租用 IP 地址重新交付给 DHCP 服务器(归还 IP 地址)
/renew	只能用于向 DHCP 服务器租用 IP 地址的计算机,计算机与 DHCP 服务器取得联系,并租用一个 IP 地址。大多数情况下网卡将被重新赋予和以前所赋予的相同的 IP 地址

2.2.1.2 ping 命令

轮询另一个 TCP/IP 节点,用于检测网络是否通畅,以及网络时延情况。ping 命令的基本使用格式是:

ping IP 地址 / 主机名 / 域名 [–t] [–a] [–n count] [–l size]

ping 命令常用选项及其说明如表 2-2 所示。

表 2-2　　　　　　　　　　　　　ping 命令选项及其说明

选项	说明
–t	连续对 IP 地址 / 主机名 / 域名执行 ping 命令,直到被用户以 Ctrl+C 中断
–a	以 IP 地址格式显示目标主机网络地址,默认选项
–n count	指定要 ping 多少次,具体次数由 count 来指定,默认值为 4

2.2.1.3 tracert 命令

tracert 命令是 trace router 的缩写,为路由跟踪命令,即用来显示数据包到达目的主机所经过的路径。tracert 命令的基本使用格式是:

tracert [–d] [–h maximum_hops] [–j host–list] [–w timeout] [–R] [–S srcaddr] [–4] [–6] target_name(目标 IP、URL 或域名)

tracert 命令常用选项及其说明如表 2-3 所示。

表 2-3　　　　　　　　　　　　　tracert 命令选项及其说明

选项	说明
–d	不将地址解析成主机名
–h maximum_hops	搜索目标的最大跃点数
–R	跟踪往返行程路径(仅适用于 IPv6)
–S srcaddr	要使用的源地址(仅适用于 IPv6)

2.2.1.4 arp 命令

arp 又称为地址转换协议，用于确定对应 IP 地址的网卡物理地址。arp 命令的基本使用格式是：

arp [–a] [–s] [–d]

arp 命令常用选项及其说明如表 2–4 所示。

表 2–4　　　　　　　　　　　　　arp 命令选项及其说明

选项	说明
–a	用于查看高速缓存中的所有项目
–a IP	如果有多个网卡，那么使用 arp –a 加上接口的 IP 地址，就可以只显示与该接口相关的 ARP 缓存项目
–d IP	人工删除一个静态项目

2.2.1.5 netstat 命令

netstat 命令是一个监控 TCP/IP 网络的非常有用的工具，它可以显示路由表、实际的网络连接以及每一个网络接口设备的状态信息。netstat 用于显示与 IP、TCP、UDP 和 ICMP 协议相关的统计数据，一般用于检验本机各端口的网络连接情况。netstat 命令的参数也比较多，表 2–5 列举部分命令参数选项进行说明。

表 2–5　　　　　　　　　　　　　netstat 命令选项及其说明

选项	说明
–a	显示所有连接和侦听端口
–t	显示当前连接卸载状态
–n	以数字形式显示地址和端口号

2.2.1.6 telnet 命令

telnet 命令是个端口登录的命令，命令的格式为：

telnet IP 地址 / 主机名称　端口号

成功连接到远程系统上时，将显示登录信息并提示用户输入用户名和口令。

2.2.2 Windows 系统加固

近年来国内外网络安全事件频发，其中不乏由于 Windows 操作系统安全漏洞而导致的网络安全事件。在电力监控系统领域，国产安全操作系统已得到广泛应用，但

部分并网电厂和变电站主机仍有 Windows 操作系统运行。本节按照国家电网有限公司对电力监控系统安全防护的相关管理要求，结合 Windows 操作系统实际，从账户口令及权限控制、网络服务、数据访问控制、日志与审计、恶意代码防范、其他加固操作等六个方面阐述 Windows 主机加固的内容、步骤和注意事项。涉及的操作适用于Windows2000Professional、WindowsXP、WindowsServer 2003、Windows 7、Windows Server 2008 等操作系统。

2.2.2.1　账户口令及权限控制

（1）账户口令及权限控制主要包括账号的新建、权限管理、更名和删除。

1）加固要求。为了控制系统风险，仅授予账户完成其职能所需的最小权限，且可以通过添加或删除相应的用户账号分配或收回相应的用户权限。

对于服务器或公用工作站来说，应按照仅授予管理用户最小权限的原则设置安全管理员、审计管理员和系统管理员，建立三权分立的安全策略。建议各管理员所具有的权限如下：

①安全管理员（secadmin）：备份或还原文件，隶属于 Backup Operators 和 Power Users 组。

②审计管理员（audadmin）：管理系统的各种日志信息，隶属于 Event Log Readers 和 Performance Log User 组。

③系统管理员（sysadmin）：更改文件所有权 / 重新启动或关闭系统 / 设置主机名 / 配置网卡参数 /IP 防火墙的管理 / 配置所有的对外服务，隶属于 Network Configuration Operators 组。

对于其他应用账号或用户自建账号，应首先列出账号所使用的应用程序，然后根据应用程序实际系统资源、对象的使用情况配置账号权限。

默认管理员账号为 Administrator。默认管理员账号可能被攻击者用来进行密码暴力猜测，可能由于太多的错误密码尝试导致该账户被锁定。建议修改默认管理员用户名。

删除多余用户或非法用户、禁用来宾账户等，可以防止黑客利用多余用户或非法用户入侵。

2）风险点及注意事项。应用账号或用户自建账号权限配置不合理可能导致相关应用程序使用异常。自创建的账户默认具有最高管理员权限。

一些应用系统可能需要 Administrator 等管理员账号名称，如一些数据库连接需要默认账号。建议加固之前先在测试环境中进行。

误删账号导致账号相关应用程序运行异常，且已经删除的用户账户无法恢复。因此，删除账号前，确保该账号与所有应用程序无关，如不能确认，可先禁用该帐号。禁用账号前同样需确认该用户不参与任何应用。

3）操作方法。

①新建用户。按下 WIN+R，输入框输入 compmgmt.msc，进入"计算机管理→本地用户和组→用户→新建用户"，分别创建安全管理员（secadmin）、审计管理员（audadmin）和系统管理员（sysadmin）。

②安全管理员权限配置（其他普通账户的权限配置与此相同）。在 Win XP、Win 2003、Win 7 和 Win 2008 中：选择用户"secadmin"，右击"属性"，进入"隶属于→添加→选择组→高级→立即查找"，同时选择 Backup Operators 和 Power Users 组，点击确定。

③系统管理员权限配置

在 Win 7 和 Win 2008 中：

选择用户"sysadmin"，右击"属性"，进入"隶属于→添加→选择组→高级→立即查找"，选择 Network Configuration Operators 组，点击确定，如图 2-1 所示。

图 2-1　配置用户权限

进入"控制面板→管理工具→本地安全策略→本地策略→用户权限分配（用户权利指派）→取得文件或其他对象的所有权"，添加用户"sysadmin"，点击确定。

④账户改名（以 Administrator 账户为例）。进入"控制面板→管理工具→本地安全策略→本地策略→安全选项"，双击"账户：重命名系统管理员账号"，修改 Administrator 用户的名称。

⑤删除多余账户。进入"计算机管理→系统工具→本地用户和组→用户"；查看窗口右侧的用户信息栏目，查找与设备运行、维护等工作无关的用户账户，右击删除。

⑥禁用账户（以 Guest 账户为例）。右击 Guest 用户，点击"属性"，勾选"账户已禁用"，点击确定。

（2）设置口令的复杂性策略。

1）加固要求。根据相关管理要求，口令长度不小于 8 位，由字母、数字和特殊字符组成，不得与账户名相同，避免口令被暴力破解。

对于口令的周期性策略，应设置账户口令的生存期不长于 90 天，避免密码泄露。

2）操作方法。

①进入"控制面板→管理工具→本地安全策略→账户策略→密码策略"。

②双击"密码长度最小值"，设置"密码长度最小值"为 8 个字符，点击确定。

③双击"密码必须符合复杂性要求"，勾选已启用，点击确定。

④双击"密码最长使用期限（密码最长存留期）"，设置"密码最长使用期限"为 90 天，点击确定。

（3）用户登录失败锁定。

1）加固要求。配置当用户连续认证失败次数超过 5 次，锁定该用户使用的账户 10min，避免账户被恶意用户暴力破解。

2）操作方法。

①进入"控制面板→管理工具→本地安全策略→账户策略→账户锁定策略"。

②双击"账户锁定阈值"设置，设置无效登录次数为 5 次，点击确定。

③双击"账户锁定时间"设置，设置锁定时间 10min，点击确定。

（4）用户口令过期提醒。

1）加固要求。密码到期前提示用户更改密码，避免用户因遗忘更换密码而导致账户失效。

2）风险点及注意事项。"交互式登录：提示用户在过期之前更改密码"在 Win XP 和 Win 2003 中为"交互式登录：在密码到期前提示用户更改密码"，在 Win 2000 中为"在密码到期前提示用户更改密码"。

3）操作方法。

①进入"控制面板→管理工具→本地安全策略→本地策略→安全选项"。

②双击"交互式登录：提示用户在过期之前更改密码"，设置为 10 天，点击确定。

（5）禁止用户更改计算机名。

1）加固要求。规范主机网络配置管理，禁止用户任意更换 IP。

2）操作方法。

①按下 WIN+R，输入框输入 gpedit.msc，打开"本地组策略编辑器"。

②进入"用户配置→管理模板→桌面"。

③双击"从'计算机（我的电脑）'图标上下文菜单中删除属性"，设置为"已启用"，点击确定。

（6）禁止非管理员关机。

1）加固要求。仅允许 Administrators 组进行远端系统强制关机和关闭系统，避免非法用户关闭系统。

2）风险点及注意事项。"从远程系统强制关机"在 Win XP 和 Win 2000 中为"从远端系统强制关机"。

3）操作方法。

①进入"开始→控制面板→管理工具→本地安全策略→本地策略→用户权限分配"；

②分别双击"关闭系统"和"从远程系统强制关机"选项，仅配置系统管理员（sysadmin）用户。

2.2.2.2 网络服务

（1）禁止用户修改 IP 地址。

1）加固要求。规范主机网络配置管理，禁止用户任意更换 IP。

2）风险点及注意事项。如果业务需要修改 IP，可临时取消，修改完成后重新加固。

3）操作方法

①按下 WIN+R，输入框输入 gpedit.msc，打开"本地组策略编辑器"。

②进入"用户配置→管理模板→网络→网络连接"。

③双击"禁止访问 LAN 连接组件的属性"，设置为已启用，点击确定。

④双击"禁止访问 LAN 连接的属性"，设置为已启用，点击确定。

⑤双击"禁用 TCP/IP 高级配置"，设置为已启用，点击确定。

（2）关闭默认共享。

1）加固要求。关闭 Windows 硬盘默认共享，防止黑客从默认共享进入计算机窃取资料。

2）风险点及注意事项。确定确实不需要默认共享后，再关闭该共享，否则可能会影响某些应用进行。

3）操作方法。

①进入"开始→控制面板→管理工具→计算机管理（本地）→共享文件夹→共享"。

②查看右侧窗口，选择对应的共享文件夹（例如 C$，D$，ADMIN$，IPC$ 等），右

击停止共享。

（3）关闭不必要的服务。

1）加固要求。应遵循最小安装的原则，仅安装和开启必需的服务，避免未知漏洞给主机带来的风险。

2）风险点及注意事项。应与管理员逐一确认开启服务的必要性，并在实验机上进行充分测试。

建议关闭以下服务：Alerter，Clipbook，Computer Browser，Fax Service，Internet Connection Sharing，Indexing Service，Messenger，NetMeeting Remote Desktop Sharing，Network DDE，Network DDE DSDM，Remote Access Connection Manager，Routing and Remote Access，Simple Mail Transport Protocol(SMTP)，Task Scheduler，Telnet，TCP/IP NetBIOS Helper。

3）操作方法。

①确认系统应用需要使用的服务。

②按下 WIN+R，输入框中输入 services.msc 命令。

③双击需要关闭的服务，点击停止按钮以停止当前正在运行的服务。

④将启动类型设置为禁用，点击确定。备注在执行系统加固前确认系统应用无需使用该服务。

（4）关闭不必要的端口。

1）加固要求。不必要的端口被启用，非法者可以利用这些端口进行攻击，获得系统相关信息，控制计算机或传播病毒，对计算机造成危害。

2）风险点及注意事项。应与管理员逐一确定端口开启的必要性，并在实验机上进行充分测试。

建议禁止以下端口开放：TCP21、TCP23、TCP/UDP135、TCP/UDP137、TCP/UDP138、TCP/UDP139、TCP/UDP445。建议限制端口 TCP3389。

3）操作方法。

①查看系统当前实际监听的端口列表。在命令提示符中，输入 netstat -ano 命令，查看系统当前网络连接状况，如图 2-2 所示。

②打开任务管理器，根据 PID 来查看端口对应的进程或服务。

③通过停止进程或禁用服务，关闭不必要的端口。

（5）启用 SYN 攻击保护。

1）加固要求。启用 SYN 攻击保护，防御黑客 SYN 攻击。

2）风险点及注意事项。建议指定触发 SYN 洪水攻击保护所必须超过的 TCP 连接请求数的阈值为5，指定系统拒绝的连接请求数的阈值为500，指定 TCP 的半连接数的阈值为400。

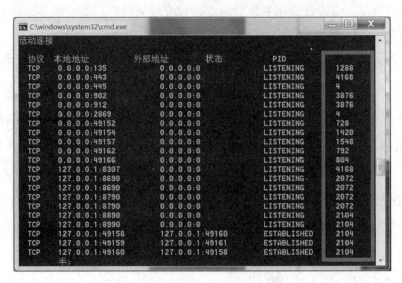

图 2-2　查看当前网络连接状况

3）操作方法。

①按下 WIN+R，输入框中输入 regedit 命令。

②查看注册表项，进入 HKEY_LOCAL_MACHINE\SYSTEM\CurrentControlSet\Services\Tcpip\Parameters。

③新建字符串值，重命名为 SynAttackProtect，双击修改数值数据为 2，如图 2-3 所示。

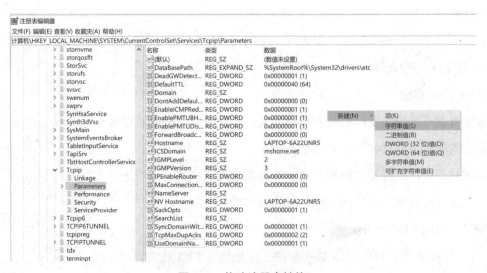

图 2-3　修改注册表键值

④新建字符串值，重命名为 TcpMaxportsExhausted，双击修改数值数据为 5。

⑤新建字符串值，重命名为 TcpMaxHalfOpen，双击修改数值数据为 500。

⑥新建字符串值，重命名为 TcpMaxHalfOpenRetried，双击修改数值数据为 400。

（6）关闭远程主机 RDP 服务。

1）加固要求。处于网络边界的主机 RDP 服务应处于关闭状态，有远程登录需求时可由管理员临时开启，避免非法用户利用 RDP 服务漏洞进行攻击。

2）操作方法。

①右击"计算机"，选择"属性"，点击左侧菜单栏中的"远程设置"。

②选择"不允许连接到这台计算机"，取消勾选"允许远程协助连接到这台计算机"，点击确定。

（7）限制远程登录的 IP。

1）加固要求。仅限于指定 IP 地址范围主机远程登录，防止非法主机的远程访问。

2）操作方法。

①按下 WIN+R，输入框输入 gpedit.msc，进入"本地组策略编辑器"。

②进入"计算机配置→管理模板→网络→网络连接→ Windows 防火墙→域配置文件"。

③双击"允许入站远程桌面例外"，选择"已启用"。

④填入允许远程登录到本机的主机 IP 地址，并以逗号分隔，点击确定。

⑤再进入"计算机配置→管理模板→网络→网络连接→ Windows 防火墙→标准配置文件"，重复 c、d 步操作。

（8）限制远程登录时间。

1）加固要求。设置远程桌面服务在某个活动或空闲会话超时后自动终止，防止被非法用户利用。

2）操作方法。

①按下 WIN+R，在输入框输入 gpedit.msc，进入"本地组策略编辑器"；

②进入"计算机配置→管理模板→ Windows 组件→远程桌面服务→远程桌面会话主机→会话时间限制"，双击"达到时间限制终止会话"，选择"已启用"，点击确定。

③双击"设置活动但空闲的远程桌面服务会话的时间限制"，选择"已启用"，设置"活动会话限制"为 10 min，点击确定。

（9）限制匿名用户远程连接。

1）加固要求。限制匿名用户连接权限，防止用户远程枚举本地账号。

2）操作方法。

①按下 WIN+R，在输入框输入 gpedit.msc，进入"本地组策略编辑器"。

②进入"计算机配置→Window 设置→安全设置→本地策略→安全选项"。

③双击"网络访问：不允许 SAM 账号和共享的匿名枚举"，选择"已启用"，点击确定。

④双击"网络访问：不允许 SAM 账户的匿名枚举"，选择"已启用"，点击确定。

（10）禁止使用无线设备。

1）加固要求。禁用无线网卡、蓝牙设备，防止设备通过无线网络进行通信。

2）操作方法。

①核实是否存在无线网卡，若存在，请执行以下操作并拔出网卡设备。

②按下 WIN+R，在输入框输入 devmgmt.msc，进入"设备管理器"。

③查找右侧"设备管理器"的窗口，选择网络适配器，找到无线网卡、蓝牙无线收发适配器设备名称。

④右击该设备，选择"禁用"，点击"是"。

2.2.2.3　数据访问控制

（1）重要数据的访问控制。

1）加固要求。对于关键服务器而言，应启用访问控制功能，依据安全策略控制用户对资源的访问，防止系统重要数据泄露。

一般给予与管理员 (Administrators）完全控制权限，给予数据拥有者（CREATOR OWNER）完全控制或配置特别的权限，对于需要使用文件或文件夹的用户和组，一般只赋予"读取和运行""列出文件夹目录"及"读取"权限，对于 EVERYONE 用户，应清除不需要的"允许"复选框，避免赋予"完全控制"权限。

2）风险点及注意事项。确定确实不需要某些用户的访问权限，再对用户权限进行更改，否则可能会影响某些应用进行。建议加固前在模拟系统中先进行测试。

3）操作方法。

①修改文件夹选项。在 Win 2000、Win 2003、Win 7 和 Win 2008 中：默认不需要修改；在 Win XP：默认不开启文件夹安全选项，需要手工开启，进入"工具→文件夹选项→查看"，取消勾选"使用简单文件共享"选项，点击"确定"。

②进入到需要进行访问控制的文件或目录。

③配置权限。

在 Win 7 和 Win 2008：右击"文件"或"目录"，选择"属性→安全→编辑"，对相

应的用户（组）设置合理的权限。

在 Win 2000、Win XP 和 Win 2003：右击"文件"或"目录"，选择"属性→安全→高级→编辑"，对相应的用户（组）设置合理的权限。

④说明：

要为没有显示于"组或用户名称"框中的组或用户设置权限，单击"添加"。键入想要为其设置权限的组或用户的名称，然后单击"确定"。

要更改或删除现有的组或用户的权限，单击该组或用户的名称，在下面的权限框中更改。

要允许或拒绝某一权限，在"用户或组的权限"框中，选中"允许"或"拒绝"复选框。

要从"组或用户名称"框中删除组或者用户，选中组或用户名，单击"删除"。

（2）关机时清除虚拟内存页面文件。

1）加固要求。设置关机时清除虚拟内存页面文件，避免虚拟内存信息通过硬盘泄露。

2）操作方法。

①进入"开始→控制面板→管理工具→本地安全策略"。

②进入"安全设置→本地策略→安全选项"。

③双击"关机：清除虚拟内存页面文件"，属性设置为"已启用"，点击"确定"。

2.2.2.4 日志与审计

（1）配置日志策略。

1）加固要求。配置系统日志策略配置文件，对系统登录、访问等行为进行审计，为后续问题追溯提供依据。

2）风险点及注意事项。系统默认安装为不开启任何审核，系统不能记录策略更改、登录等事件、账户登录事件、账户管理的成功或者失败，管理员将无法在日常的安全审计中发现可疑的行为。

若系统配置了一定的审核策略，但不能完全记录策略更改、登录等事件、账户登录事件、账户管理的成功或者失败，管理员将难以在日常的安全审计中发现可疑的行为。

推荐的审核策略是：

将"审核策略更改"设置为"成功"。

将"审核登录事件"设置为"成功，失败"。

将"审核对象访问"设置为"无审核"。

将"审核过程追踪"设置为"无审核"。

将"审核目录服务访问"设置为"无审核"。

将"审核特权使用"设置为"无审核"。

将"审核系统事件"设置为"无审核"。

将"审核账户登录事件"设置为"成功,失败"。

将"审核账户管理"设置为"成功,失败"。

3)操作方法。

①按下 WIN+R,输入框输入 gpedit.msc,进入"本地组策略编辑器"。

②进入"计算机配置→Windows 设置→安全设置→本地策略→审核策略"。

③对审核策略进行。

④设置完成后,点击"确定"。

(2)配置日志文件大小。

1)加固要求。设置日志文件大小限值,为审计日志数据分配合理的存储空间或存储时间。

2)风险点及注意事项。建议对所有日志进行配置。

3)操作方法

①进入事件查看器的日志配置。在 Win7 和 Win2008:进入"控制面板→管理工具→事件查看器→ Windows 日志";在 Win 2000、Win XP 和 Win2003:进入"控制面板→管理工具→事件查看器",如图 2-4 所示。

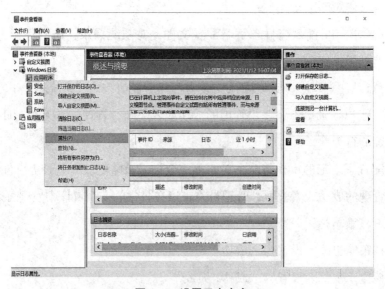

图 2-4　设置日志大小

②依次右击"应用程序""安全""系统""转发事件"和"Setup",选择"属性→常规",设置"日志最大大小"为 102400kB。

③按下 WIN+R,输入框输入 gpedit.msc,进入"本地组策略编辑器"。

④配置日志覆盖模式。

在 Win7 和 Win 2008:进入"计算机配置→管理模板→Windows 组件→事件日志服务→安全→日志文件写满后自动备份"和"保留旧事件",设置"已启用"。

在 Win 2000、Win XP 和 Win2003:按下 +R,输入框输入 eventvwr,进入"事件查看器";分别右击"应用程序""安全""系统",选择"属性→常规",设置"当达到最大的日志尺寸时→改写久于 ×× 天的事件"为 180 天。

2.2.2.5 恶意代码防范

(1)补丁管理。

1)加固要求。应及时安装 Windows 操作系统的安全补丁,修复系统已知安全漏洞,避免被攻击者利用。

2)风险点及注意事项。安装补丁可能导致主机启动失败或其他未知情况发生,应先在实验机上充分测试,并备份系统文件和数据。

应安装官方补丁,严禁安装第三方补丁,避免被黑客或恶意代码利用已知的安全漏洞进行攻击。

3)操作方法。

①打开命令控制台,输入 systeminfo,查看主机现有的补丁编号。

②查看当前系统漏洞是否已安装补丁包。

③在微软官方网站下载对应补丁包(https://support.microsoft.com/zh-cn)。

④验证补丁包 HASH 值,在官方网站搜索所需要安装补丁包的更新说明。

⑤打开对应网页查看文件哈希信息。

⑥验证本地补丁包哈希值。

⑦验证哈希信息正确后,安装补丁包程序。

(2)开启防火墙并设置访问控制规则。

1)加固要求。打开系统自带防火墙,减小被网络攻击的风险。

2)风险点及注意事项。开启防火墙,可能会影响某些程序和业务正常运行,安装前应事先调试确保无误后再安装。

3)操作方法。

①按下 WIN+R,输入框中输入 Firewall.cpl。

②选择"打开或关闭 Windows 防火墙",点击启用 Windows 防火墙。

③按下 WIN+R,输入框中输入 wf.msc,进入高级安全防火墙,点击右侧"新建规则"。

④选择协议和端口。

⑤选择需要进行的操作。

⑥选择规则应用的范围。

⑦命名规则,点击完成。

(3)数据执行保护。

1)加固要求。

对 Windows 操作系统程序和服务启用系统自带数据执行保护功能,防止在受保护内存位置运行恶意代码。

2)操作方法。

①进入"控制面板→系统";

②选择"高级系统设置→高级→性能→设置→数据执行保护"选项卡,勾选"仅为基本 Windows 操作系统程序和服务启用 DEP",点击"确定"。

2.2.2.6 其他加固操作

(1)开启屏幕保护。

1)加固要求。根据相关管理要求,操作系统应设置开启屏幕保护,并将时间设定为 5min,避免非法用户使用系统。

2)风险点及注意事项。"恢复时显示登录屏幕"在 Win2000 中为"密码保护",在 WinXP 中为"在恢复时返回到欢迎屏幕",在 Win2003"在恢复时使用密码保护"。

3)操作方法。

①进入屏幕保护程序。

在 Win 7:进入"控制面板→显示→个性化→屏幕保护程序"。在 Win 2000、Win XP、Win 2003 和 Win 2008:进入"控制面板→显示→屏幕保护程序(更改屏幕保护程序)"。

②选择屏幕保护程序界面,设置"等待"为 5,勾选"恢复时显示登录屏幕",点击"确定"。

(2)禁用大容量存储介质。

1)加固要求。禁用 USB 存储设备,防止利用 USB 接口非法接入。

2)操作方法。

①按下 WIN+R，在输入框输入 regedit，打开注册表编辑器。

②进入 HKEY_LOCAL_MACHINE\SYSTEM\CurrentControlSet\Services\USBSTOR。

③双击右侧注册表中的"Start"项，修改值为 4。

（3）关闭自动播放功能。

1）加固要求。关闭移动存储介质或光驱的自动播放或自动打开功能，防止恶意程序通过 U 盘或光盘等移动存储介质感染主机系统。

2）操作方法。

①按下 WIN+R，输入框中输入 gpedit.msc，进入"本地组策略编辑器"。

②进入"计算机配置→管理模板→Windows 组件→自动播放策略"。

③查看右侧小窗口，双击"关闭自动播放"，选择"已启用"。

④在"选项"中，选择"所有驱动器"，点击"确定"。

Windows 操作系统加固的视频请扫描左侧二维码观看

2.3　凝思常用操作命令及安全加固

2.3.1　凝思系统常用命令

凝思是由命令行组成的操作系统，无论图形界面怎么发展，命令行方式的操作永远都不会变。凝思命令有许多强大的功能，能实现简单的磁盘操作、文件存取，也能实现复杂的多媒体图像和流媒体文件的制作。凝思系统的桌面系统也是运行在命令行模式下的一个应用程序。

2.3.1.1　shell

shell 是一个接收由键盘输入的命令，并将其传递给操作系统来执行的程序，用户在操作系统上完成的所有任务都是通过 shell 和 Linux 系统内核的交互来实现的。shell 解释用户输入的命令，提交到内核，最后把结果返回给用户，是用户和操作系统之间通信的桥梁，几乎所有的 Linux 发行版都提供 shell 程序。

当使用图形用户界面时，需要使用终端仿真器与 shell 进行交互，凝思系统中使用的终端一般是 Konsole。

2.3.1.2 系统管理与维护

（1）shutdown。关闭或重启系统，语法为：

shutdown [选项] [时间]

shutdown 命令常用选项及其说明如表 2-6 所示。

表 2-6   shutdown 命令选项及其说明

选项	说明
-h	关机
-k	发送信息给所有用户，但是不会真正关机
-r	关机后重启
-c	取消前一个关机命令

（2）ls 命令。ls 命令显示指定目录下的内容，列出工作目录所含的文件及子目录，此命令与 Windows 下的 dir 类似。语法为：

ls [选项] [路径或文件]

ls 命令常用选项及其说明如表 2-7 所示。

表 2-7   ls 命令选项及其说明

选项	说明
-a	显示指定目录下所有的文件及子目录，包括隐藏文件（以 "." 开头的文件或目录）
-d	只显示目录列表，不显示文件
-l	除文件名称外，同时将文件或者子目录的权限、使用者和大小等信息详细列出
-r	按相反的顺序显示结果，通常，ls 命令按照字母升序排列显示结果

（3）lsof 命令。lsof 是一个列出当前系统打开文件的工具。语法为：

lsof

lsof 输出各列信息的意义如表 2-8 所示。

表 2-8   lsof 输出列信息的意义

列信息	代表含义
COMMAND	进程的名称
PID	进程标识符
USER	进程所有者
SIZE	文件的大小
NODE	索引节点（文件在磁盘上的标识）
NAME	打开文件的确切名称

例如查看 D5000 的句柄数：lsof |grep d5000。

（4）pwd 命令。显示当前工作目录的绝对路径名称，语法为：

pwd

（5）cd 命令。改变当前目录。语法为：

cd [目录名]。

cd 命令常用选项及其说明如表 2-9 所示。

表 2-9   cd 命令选项及其说明

选项	说明
cd [目录]	切换到指定的目录下，注意 Linux 下目录名和文件名区分大小写
cd 或者 cd ~	返回当前用户的默认工作目录，cd 与 "~" 之间有空格
cd ~[用户名]	返回指定用户的工作目录下，"~" 与用户名之间没有空格
cd .. 或者 cd ../	返回到上级工作目录下
cd /	返回到根目录下

（6）passwd 命令。用于设置用户密码，语法格式为：

passwd [用户名]

（7）su 命令。用于改变用户身份，语法格式为：

su [选项] [用户名]

例如使普通用户成为超级用户 su 。

（8）ps 命令。显示系统进程在瞬间的运行动态，语法格式为：

ps [选项]

ps 命令用的非常多，选项也比较多，表 2-10 仅列出常用的选项及其说明。

表 2-10 　　　　　　　　　　　　ps 命令选项及其说明

选项	说明
a	显示所有用户的进程，包含每个程序的完整路径
-u	显示使用者的名称和起始时间
-c	显示进程的名称，不显示进程的完整路径

例如显示用户 root 的进程 ps -u root。

2.3.1.3　文件管理与编辑

（1）mkdir 命令。用于创建一个目录，语法格式为：

mkdir [选项] 目录名

mkdir 命令常用选项及其说明如表 2-11 所示。

表 2-11 　　　　　　　　　　　　mkdir 命令常用选项及其说明

选项	说明
-m	对新建目录设置存取权限
-p	可以指定一个路径名称。若目录不存在，系统将自动创建相应目录，一次可创建多个目录。

（2）grep 命令。在文件中查找并显示包含指定字符串的行，语法格式为：

grep [选项] 需要查找的字符串文件名

grep 命令常用选项及其说明如表 2-12 所示。

表 2-12 　　　　　　　　　　　　grep 命令常用选项及其说明

选项	说明
-c	计算找到 ' 搜寻字符串 ' 的次数，不显示具体信息
-n	输出行号
-i	查找时忽略大小写
-v	反转查找，输出与查找条件不相符的行

（3）rm 命令。删除某个目录及其所有文件及子目录，语法格式为：

rm [选项] 文件或目录

使用 rm 命令时需要特别谨慎，因为文件一旦被删除，就不能恢复，Linux 没有类似于

Windows 的回收站。为了防止误删除，建议使用"–i"选项，逐个确认需要删除的文件。

（4）cp 命令。将文件或目录复制到另一个文件或目录中。语法格式为：

cp [选项] 源文件或目录目标文件或目录

cp 命令常用选项及其说明如表 2–13 所示。

表 2–13   cp 命令常用选项及其说明

选项	说明
–f	强行复制文件或目录，不论目的文件或目录是否已经存在
–r	递归处理，将指定目录下的文件与子目录一并处理。若源文件或目录的形态，不属于目录或符号链接，则一律视为普通文件处理
–R	递归处理，将指定目录下的文件及子目录一并处理

（5）find 命令。用途：用于查找文件或目录（只能查找当前所在目录和子目录内的文件或目录，同一级别相邻目录内的文件无法查找，只能到上一级目录中使用 find 命令）。语法格式为：

find [查找范围] [查找条件]

find 命令常用选项及其说明如表 2–14 所示。

表 2–14   find 命令常用选项及其说明

选项	说明
–name	按文件名称查找（必须精确匹配文件名称）
–size	按文件大小查找
–user	按文件属主查找
type	按文件类型查找
-type 文件类型（b/d/c/p/l/f）	按指定文件类型查找，分别为设备 / 目录 / 字符设备 / 管道 / 符号链接 / 普通文件

（6）mv 命令。将文件或目录改名或将文件由一个目录移动到另一个目录中。如果源类型和目标类型都是文件或目录，则重命名；如果源类型是文件，目标类型是目录，则文件移动。注意如果源类型是目录，目标类型只能是目录，不能是文件。语法格式为：

mv [选项] 源文件或目录目标文件或目录

2.3.1.4 压缩与解压

（1）zip/unzip 命令。将文件或目录惊喜压缩或解压，压缩时生成以".zip"为后缀的压缩包，语法格式为：

zip [选项] 压缩后的文件名需要压缩的文档列表

unzip [选项] 压缩的文件名

（2）gzip/gunzip 命令。将一般文件进行压缩或解压缩，压缩文件扩展名为".gz"。gzip 命令只能用于压缩文件，不能用于压缩目录，即使指定目录名，也只能压缩目录内的所有文件，同时 gzip 命令在当前目录将原文件变成".gz"文件，不是另存一个".gz"文件。语法格式为：

gzip [选项] 压缩（解压缩）文件名

（3）tar 命令。常用的归档工具，对文件或目录进行打包归档，归档成一个文件。语法格式为：

tar [选项] 文件或目录

2.3.1.5 磁盘管理与维护

（1）df 命令。检查文件系统的磁盘空间占用情况，显示指定磁盘文件的可用空间。语法格式为：

df [选项]

（2）du 命令。统计目录（或文件）所占磁盘空间的大小。语法格式为：

du [选项] 文件或目录

2.3.1.6 网络设置及维护

（1）ifconfig 命令。配置和显示网络接口的参数，用 ifconfig 命令配置的网卡信息在重启后，配置就不存在了。语法格式为：

ifconfig [选项] [网络接口] [参数]

（2）netstat 命令。显示本机网络连接、运行端口和路由表信息。语法格式为：

netstat [选项]

netstat 命令常用选项及其说明如表 2-15 所示。

表 2-15   netstat 命令常用选项及其说明

选项	说明
-a	显示本机所有连接和监听端口
-n	以网络 IP 地址的形式显示当前建立的有效连接和端口

续表

选项	说明
−r	显示路由表信息
−s	显示按协议的统计信息
−t	显示所有的 TCP 协议连接情况
−u	显示所有的 UDP 协议连接情况

（3）telnet 命令。通过 telnet 协议与远程主机通信或获取远程主机对应端口的信息。语法格式为：

telnet 主机名或者 IP 地址端口

（4）SSH 命令。

SSH 是目前较可靠，专为远程登录会话和其他网络服务提供安全性的协议。利用 SSH 协议可以有效防止远程管理过程中的信息泄露问题。利用 SSH 传输的数据是经过压缩的，可以加快传输的速度，解决口令在网上明文传输的问题。

2.3.1.7 文本编辑工具 vi

vi 是 visual editor 的简称，是一种可视化的编辑器，作为 Linux 下的文本编辑程序，有编辑、命令和末行三种工作模式。

（1）编辑模式。以 vi 或 vim 打开一个文本文件就直接进入编辑模式（这是默认的模式）。在这个模式中，可以使用上下左右按键来移动光标，可以使用删除字符或删除整行来处理档案内容，也可以使用复制、粘贴来处理文件数据。

（2）命令模式。在命令模式中可以进行删除、复制、粘贴等操作，但无法编辑文件内容。按下 i、I、o、O、a、A、r、R 等任何一个字母后会进入编辑模式，同时画面的左下方会出现"插入"等字样。如果要回到命令模式，按下 Esc 即可。

（3）末行模式。在命令模式当中，输入：、/ 、? 三个中的任何一个按钮，就可以将光标移动到最底下那一行。在这个模式当中，可以提供搜索资料的动作，而读取、存盘、替换、离开 vim、显示行号等等的动作则是在此模式中实现的。

表 2-16 介绍常用的 vi 命令及其说明。

表 2-16　　　　　　　　　vi 命令及其说明

命令输入	说明
k、j、h、l 或者方向键	上、下、左、右光标移动

命令输入	说明
0	使光标移至行首
$	使光标移至行尾
nyy	复制 n 行
np	粘贴 n 次
o、O	在当前行下一行、上一行插入空白行
:q	退出文件
:q!	强制退出
:w	写文件
:wq	存盘退出

2.3.1.8　帮助命令

（1）man 命令：显示命令的详细解释，如 man ls。

（2）info 命令：与 man 类似，区别在于使用交互按键（如空格键、Page Down、Page Up 等）分段显示，如 info ls。

（3）help 命令：显示命令的常用参数等简要信息，如 ls --help。

2.3.2　凝思系统加固

2.3.2.1　账户与权限管理

（1）删除操作系统的无关账户。

1）加固要求。系统存在与正常业务应用或系统维护无关的账号，使攻击者猜测密码成功的可能性增大。

2）风险点及注意事项。sshd 账号不能用 # 屏蔽，否则 SSH 服务无法正常启动。

3）操作方法。

① vi /etc/passwd。

② sshd 和 ftp 的 shell 改为为 /bin/false。

（2）为空口令或弱口令用户设置密码。

1）加固要求。完善账号管理制度，设置位数大于 8 位，数字、字母混合，区分大小写的口令。/etc/passwd 用于保存用户账号的基本信息。其格式为。

用户名：密码：uid：gid：用户描述：家目录：登录 shell。

每一行对应一个用户的账号记录。

/etc/shadow 用于保存密码字串、密码有效期等信息。是 passwd 的影子文件，与 passwd 文件是互补关系，文件中包括用户及被加密的密码以及其他 passwd 文件不能包括的信息（比如用户的有效期限等），只有 root 有权操作这个文件。

/etc/group 用于存放本地用户组的信息。

2）操作方法。

① cat /etc/shadow，查找空口令和弱口令用户。

例如用户 d5000 后面有 2 个冒号，表示其密码为空：

d5000::17325 0:99999:7 :::
~

再例如，比如系统账号的默认密码：root/root 就是弱口令。

②用"passwd 用户名"为空口令和弱口令用户设置密码。

③用同样的方法，确保 /etc/passwd 和 /etc/group 这 2 个文件属性安全。

（3）创建新用户。

1）加固要求。

创建时用户对应的基本组、附加组必须存在。

使用 useradd 命令。格式：

useradd [选项]... 用户名

常用命令选项；

-u：指定 UID 标记号；

-d：指定宿主目录，缺省为 /home/ 用户名；

-e：指定账号失效时间；

-g：指定用户的基本组名（或 UID 号）；

-G：指定用户的附加组名（或 GID 号）；

-M：不为用户建立并初始化宿主目录；

-m：创建用户家目录；

-s：指定用户的登录 Shell。

2）操作方法。例如，创建 d8000 用户账号，其 home 为 /users/d8000，shell 为 tcsh；设置 d8000 的基本组为 d8000，附加组为 sysadmin、netadmin；

① useradd d8000 -d /users/d8000 -m -s /bin/tcsh。

② groupadd d8000。

③ usermod –g d8000 –G sysadmin，netadmin d8000。

或者：

① groupadd d8000。

② useradd d8000 –g d8000 –G sysadmin，netadmin –d /users/d8000 –m –s /bin/tcsh。

（4）设置口令生存策略。

1）加固要求。设置账户口令生存周期，实现口令最大有效期、口令修改之间的最小天数、预期 10 天警告的加固要求。

口令生存周期的修改分为：已创建的用户和未创建的用户两类。

2）操作方法。

①首先进入相关配置文件，查看相关内容 vi /etc/login.defs。

②配置文件参数说明如下：

PASS_MAX_DAYS 99999： 口令最大有效期为 99999 天

PASS_MIN_DAYS 0： 口令修改之间的最小天数

PASS_WARN_AGE 7： 口令过期前 7 天报警

③设置口令有效期 90 天，口令修改最短时间 1 天，且在过期前 28 天提醒。

PASS_MAX_DAYS 90

PASS_MIN_DAYS 1

PASS_WARN_AGE 28

④如需对已存在的用户设定口令有效期为 60 天，提前 28 天提醒，使用 root 或者安全管理员（secadmin）执行。

chage –M 60 username（用户名） 有效期设置为 60 天

chage –W 28 username（用户名） 提前 28 天提醒

（5）修改密码复杂度策略。

1）加固要求。对操作系统设置口令策略，设置口令复杂性要求，为所有用户设置强壮的口令。要求口令长度不小于 8 位；口令是字母、数字和特殊字符组成；口令不得与账户名相同。

2）操作方法。

①进入相关文件，vi /etc/pam.d/password。

②修改文件内参数：

password required pam_cracklib.so retry=3 minlen=8 difok=3 ucredit=–1 lcredit=–1

dcredit=−1 ocredit=−1

配置文件参数说明如下：

retry=3：重试次数为 3 次；

minlen=12：最小长度 12 位；

difok=3：新旧口令中有 3 位不相同；

lcredit=−1：至少包含一个小写字母；

ucredit=−1：至少包含一个大写字母；

dcredit=−1：至少包含一个数字；

ocredit=−1：至少包含一个特殊字符；

reject_username：口令中不允许包含与用户名相同的字段（如文件中没有，可在该行末尾添加：reject_username）

（6）设置账户锁定策略。

1）加固要求。设置连续认证失败超过一定次数账户自动锁定，实现登录失败 5 次锁定账户的加固要求。

需要进入相关配置文件分别对 SSH、login、kde 三种登录方式进行设置。

参数说明如下：

deny：连续登录失败多少次。

unlock_time：当用户达到最大登录失败次数以后，账户锁定多少秒。

2）风险点及注意事项。修改 kde 文件，设置图形界面登录失败 5 次进行锁定，时长 600s（例如开机口令失败 5 次）锁定后即无法再次输入口令，须等到锁定时间过后，方可再次输入账户名及口令进入。

3）操作方法。

①对 SSH 远程登录进行设置。

执行：vi /etc/pam.d/sshd

在该文件中（任意位置）新增一行：

auth required /lib/security/pam_tally.so unlock_time=600 onerr=succeed audit deny=5

修改说明：修改 sshd 文件，设置远程登录失败 5 次进行锁定，时长 600s。

②对终端登录进行设置。

执行：vi /etc/pam.d/login

在该文件中新增一行：

auth required /lib/security/pam_tally.so unlock_time=600 onerr=succeed audit deny=5

修改说明：修改 login 文件，设置终端登录失败 5 次进行锁定，时长 600 s。

③对图形化界面登录进行设置。

执行：vi /etc/pam.d/kde

在该文件中新增一行：

auth required /lib/security/pam_tally.so unlock_time=600 onerr=succeed audit deny=5

（7）设置超时自动注销。

1）加固要求。当 root 账户离开计算机时，出于安全考虑，最好能让系统在隔一段时间后能自动退出。为了做到这一点，可以通过设置一个名为 "TMOUT" 的变量来实现，它的单位是秒。具体执行如下：用 vi 编辑 "/etc/profile" 文件，在有 "HISTFILESIZE=" 字样的一行的后面加上 "TMOUT=300"，加入的这一行含义是 5min。当把这行内容放入 "/etc/profile" 文件后，在系统连续 5 min 不用时，系统会自动通知系统中的所有用户系统将退出。root 用户也可以把 "TMOUT" 变量放在用户各自的 ".bashrc" 文件中，使得系统在指定的一段时间不用后能自动退出。"TMOUT" 变量参数被设置在系统中后，必须先退出系统，然后再以 root 账户重新登录后，该项设置才会生效。

2）风险点及注意事项。

"TMOUT" 变量设置的位置，需要依据 /etc/passwd 里写明的文件路径来确定。

当前会话使用时才需要 root 用户通过 source/etc/profile 激活。

3）操作方法。

①对于 sysadmin 用户：

执行 vi /etc/profile；

设置 TMOUT=600。

②对于 root 用户：

执行 vi /root/.bashrc；

设置 TMOUT=600。

③对于 tcsh 用户，以 d5000 用户为例；

执行 vi /home/d5000/.cshrc；

设置 set –r autologout=10（autologout 是以分钟为单位）。

2.3.2.2 文件与授权

（1）设置文件访问权限。

1）加固要求。配置系统重要文件的访问控制策略，严格限制访问权限（如读、写、执行），避免被普通用户修改和删除。

这里所用的控制方式为自主访问控制，主要控制文件所有者、所属组、其他用户对文件的访问权限。以文件 testfile 为例介绍文件的访问权限。假设通过命令 ls –l testfile 查看到的文件信息如下：

–rw–r–– r–– 1 rocky rocky 20 11 月 18 10：17 testfile

上文"–rw–r–– r––"被分为四个部分：

第一个字符：代表文件类型，常见类型如：d：代表目录、–：代表普通文件、l：代表链接文件。

剩下的字符每三个为一组，共分三组，内容为 rwx 的组合。其中 r 代表可读 (read)、w 代表可写 (write)、x 代表可执行 (execute)，若不存在某权限，则对应位为 –。在三组权限中：第一组为文件所有者对文件的操作权限，第二组为文件所属组的权限，第三组为其他用户的操作权限。

可以通过 chmod 设定文件权限。实现的方法有：数字权限设定、字符权限设定两种：

①数字设定法。格式为：

chmod nnn 文件或目录（nnn 为 3 位八进制数字）

文件的权限为 rwx 的组合，每个权限可以使用数字来表示：r：4、w：2、x：1，则用户对文件的操作权限可以表示为各权限位数字的累加。

②字符设定法。格式为：

chmod　[ugoa]　[+–=]　[rwx]　文件或目录

chmod 命令中字符 u、g、o 分别代表文件。

所有者、所属组用户、其他用户三种身份，a 代表全部身份，可对不同身份通过+(添加)、－ (去除)、=(设定) 进行权限设定。

此外，chown 可以更改文件的属主和属组。

格式为：

chown 用户名：组名文件

若同时修改用户名和组名时，需要把两者都写上。

若只修改用户名的话，则组名及其用户名后面的冒号就不要用。

若只修改组名，而用户名不修改的话，则是：组名。

2）操作方法。

设置关键目录（ /etc/ 下的 passwd、shadow 和 group ）的文件权限：

chmod 644 /etc/passwd：即 /etc/passwd 文件的所有者具有读取、写入权限，同组用户具有读取权限，其他用户具有读取权限。

chmod 600 /etc/shadow：/etc/shadow 文件的所有者具有读取、写入权限，同组用户没有权限，其他用户没有权限。

chmod 644 /etc/group：/etc/group 文件的所有者具有读取、写入权限，同组用户具有读取权限，其他用户具有读取权限。

chownsecadmin：secadmin passwd：设置文件 passwd 的属主为 secadmin，属组为 secadmin。

chownsecadmin：secadmin shadow：设置文件 shadow 的属主为 secadmin，属组为 secadmin。

chownsecadmin：secadmin group：设置文件 group 的属主为 secadmin，属组为 secadmin。

（2）统一设置 UMASK 值。

1）加固要求。文件的初始访问权限在文件创建时结合 umask 决定。合理的 umask 值可以确保创建的文件具有所希望的缺省权限。

缺省权限的计算方法：目录为 777 减去 umask 值，文件为 666 减去 umask 值。如 umask 值 027 表示创建新目录及新文件时，目录或文件的权限如下：

目录 750：所有者全部权限（7），属组具备读写权限（5），其他用户无权限。

文件 640：所有者读写权限（6），属组具备读权限（4），其他用户无权限。

此项设置目的是使创建后的目录及文件更加安全（其他不相关用户不具有任何权限）。

2）风险点及注意事项。如果在 /etc/profile 下修改 umask 之后，umask 的值却没有变化，可能在用户的主目录下的 .bashrc 里也进行了 umask 的修改，而 .bashrc 是在 profile 之后执行的脚本，所以在 /etc/profile 文件里的 umask 的改动又被后来执行的 .bashrc 里的 umask 的值覆盖掉了。此时应改动 .bashrc 文件里的 umask 值（修改方法同修改 profile 文件，有则修改无则添加）。

3）操作方法。

①使用 root 用户执行 vi/etc/profile 文件；

②将 umask 022 修改为 umask 027。

2.3.2.3　网络服务

（1）关闭不必要的服务。

1）加固要求。管理员需提供系统实际需要的服务列表，将该列表与当前系统中所启动的服务列表相对比，如果发现与业务应用无关的服务或不必要的服务和启动项，则关闭掉或禁用。

使用远程服务时，建议关闭 telnet 和 rlogin 等明文服务，使用加密的 SSH 服务。

2）操作方法。

①关闭 ftp 服务。

执行 /etc/init.d/proftpd status，查看 ftp 服务状态。

执行 /etc/init.d/proftpd stop，关闭 ftp 服务。

执行 rm –rf /etc/rc.d/rc5.d/S280proftpd，删除 ftp 的开机自启动。

执行 rm –rf /etc/rc.d/rc3.d/S280proftpd，删除 ftp 的开机自启动。

上述两条删除命令可以精简为 rm –rf /etc/rc.d/rc*.d/*ftp*。

②关闭 samba 服务。

执行 /etc/init.d/samba stop，关闭 samba 服务。

进入 /etc/rc.d/rc5.d 和 /etc/rc.d/rc3.d，查看是否有 samba 的链接。

执行精简的删除命令：rm –rf /etc/rc.d/rc*.d/*samb*。

③关闭 telnet、rlogin、rshell 等服务。

执行 vi /etc/inetd.conf。

在 telnet、shell、login 所在行的开头添加 #，即将这三行命名变为注释令其不生效。

/etc/init.d/inetd restart 重启 inetd。

（2）关闭不必要的端口。

1）加固要求。系统应关闭不必要的通信端口，防止多余的网络端口受到安全攻击。

2）操作方法。以 80 端口为例，发现系统 80 服务端口存在安全隐患，通过与业务部门沟通确认该服务可以关闭，并关闭其自启动。

①执行 lsof –i：80，确认为 http 服务。

② /etc/init.d/apache stop。

③ rm –rf /etc/rc.d/rc*.d/* apache*。

（3）禁止 Xmanager 连接。

1）加固要求。Xmanager 连接可以称呼为远程桌面和远程协助，在不需要时应当关闭以避免被黑客利用。

2）操作方法。

①执行 vi /usr/share/config/kdm/kdmrc。

②进行如下修改：

[Xdmcp]

Enable=false

③执行 /etc/init.d/kdm restart，该命令即重启 kdm 服务，会造成图形界面重启。

④验证方法：远端使用 xmanage 工具登录系统。

（4）限制主机的远程管理地址。

1）加固要求。仅限于指定 IP 地址范围主机远程登录，防止非法主机的远程访问。

TCP Wrappers (tcpd) 通过读取两个文件决定应该允许还是拒绝到达的 TCP 连接。这两个文件是：/etc/hosts.allow 和 /etc/hosts.deny，分别代表允许和拒绝的远程登录 IP 地址。

2）操作方法。

①执行 vi /etc/hosts.deny。

②在文件中添加 ALL：ALL：deny。

③执行 vi /etc/hosts.allow。

④在文件中添加 sshd：202.54.15.0/24：allow，表示仅允许 202.54.15.0/24 网段登录。

（5）提升 sshd 服务的安全性。

1）加固要求。对 sshd 服务进行个性化的修改，确保 SSH 服务的安全性。例如可以修改服务端口为 3333，允许一次登录 30s 内尝试密码输入 3 次，只允许 D5000 用户从 192.168.1.100 和 192.168.1.100 主机登录，并修改 banner 信息。

2）操作方法。

①执行 vi /etc/ssh/sshd_config。

②修改文件内容：

port 3333，即修改 SSH 的服务端口为 3333；

LoginGraceTime 30，即允许一次登录花费时间 30s；

MaxAuthTries 3，即账号锁定阈值 3 次；

UsePAM yes，即启用 PAM 验证；

PermitRootLogin no，即禁止 root 用户远程登录；

RSAAUthentication no，即禁止 RSA 验证；

PubkeyAuthentication no，即禁止公钥验证；

AllowUsers d5000@192.168.1.100，192.168.1.102，即只允许 D5000 用户 192.168.1.100 和 192.168.1.102 主机登录；

Banner none，none 表示空，也可以指向某个文件，比如 /etc/issue，该文件里面的内容要清空。

③重启服务生效，执行 /etc/init.d/sshd restart。

2.3.2.4　恶意代码防范

升级补丁。

1）加固要求。应统一配置补丁更新策略，确保操作系统安全漏洞得到有效修补。对高危安全漏洞应进行快速修补，以降低操作系统被恶意攻击的风险。

2）操作方法。

①关闭存在漏洞的与承载业务无关的服务。

②通过 pkgadd 命令安装系统安全补丁。

安装：pkgadd 完整包名。

卸载：pkgrm 服务名。

更新：pkgadd –u 完整包名。

③通过访问控制限制对漏洞程序的访问。

2.3.2.5　外部连接管理

（1）禁止 USB 存储驱动。

1）加固要求。禁止 USB 存储驱动，保留其他 USB 设备驱动，保存 U–KEY。

2）操作方法。

①执行 cd /lib/module/`uname –r`/kernel/drivr/usb/storage/。

②执行 rm –rf usb–storage.ko。

（2）禁止 U 盘。

1）加固要求。保证鼠标、键盘、U–KEY（除人机工作站和自动化运维工作站外，禁止 U–KEY 的使用）等常用外设的正常使用，其他设备一律禁用。

2）操作方法。

①执行 /etc/init.d /remove_usb.sh start，即启动 U 盘禁止脚本。

②执行 cd /etc/rc.d/rc3.d。

③执行 ln – s ../init.d/remove_usb.sh S889remove_usb.sh。

④执行 cd /etc/rc.d/rc5.d。

⑤执行 ln – s ../init.d/remove_usb.sh S889remove_usb.，即在 /etc/rc.d/rc3.d 和 /etc/rc.d/rc5.d 上建立软链接实现自启动。

（3）禁止光驱。

1）加固要求。与禁用 U 盘一致。

2）操作方法。

①执行 /etc/init.d /remove_built–in_cdrom.sh start，即启动光驱禁止脚本。

② cd /etc/rc.d/rcsysinit.d。

③ ln –s ../ init.d /remove_built–in_cdrom.sh start。S888remove_built–in_cdrom.sh，即建立软链接实现自启动。

2.3.2.6　日志与审计

（1）启用日志功能。

1）加固要求。应将 syslogd 服务启动，为系统出现安全问题时提供日志信息进行查询分析，实现安全事件的追踪。

2）操作方法。

①执行 /etc/init.d/sysklogd start。

②查看进行 ps –ef | grep logd。

③确认 syslogd、klogd 两个进程已启动。

（2）合理分配日志空间。

1）加固要求。对审计产生的日志数据分配合理的存储空间和存储时间。

默认配置为：最人日志文件容量 300MB，超过大小则进行 ROTATE 日志轮转。并且磁盘空间剩余 75MB 时，执行 SYSLOG 动作，发送警告到系统日志。

日志存储的文件最大数量由配置参数 num_logs 决定，表示日志轮转时可以保存的日志文件最大数目。参数越大，旧日志保存的文件个数越多。

num_logs=8 加上 max_log_file=300 表示日志文件每个最多存 300MB，超过 300MB 就会进行日志轮转（ROTATE），把审计日志文件 audit.log 改名保存为 audit.log.1，然后新开一个文件 audit.log 进行审计日志保存。如果新开的日志文件 audit.log 再超过 300MB，就把 audit.log.1 存为 audit.log.2，把 audit.log 存为 audit.log.1，然后再新开一个 audit.log 文件用于记录新的审计日志。以此类推，审计日志文件最多可达 8 个。

2）操作方法。

①修改配置文件 /etc/audit/auditd.conf：

num_logs = 16 ，即修改文件数量；

max_log_file=300，即每个文件最大 300MB；

max_log_file_action=ROTATE，超过规定大小后日志轮转；

space_left=75，即磁盘空间剩余 75MB 时采取措施；

space_left_action=SYSLOG，即执行 syslog 动作发送告警日志；

②执行 /etc/init.d/auditd restart，启动服务。

（3）修改系统日志的保存时间。

1）加固要求。系统日志文件包括 messages、backlog、wtmp 和 btmp 等。应根据具体要求修改相关参数，例如将保存时间设置为 2 个月，可以以星期 weekly 为单位，rotate 8，即表示日志保存时间是 8 周。

2）操作方法。

①执行 vi /etc/logrotate.conf。

②修改文件内容：

/var/log/wtmp {

    weekly

    create 0664 root utmp

    minsize 1M

    rotate 8

}

/var/log/btmp {

    missingok

    weekly

    create 0600 root utmp

    rotate 8

}

2.3.2.7 其他加固内容

（1）隐藏操作系统版本提示信息。

1）加固要求。避免版本信息被黑客利用。

2）操作方法。清空 issue 文件内容，如：echo "" > /etc/issue。

（2）删除上次登录用户名。

1）加固要求。应删除上次登录用户名，避免用户名泄露。

2）操作方法。

①打开：开始菜单──→控制中心──→系统管理──→登录管理器──→便利。

②在"预先选择用户"中，选择"无"。

③点击应用。

（3）开启屏幕保护。

1）加固要求。根据相关管理要求，操作系统应设置开启屏幕保护，并将时间设定为 5min，避免非法用户使用系统。

2）操作方法。

①打开：开始菜单→控制中心→外观和主题→屏幕保护程序。

②设置等待 5min 启动，等待 60s 需要密码解屏。

凝思操作系统
加固的视频请
扫描左侧二维
码观看

2.3.3 凝思系统的四权分立和强制访问控制

2.3.3.1 四权分立

UNIX/Linux 中，root 具有超越系统所有限制的特权。由于缺乏对其必要的限制，一旦超级用户进行了偶然或恶意的操作，都有可能对整个系统造成破坏，从而成为计算机的一个安全隐患。

凝思安全操作系统的运行模式去除了超级用户（root），将系统管理功能分配给 4 个固有用户完成：系统管理员（sysadmin），安全管理员（secadmin）、网络管理员（netadmin）和审计管理员（audadmin）。

系统管理员的主要职责是管理系统中的硬件设备，对设备的工作方式、运行参数进行配置。安全管理员的职责是用户管理，对用户的身份、组别等信息进行管理。网络管理员的职责是管理网络设备和网络协议。审计管理员的职责是管理系统的各种日志信息，审计信息只有审计管理员能够查看，其他用户不能查看。

使用这种"四权分立"的原则完成系统的管理任务，各个管理员都不能控制整个系统，他们之间相互牵制，相互制约，能够防止管理员因疏忽而削弱整个系统的安全性。另外，管理员的登录路径得到严格限制，防止用户轻易获得管理员权限，这也大大提高了系统的安全性。

四类管理员的功能演示如下：

（1）以系统管理员 sysadmin 身份登录系统，尝试启动 Http 服务，将失败：

$ /etc/rc.d/init.d/apache start

Starting Apache daemon…   [FALL]

（2）以安全管理员 secadmin 身份添加用户 testuser1，成功：

```
$ useradd － m testuser1
Your passwd is d1hhtkgF
```

（3）以网络管理员 netadmin 身份登录系统，尝试启动 Http 服务，成功：

```
$ /etc/rc.d/init.d/apache start
Starting Apache daemon…                                          [ OK ]
```

（4）以网络管理员 netadmin 身份添加用户 testuser2，将失败：

```
$ useradd － m testuser2
－bash：/usr/sbin/useradd：权限不够
```

2.3.3.2 强制访问控制

自主访问控制 (Discretionary Access Control，DAC) 是在确认主体身份及所属组的基础上，根据访问者的身份和授权来决定访问模式，对访问进行限定的一种控制策略。自主是指具有被授予某种访问权力的用户能够自己决定是否将访问控制权限的一部分授予其他用户或从其他用户那里收回他所授予的访问权限。使用这种控制方法，用户或应用可任意在系统中规定谁可以访问它们的资源，这样，用户或用户进程就可有选择地与其他用户共享资源，它是一种对单独用户执行访问控制的过程和措施。

强制访问控制是"强加"给访问主体的，即系统强制主体服从访问控制策略。强制访问控制用于将系统中的信息分密级和类进行管理，以保证每个用户只能访问到那些被标明允许其访问的信息的一种访问约束机制。在强制访问控制下，所有主体 (例如进程) 和客体 (例如文件、段、设备) 都被指定敏感标记 (如安全级别、访问权限等)，系统通过比较主体和客体的敏感标记来决定一个主体是否能够访问某个客体。

强制访问控制一般与自主访问控制结合使用，并且实施一些附加的、更强的访问限制。一个主体只有通过了自主与强制性访问限制检查后，才能访问某个客体。用户可以利用自主访问控制来防范其他用户对自己客体的攻击，由于用户不能直接改变强制访问控制属性，所以强制访问控制提供了一个不可逾越的、更强的安全保护层以防止其他用户偶然或故意地滥用自主访问控制。凝思安全操作系统强制访问控制机制使用 BLP+Biba 模型作为基础。

（1）BLP 模型。Bell－LaPadula (BLP) 模型是在 1973 年由 D.Bell 和 J.LaPadula 提出并加以完善，它根据军方的安全政策设计，解决的本质问题是对具有密级划分信息的访问控制。

强制访问策略将每个用户及文件赋予一个访问级别，如最高秘密级 (Top Secret)、秘密级 (Secret)、机级 (Confidential) 及无级别级 (Unclassified)，其级别为 T>S>C>U。

系统根据主体和客体的敏感标记来决定访问模式，访问模式包括：

下读（read down）用户级别大于文件级别的读操作；

上写（write up）用户级别小于文件级别的写操作；

下写（write down）用户级别大于文件级别的写操作；

上读（read up）用户级别小于文件级别的读操作；

依据 BLP 安全模型所制定的原则是利用不上读、不下写来保证数据的保密性，既不允许低信任级别的用户读高敏感度的信息，也不允许高敏感度的信息写入低敏感度区域，禁止信息从高级别流向低级别。强制访问控制通过这种梯度安全标签实现信息的单向流通。

（2）Biba 模型。Biba 模型或 Biba 完整性模型由 K.J.Biba 于 1977 年开发的，是计算机安全策略，这一策略用来确保数据的完整性，主体和客体被放置到一个有序的完整性集合中。一般来说，模型的开发是为了规避在 BLP 模型只涉及数据保密性的弱点。

依据 Biba 安全模型所制定的原则是利用不下读、不上写来保证数据的完整性。在实际应用中，完整性保护主要是为了避免应用程序修改某些重要的系统程序或系统数据库。

（3）强制访问控制机制。强制访问控制（Mandatory Access Control，MAC）机制是基于进程与文件之间的敏感标签的计算来授权访问动作的。而标签的计算可分为标签本身和计算方法（规则）两部分，如图 2-5 所示。

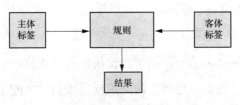

图 2-5　MAC 机制

在凝思安全操作系统中，用户与文件都有一个固定的安全属性，系统根据该安全属性来决定一个用户是否可以访问某个文件。安全属性具有强制性，它是由操作系统根据限定的规则确定的，用户或用户的程序不能加以修改。如果系统认为具有某一个安全属性的用户不适合访问某个文件，那么除安全管理员（secadmin）或配置模式下的 root 用户之外，任何人（包括文件的拥有者）都无法使该用户具有访问该文件的权力。

凝思安全操作系统的强制访问控制基于 BLP 模型和 Biba 模型实现，对主客体均可设置安全属性（包括完整性级别、密级和类别），系统核心根据安全属性进行访问许可决策。这种由系统策略决定访问许可而不是由客体的所有者决定访问许可的方式大大提高了系统的安全性，可有效防范病毒、木马对系统的感染和破坏。仅应用凝思强制访问控制机制的 BLP 部分，即可实现基于部门、密级的文件访问策略。以现实世界中包含陆海空三军的军队体系为例，安全管理员设置涉密文件的密级（密级可以设置 0~255，共 256 个级别，其级别顺序为 255> 254>…> 0）和所属部门（类别，指单位和部门，可以设置 0~63，共 64 个部门），同时设置各个用户所在的部门和可访问文件的密级和完整性级别，则可控制文件的读写流程，按照文件安全保密策略，实现下列控制效果：

（1）只有特定人员才能够跨部门读取文件，例如各兵种司令员可读取所有部门的文件，但不能修改这些文件，从而起到审阅下属文件的效果。

（2）指挥官只能读取本部门在其职责范围内的文件，例如陆军某军团长只能读取该军秘密级文件，而不能读取绝密级文件，但可在绝密级文件后面添加内容，从而达到汇报的目的。

（3）一般人员，例如普通战士或连排级指挥员，不能读取和修改任何涉密文件。

（4）使用样例。

1）样例一：设置 fileA 文件的完成性级别为 2，密级为 2，类别属于 0、1、2、3：

setfmac −i 2 −c 2 −C "0 1 2 3" fileA

2）样例二：以安全管理员 secadmin 身份登录系统，修改用户 MAC 性配置文件 /etc/security/user_mac.conf，将 testuser 用户（uid=100）的 MAC 属性设置为 integrity 为 2，classification 为 2，category 为 0 1 2 3。

该文件的内容如下：

100 {

2

2

0 1 2 3

}

3

数据库

数据库作为信息的载体，其安全性能是计算机安全领域研究的重点问题。通过对数据库的安全加固，可以提高电力监控系统在数据库层面的安全防护水平。本章从数据库基础知识简介入手，以达梦数据库为例详细介绍了数据库安全加固的内涵及实操。

3.1　数据库应用基础

3.1.1　数据库基础知识

3.1.1.1　数据库的基本概念

数据库（Data Base，DB）是可以长期存储在计算机的辅助存储器中，有结构的、集成的、可共享的、统一管理的数据集合。数据库中存放的数据类型可以是数字、文字，也可以是图像、声音等，用户可以对文件中的数据进行新增、截取、更新、删除等操作。为了便于数据的查找和使用，数据库在进行数据组织时不仅要反映数据本身的内容，同时也反映了数据之间的各种关联及关系。

根据实体组织管理方式的不同，可将数据库分为层次型数据库、网络型数据库和关系型数据库三种，其中关系型数据库是目前使用最广泛的主流数据库类型。

3.1.1.2　数据库系统

数据库系统（Database System，DBS）是用数据库方法来管理数据的系统，由数据库及其管理软件组成，可实现对大量关联数据有组织地、动态地存储。

数据库管理系统（Database Management System，DBMS）是位于应用软件与操作系统

之间的一层数据管理软件，其主要作用是为用户进行数据库的建立、查询、更新及各种数据控制提供方便。

数据库管理系统的主要功能包括数据定义、数据控制、数据操纵、数据库保护、存储管理及维护，其中数据库管理系统对数据库的保护功能主要体现在以下四个方面：

（1）数据库的安全性控制：保证只有赋予权限的用户才能访问数据库中的数据。

（2）数据库的完整性控制：保证用户输入的数据满足相应的约束条件。

（3）数据库的并发控制：使多个应用程序可在同一时刻并发地访问数据库的数据。

（4）数据库的故障恢复：使数据库运行出现故障时进行数据库恢复，以保证数据库可靠运行。

3.1.1.3 数据库实例

实例是由一组正在运行的后台进程以及这些进程所使用的内存所构成的一个集合。实例仅存在于服务器的内存中，通过运行实例可以操作数据库中的内容。在任何时刻一个实例只能与一个数据库关联，访问一个数据库；而同一个数据库可由多个实例访问。

3.1.1.4 数据库事务

数据库事务是指作为单个逻辑工作单元执行的一个操作序列，要么完全执行，要么完全不执行。事务处理可以确保除非事务性单元内的所有操作都成功完成，否则不会更新面向数据的资源。但并非任意的对数据库的操作序列都是数据库事务，数据库事务拥有以下四个特性：

（1）原子性：整个事务中的所有操作，要么全部完成，要么全部不完成，不可能停滞在中间某个环节。事务在执行过程中发生错误，会被回滚（roll back）到事务开始前的状态，就像这个事务从来没有执行过一样。

（2）一致性：在事务开始之前和事务结束以后，数据库的完整性约束没有被破坏。

（3）隔离性：两个事务的执行是互不干扰的，一个事务不可能看到其他事务运行时中间某一时刻的数据。

（4）持久性：在事务完成以后，该事务对数据库所作的更改便持久地保存在数据库之中，并不会被回滚。

3.1.1.5 数据库主要对象

（1）表：数据库中数据存储的基本单元，由元组和字段组成，一般字段是固定的，描述该表所跟踪的实体的属性，每个字段都有一个名字，拥有各自的特性。

（2）视图：从不同维度来展现表中的部分内容，简化用户数据模型，是数据库技术中一个十分重要的功能；形象地说，视图就像一个窗口，透过它可以看到数据库中用户感兴趣的数据和变化。

（3）索引：按表中某一个或几个字段有序排列的结构，它能使对应于表的 SQL 语句执行得更快；创建或者删除一个索引，不会影响基本的表、数据库应用或其他索引。

（4）存储过程、函数：实现对表中数据的复杂计算或控制。

（5）触发器：一种特殊的存储过程，它在创建后就存储在数据库中，可自动激发执行，从而实现表之间数据的联运。

（6）序列：序列号生成器，其主要作用是生成表的主键值，可以在插入语句中引用，也可以通过查询检查当前值，或使序列增至下一个值。

3.1.1.6　数据库权限

用户要对数据库进行操作必须要有一定的权限，很多操作在没有获得权限之前是不能够执行的，因此在创建一个用户后要同时给创建的用户分配权限。在数据库中权限可分为系统权限和对象权限两类。

（1）系统权限：允许用户执行一种或一类特定的数据库操作，如创建表、创建索引、连接实例等，系统权限可由管理员授予，或由可以显式授予管理权限的用户授予，收回系统权限时，不会从其他账户级联取消曾被授予的相同权限。

（2）对象权限：允许用户对特定对象执行一个特定的操作，如读取视图，可更新某些列、执行存储过程等，在没有特定权限的情况下，用户只能访问自己拥有的对象，对象权限可以由对象的所有者或管理员授予，或者由可以显示授予对象权限的用户授予，收回对象权限时，会从其他账户级联取消曾被授予的相同权限。

3.1.2　数据库语言

结构化查询语言 SQL（Structured Query Language）是一种关系数据库语言，用于管理关系数据库系统。SQL 是高级的非过程化编程语言，功能强大、使用灵活。SQL 语句可分为数据定义语言（Data Definition Language，DDL）和数据操纵语言（Data Manipulation Language，DML）两种类型。

3.1.2.1　数据库定义语言

数据定义语言是一组用于创建和定义数据库对象的 SQL 命令，且 DDL 操作是隐性提交的，不能回滚，主要可以完成以下任务：

（1）创建数据库对象（CREATE）。

（2）删除数据库对象（DROP）。

（3）更改数据库对象（ALTER）。

（4）为数据库对象授权（GRANT）。

（5）回收已经授给的数据库对象权限（REVOKE）。

3.1.2.2 数据库操纵语言

数据操纵语言可实现用户对数据库的基本操作，数据操纵语言的语句主要包括查询（SELECT）、插入（INSERT）、删除（DELETE）和修改（UPDATE），从而可以对数据库做插、删、改、排、检五种操作。另外，DML 操作是可以手动控制事务的开启、提交和回滚的。

3.1.3 达梦数据库概述

目前，国内主要使用的国产数据库有达梦、金仓、南大通用等。以下关于数据库的介绍及操作均以达梦数据库管理系统（后简称达梦）为例。

达梦是达梦数据库有限公司推出的具有完成自主知识产权的大型通用关系型数据库管理系统，是基于达梦系列产品的研发和应用经验，结合主流数据库产品的优点，采用类 Java 的虚拟机技术设计的新一代产品。

3.1.3.1 体系结构

达梦体系结构主要由工具层、接口层、查询处理层、存储管理层和操作系统及硬件抽象层五部分构成，如图 3-1 所示。

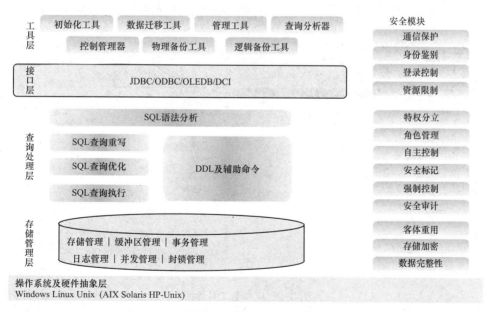

图 3-1 达梦体系结构图

在工具层，达梦提供了各种管理工具，主要包括控制台工具（Console）、管理工具

（Manager）、性能监控工具（Monitor）数据迁移工具（Data Tran sformation Services，DTS）等，以方便用户对达梦进行管理。

接口层提供了 DMAPI 和各种标准的接口（ODBC、JDBC、OLEDB、.NET Data Provider 和 PHP 等），使得目前大部分流行的第三方开发工具（如 Microsoft Visual Studio、Delphi、Eclipse、Jbuilder 等）和基于上述标准接口开发的应用系统都能顺利地移植到达梦上。

查询处理层的主要功能是 SQL 语法分析及各种 SQL 查询处理。

存储管理层包含了存储管理、缓冲区管理、事务管理等各种管理模块，且各个模块的功能实际上都是由一系列的内部线程所完成。

操作系统和硬件抽象层则屏蔽了多种 CPU 体系和操作系统之间的区别，使得达梦服务器跨平台变得很简单。到目前为止，达梦支持多种 CPU 体系（包括 X86、X64、SPARC 和 POWER 系列等）和多种操作系统（Windows、Linux、SOLARIS 和 AIX 等），同时，其包含的各种数据文件和备份均可跨平台使用。

3.1.3.2 常用工具

达梦为用户提供了功能丰富的各种工具，包括控制台工具、管理工具、性能监视工具、数据迁移工具等，以下介绍均以达梦 6 为例。

（1）控制台工具。控制台（Console）是数据库管理员管理和维护数据库的基本工具。通过使用控制台工具，数据库管理员可以完成修改服务器配置参数，启动、停止数据库服务，脱机备份与恢复以及系统信息查看等任务，其界面如图 3-2 所示。

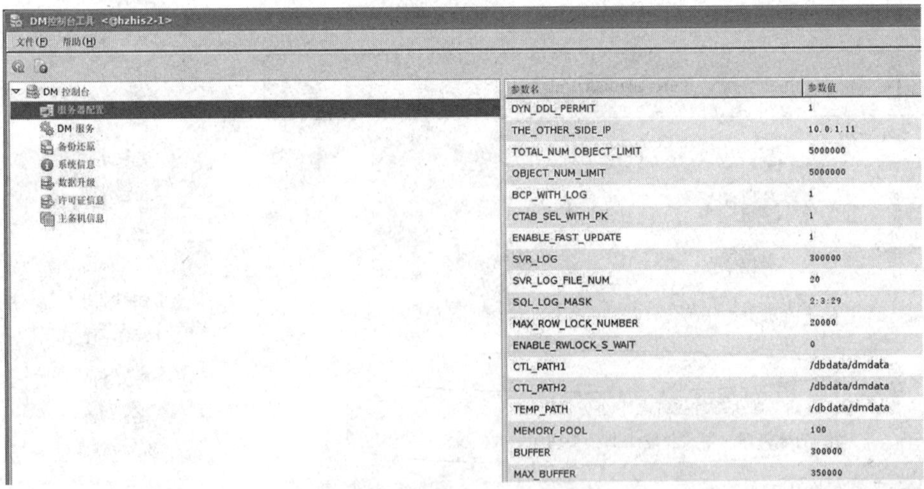

图 3-2 控制台工具界面

（2）管理工具。管理工具（Manager）是一个用纯 Java 语言编写的基于 JDBC 接口的管理工具，是管理数据库系统的图形化工具，能使用户更直观、更方便地与数据库进行交互，完成对数据库对象的操作并从数据库获取所需信息，其界面如图 3-3 所示。

图 3-3　管理工具界面

（3）性能监视工具。性能监视工具（Monitor）是达梦系统管理员用来监视服务器的活动和性能情况的客户端工具。它允许系统管理员在本机或远程监控服务器的运行状况，并根据实际情况对系统参数进行调整，以提高系统效率，其界面如图 3-4 所示。

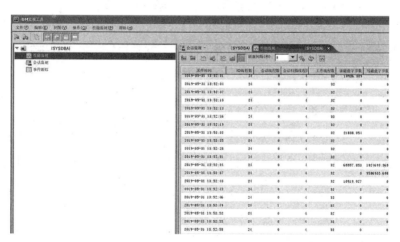

图 3-4　性能监视工具界面

（4）数据迁移工具。数据迁移工具可实现达梦与主流大型数据库之间数据和结构的互导，也可复制从 SQL 查询中获得的数据，还可实现数据库与文本文件之间的数据或结构互导。在迁移的过程中，DTS 能够最大限度地保留源数据的原始信息（包括源数据的类型、精度、默认值、主键和外键约束等），且支持迁移过程中数据类型的自动转换，其界面如图 3-5 所示。

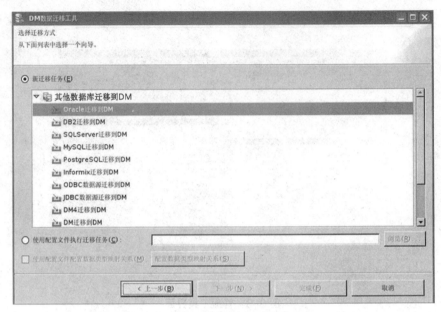

图 3-5 数据迁移工具界面

3.2 数据库运维及安全

3.2.1 数据库运行维护

3.2.1.1 数据库日志

可能造成计算机系统故障的原因多种多样，包括磁盘崩溃、电源故障、软件错误，甚至人为破坏。这些情况一旦发生，就可能会造成数据丢失。因此，故障恢复功能是数据库系统必不可少的组成部分，而支持故障恢复的技术主要是日志，日志以一种安全的方式记录数据库历史的变更，一旦系统出现故障，数据库系统可以根据日志将系统恢复至故障发生前的某个时刻。

目前，达梦的日志主要分为 REDO 日志和 UNDO 日志两种类型。

（1）REDO 日志用于存储被修改的数据的新值，也包括事务对回滚段的修改，且系统采用单独的日志文件来存储 REDO 日志，即联机日志文件和归档日志文件。

（2）UNDO 日志指的是在数据被修改前记录它的旧值，服务器采用回滚段机制来存储 UNDO 日志。回滚段是由一定数量的回滚数据块组成，这些块的结构同一般的数据块一样，用于存放被修改数据的旧值。回滚段的数据并不会永久保留，当系统开始一个事

务时，申请一个回滚段，当该事务结束时，回滚段被释放。

3.2.1.2 数据库故障恢复

系统可能发生的故障，一般分为事务故障、系统故障和介质故障三类。

（1）事务故障。事务故障一般只会影响出故障的事务本身，对整个系统的运行不会有影响。对于事务故障的恢复处理较为简单，由数据库服务器自动完成，不需要用户的干涉。

（2）系统故障。系统故障即通常所说的系统崩溃，它导致整个系统停止运行，内存中的数据全部丢失，但磁盘上存储的数据仍然有效。在处理系统故障之前，系统管理员需要完全了解系统故障发生的原因，并采取相应的措施，如更换硬件、升级操作系统或数据库软件等。

（3）介质故障。介质故障指的是由于各种原因导致数据库系统存储在磁盘上的数据被损坏，如磁盘损坏等。介质故障是数据库系统最为严重的故障，此时系统已经无法重新启动，磁盘上的数据也无法复原。这时，系统管理员首先需要分析介质故障发生的原因，并采取措施。由于系统的数据已经全部或部分丢失，只能依赖以前建立的备份和系统产生的归档日志文件进行恢复。

3.2.1.3 备份与还原

数据库系统记录的日志一般只能处理内存数据丢失的系统故障，而处理介质故障则有必要使用备份。数据库的备份与还原是系统容灾的重要方法，备份是在安全的地方存储的数据库拷贝，当系统发生介质故障时，需要利用备份进行还原，来恢复以前有用的数据。达梦使用物理备份方式，其物理备份主要包括完全备份和增量备份，而物理还原主要包括完全还原和部分还原。

（1）完全备份。完全备份是指一个备份包含指定数据库的所有数据。当用户对系统进行完全备份时，系统会将一个数据库所包含的所有文件都拷贝到用户指定的位置。在进行还原时，只要该系统中存在一个数据库，其名称与备份的数据库名称相同，即可利用备份的所有数据库文件替换系统中该数据库的所有文件，以完成对该数据库的还原。

（2）增量备份。增量备份以数据库最近的一个备份为基础，仅拷贝自该备份以来所有被修改过的数据，因此相对于完全备份而言，增量备份占用的磁盘空间小，备份的时间也会更短。由于增量备份是基于某一个备份而生成的，因此增量备份将要还原的系统，必须是刚刚利用其基础备份还原过并且还没有被启动过服务器的系统，否则增量备份无法进行还原。为了让用户能很轻松地完成还原过程，达梦服务器提供了在还原增量备份时自动还原基础备份的功能。

（3）完全还原。当系统出现介质故障时，需要利用系统在早些时候建立的备份和产生的归档日志进行恢复，这种处理方式被称为完全还原。同一般的备份还原不一样，完全还原实际上包含两个过程，即利用备份的还原过程和利用归档日志的恢复过程。完全还原首先利用备份对系统进行还原，该备份可以是完全备份也可是增量备份，在还原过程完成后，系统会分析归档日志，并将自该备份以后的日志内容全部应用到系统中，从而使系统能够恢复到故障发生前的最近一刻，以保证丢失最少的数据。

（4）部分还原。除了支持基于数据库进行备份与还原之外，达梦还提供了基于文件组或数据文件的部分备份与还原功能。通过该功能，用户可以指定要备份的文件组或数据文件，减小备份数据量，缩减备份和还原的时间。目前该功能在缺省配置下处于禁用状态，需要在配置文件中进行设置才能启用部分备份与还原功能。

3.2.2　数据库安全管理

数据库安全管理是指采取各种安全措施对数据库及其相关文件和数据进行保护，防止不合法的使用所造成的数据泄露、更改或破坏。数据库安全包括系统安全和数据安全，其中数据安全是数据库安全的核心和关键。达梦的安全管理是为保护存储在数据库中的各类敏感数据的完整性、保密性、可用性、可控性和可审查性提供的必要技术手段。

达梦作为安全数据库，提供了包括多权分立、身份鉴别、资源限制、权限管理、访问控制、安全审计、数据库加密等丰富的安全功能，且各安全功能都可进行配置，满足各类型用户在安全管理方面不同层次的需求。

3.2.2.1　多权分立

达梦默认使用三权分立，将传统的数据库管理员划分为三个可以互相制约的角色，即数据库管理员（Database Administrator，DBA）、数据库审计员（AUDITOR）和数据库安全员（Single Sign On，SSO），如图3-6所示。DBA负责自主访问控制及系统维护与管理方面的工作，AUDITOR负责系统的审计，而SSO负责系统的安全（标记）管理。这种管理体制能更可靠地保证数据库的安全。

在三权分立权限管理基础上，进一步对权限管理进行升级优化，即实现了多权分立，如图3-7所示。

在达梦中，自主访问控制是必须的，即用户只有获得了数据库对象的访问权限后，才能访问获得权限的数据库对象。审计和强制访问控制是可选的，这是从系统的灵活性、安全性及效率几个方面综合考虑的。当应用对数据库系统安全性要求较高时，就应

充分利用审计机制和强制访问控制，确保数据库中数据的安全性。

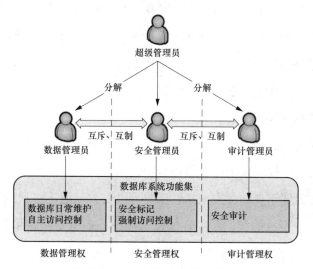

图 3-6 达梦三权分立结构体系

图 3-7 达梦多权分立

3.2.2.2　身份验证

在达梦中，要登录数据库系统，用户必须具有登录数据库的权限，即用户必须拥有与之对应的登录名和密码。达梦通过对登录名和密码的验证来确定用户是否具有登录数据库系统的权限，并根据创建登录时的注册信息登录用户默认的数据库。在达梦安全版中，可以限制某一个登录允许或禁止被哪些 IP 地址使用，也可限制某一个登录允许或禁止在哪些时间段内使用，且创建的登录方式可以分为系统用户登录和操作系统用户登录。

（1）系统用户登录。系统用户是达梦默认的登录的方式，所有建立的登录信息都保存在数据库系统的系统表中，由系统统一管理。系统用户登录，指定由数据库系统根据登录名和口令来验证用户，每个登录名在一个数据库内最多只能有一个用户与之对应，而在多数据库系统中一个登录名可以和多个数据库中的不同的用户相对应，但一个用户只能对应一个登录名。系统管理员可以设置密码的复杂度和长度，设定登录名的有效期限等，以方便数据库管理员对数据库用户的管理。

（2）操作系统用户登录。操作系统用户是达梦系统中的一种特殊的登录方式，在这种登录方式下，指定由操作系统验证用户身份，因此该登录应该是在操作系统中已经存在的。由操作系统验证用户的优点包括：用户可以更方便的连接到达梦，不需要指定登录名和密码，对用户授权的控制集中在操作系统中，不需要存储和管理登录名和密码，然而仍然需要在数据库中维护用户名；在数据库中的用户名和操作系统审计跟踪可以一一对应。

（3）用户、角色和权限。在达梦中，可以对用户直接授权，也可以通过角色来授权，在实际的权限分配方案中，通常先由数据库管理员为数据库定义一系列的角色，然后再由数据库管理员将权限分配给基于这些角色的用户。应当注意的是，只有数据库管理员才能创建新的角色，审计管理员和标记管理员没有这个权限。

3.2.2.3 资源限制

资源限制用于限制登录对达梦资源的使用。达梦系统资源限制说明，如表 3-1 所示。

表 3-1　　　　　　　　　　达梦资源限制说明

资源限制项	说明	最大值	最小值	缺省值
SESSION_PER_USER	在一个实例中，一个用户可以同时拥有的会话数量	32768	1	系统所能提供的最大值
CONNECT_IDLE_TIME	会话最大空闲时间（单位：10 min）	144（1天）	1	无限制
FAILED_LOGIN_ATTEMPS	将引起一个账户被锁定的连续注册失败的次数	100	1	3
PASSWORD_LIFE_TIME	一个口令在其终止前可以使用的天数	365	1	无限制
PASSWORD_REUSE_TIME	一个口令在可以重新使用前 必须经过的天数	365	1	无限制

续表

资源限制项	说明	最大值	最小值	缺省值
PASSWORD_REUSE_MAX	一个口令在可以重新使用前 必须改变的次数	32768	1	无限制
PASSWORD_LOCK_TIME	如果超过 FAILED_LOGIN_ATTEMPS 设置值，一个账户将被锁定的分钟数	1440（1天）	1	1
PASSWORD_GRACE_TIME	以天为单位的口令过期宽限时间	30	1	1

注：表 3-1 中"无限制"表示该资源限制项失效。

若登录为系统登录（包括 SYSDBA、SYSAUDITOR、SYSSSO），则关于口令的 6 项资源限制项自动失效。

资源限制操作界面如图 3-8 所示。

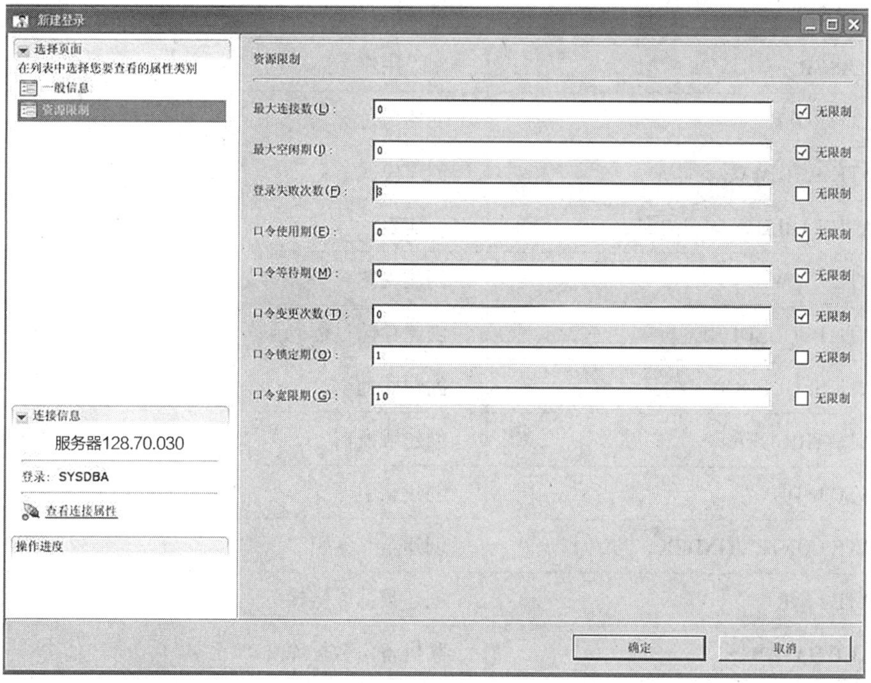

图 3-8　资源限制操作界面

3.2.2.4　权限管理

权限管理就是对主体（用户）访问客体（数据库对象）的操作权限实施控制，即规定什么用户对哪些数据对象可执行什么操作，其目的是保证用户只能存取其有权存取的数据，不能存取其无权存取的数据。达梦中的权限主要分为系统权限和对象权限，两者最大的区别在于系统权限不属于某个具体的方案对象。

（1）系统权限。系统权限的名称及其对应说明如表 3-2 所示。

表 3-2　　　　　　　　　　　　　系统权限名称及说明

权限名称	说明
CREATE DATABASE	创建数据库
ALTER DATABASE	修改数据库
DROP DATABASE	删除数据库
CREATE LOGIN	创建登录
ALTER LOGIN	修改登录
DROP LOGIN	删除登录
CONNECT DATABASE	连接数据库
CREATE USER	创建用户
ALTER USER	修改用户
DROP USER	删除用户
CREATE ROLE	创建角色
CREATE SCHEMA	创建模式
CREATE TABLE	创建表
CREATE VIEW	创建视图
CREATE PROCEDURE	创建存储过程 / 函数
CREATE SEQUENCE	创建序列
CREATE TRIGGER	创建触发器
CREATE INDEX	创建索引
CREATE CONTEXTINDEX	创建全文索引
CREATE LINK	创建数据库链接
BACKUP DATABASE	联机备份数据库
RESTORE DATABASE	联机还原数据库
AUDIT DATABASE	审计数据库
POLICY DATABASE	标记数据库

（2）对象权限。对象权限的名称及其对应说明和作用对象如表 3-3 所示。

表 3-3   对象权限名称及说明和作用对象

权限名称	说明	作用数据库对象
SELECT	查询	表（列）、视图（列）、序列
INSERT	插入	表（列）、视图（列）
UPDATE	更新	表（列）、视图（列）
DELETE	删除	表、视图
REFERENCES	引用	表（列）
EXECUTE	执行	存储过程、存储函数
ALL [PRIVILEG ES]	所有可能的对象权限	表、视图、存储过程 / 函数、序列

3.2.2.5　访问控制

在达梦中，访问控制包括自主访问控制和强制访问控制。

自主访问控制根据用户的权限执行，用户权限是指用户在数据对象上被允许执行的操作。规定用户权限要考虑用户、数据对象和操作三个因素，即什么用户在哪些数据对象上可执行什么操作。所有的用户权限都要记录在系统表（数据字典）中，对用户存取权限的定义称为授权，当用户提出操作请求时，数据库根据授权情况进行检查，以决定是执行操作还是拒绝执行，从而保证用户能够存取其有权存取的数据，不能存取其无权存取的数据。

强制访问控制机制是利用策略和标记来实现的。强制访问控制主要是针对用户和元组，用户操作元组时，不仅要满足自主访问控制的权限要求，还要满足用户和元组之间标记的相容性，而标记的设置策略需要依赖安全员来进行设定。这样就避免了出现管理权限全部由数据库管理员一人负责的局面，相应地也增强了系统的安全性。

3.2.2.6　安全审计

审计机制是达梦的重要组成部分之一。达梦除了提供数据安全保护措施外，还提供对日常事件的事后审计监督，审计员可以登录管理工具，通过图形化的审计工具对审计对象进行配置和查看。达梦中有一个灵活的审计子系统，可以通过它来记录系统级事件、个别用户的行为以及进行数据库对象的访问。通过考察、跟踪审计信息，数据库审计员可以查看用户访问的形式以及曾试图对该系统进行的操作，从而采取积极、有效的应对措施。

（1）审计的设置策略。尽管审计的开销相对来说并不是很大，但是要尽可能地限制审计对象和审计事件的数目。最大限度地降低审计带来的性能方面的影响，并且减小审计记录的规模。当使用审计的时候，通常有如下参考标准：

1）评价审计的目的。在对审计的目的和原因有了清晰的认识后，可以设计合适的审计策略来避免不必要的审计。

2）理智的进行审计。审计必要的最少数目的语句、用户或者对象来获得目标信息。这样可以避免在混乱的审计信息中浪费精力，还可以节约宝贵的数据字典的空间。

3）审计操作的甄选。在开始审计的时候，也许不清楚应该审计哪些可疑操作，这时可以适当扩大审计操作的范围，一旦记录并分析了初步的审计信息后，就应该取消一些普通的操作，而把审计的重点保留在一些可疑操作上。

4）存档审计并清除审计跟踪。在收集到必要的审计信息后，应该通过存档或者打印来保留这些审计记录，并清除这些信息的审计跟踪。

（2）审计设置。在达梦中，专门为审计设置了开关，要使用审计功能首先要打开审计开关，开关打开后，数据库对审计设置语句指定的审计对象进行审计，否则将无法进行审计记录，通过在控制台中，配置服务器 ENABLE_AUDIT 参数值启用该功能。这种方法需要重新启动服务器方可生效。设置为 1 则打开审计开关，设置为 0 则关闭审计开关，此配置项默认值为 0。

数据库审计员指定被审计对象的活动称为审计设置。达梦提供审计设置语句来实现这种设置，被审计的对象可以是某类操作，也可以是某些用户在数据库中的全部行踪。只有预先设置的操作和用户才能被系统自动进行审计。达梦允许在三个级别上进行审计设置，如表 3-4 所示。

表 3-4   审计级别说明

审计级别	说明
系统级	系统的启动与关闭，此级别的审计记录在任何情况下都会强制产生，无法也无需由用户进行设置
语句级	导致影响特定类型数据库对象的特殊SQL或语句组的审计。如AUDIT TABLE 将审计CREATE TABLE、ALTER TABLE 和DROP TABLE等语句
对象级	审计作用在特殊对象上的语句。如PERSON 表上的INSERT 语句

表 3-4 中后两种由审计设置语句进行设置，第一种则自动进行，无需设置。

达梦的语句级审计分为全局审计和局部审计两类。全局审计的动作是全局的，不对应于具体的数据库，只能由具有系统角色 SYS_AUDIT_ADMIN 的登录进行设置，审计设

置登记在 SYSTEM 库中的 SYSAUDIT 字典表内。局部审计的动作发生在具体的数据库内，审计设置登记在各个库的 SYSAUDIT 字典表内，由数据库内具备 AUDIT DATABASE 权限的用户进行设置。

（3）审计员的创建和删除。达梦中设立了审计员（AUDITOR）角色，只有具有 AUDITOR 角色权限的用户才能进行审计，可以通过对用户授予 AUDITOR 角色来给予某个用户审计的权限。只有数据库审计管理员才能创建新的审计员。一个数据库审计员能够回收另一个数据库审计员的审计权限，但由系统最初定义的数据库审计员 SYSAUDITOR 的权限是不能被回收的。

（4）审计取消。当数据库审计员认为某些操作或某些用户不必再行审计，可用达梦提供的取消审计设置语句将原来对某些操作或用户的审计设置清除掉。同样，取消审计设置也是立即生效的，不需系统重新启动。

（5）审计信息查阅。当使用数据库提供的审计机制进行了审计设置后，这些审计设置信息都记录在数据字典中。只要系统处于审计活动状态，系统按审计设置进行审计活动，并将审计信息写入审计信息表。审计信息表内容包括操作者的用户名、所在站点、所进行的操作、操作的对象、操作时间、当前审计条件等。具有审计权限的用户可以使用数据字典查询语句查询审计设置信息及审计信息表中记录的审计信息。

（6）审计分析。达梦提供了审计分析功能，能够根据所制定的分析规则，对审计记录进行分析，判断系统中是否存在对系统安全构成危险的活动。

3.2.2.7 数据库加密

（1）通信加密。达梦提供两种通信方式，即不加密和可选算法的加密。选择是否使用通信加密以服务器端设置为准，即通过设置服务器端配置文件 dm.ini 中 EANABLE_ENCRYPT 项来指定，客户端以服务器采用的通信方式与其进行通信。EANABLE_ENCRYPT 取值 0、1 分别代表不加密、加密。EANABLE_ENCRYPT 的默认值为 0。当选择加密的情况下，默认使用 RC4 算法进行加密，通过存储过程 SP_SET_COMM_ENCRYPT_CIPHER 可以重新设置通信加密算法，该存储过程支持加密引擎。

（2）存储加密。达梦提供的存储加密功能分为透明加密、半透明加密以及非透明加密三种。其中透明加密以及半透明加密是建立在三级密钥管理体系上扩展 DDL 语句实现的，而非透明加密则是通过系统函数方式提供的。

1）三层密钥管理体系。密钥管理模块用于管理保存在数据库中的密钥，包括透明存储加密中列密钥，半透明存储加密中的用户默认存储加密密钥。密钥管理模块不保管由用户指定的临时密钥。

达梦提供如图 3-9 所示的三级密钥管理模型。

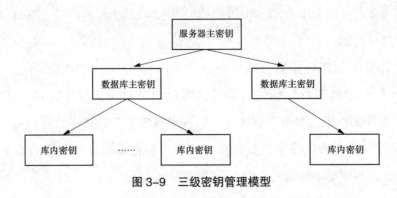

图 3-9 三级密钥管理模型

密钥自上而下分为服务器主密钥、数据库主密钥和库内密钥三层。系统初始化工具在初始化库的过程中随机生成一个 RSA 密钥对以及一个服务器主密钥，RSA 公钥和被其加密的服务器主密钥存放在控制文件 dm01.ctl 中，私钥则存放到一个单独的文件 dm_service.prikey 中，该文件由用户保管，控制台工具 CONSOLE 提供私钥的导入导出功能。

在建库的过程中为每个库随机生成一个唯一的数据库主密钥，该密钥利用服务主密钥调用 AES256-CFB 算法加密，加密后的密钥保存到该库的控制文件中。

基于三级密钥管理模型的透明加密功能用于保护存储在磁盘介质上的数据，加密数据的口令保存在数据库中，加解密过程由达梦自动完成，处理过程对用户透明。建立在其上的应用程序只需要修改列上的加密属性，就能提升系统安全级别。

与透明加密中将加密数据的口令保存在数据库中不同，半透明加密中的口令是由用户保存的。在创建用户时需要指定默认的半透明加密口令，缺省情况下口令与用户名相同。在会话过程中用户可以通过系统函数 SF_GET_SESSION_ENCRYPT_KEY、SP_SET_SESSION_ENCRYPT_KEY 获取、设置会话过程中使用的口令。

2）加解密函数。达梦以加密和解密函数的方式对用户提供非透明加密的功能，在数据库中仅仅保存相关数据的密文，这些系统函数如表 3-5 所示，其中算法通过 ID 来指定。

表 3-5 达梦常用加解密函数介绍

函数名	功能描述
SF_ENCRYPT_DATE (src IN DATE,algorithm IN INTEGER, key IN VARCHAR, iv IN VARCHAR) RETURN VARBINARY	该函数对 DATE 类型的明文 src 进行加密，采用的密钥为 key，算法所采用的初始化矢量为 iv，采用的加密算法为 algorithm，最后将密文以 VARBINARY 的类型返回

函数名	功能描述
SF_DECRYPT_TO_DATE(src IN VARBINARY, algorithm IN INT, key IN VARCHAR, ivIN VARCHAR) RETURN DATE	该函数对密文 src 进行解密，并得到加密前的日期明文
SF_ENCRYPT_TIME (src IN TIME, algorithm IN INTEGER,key IN VARCHAR, iv IN VARCHAR) RETURN VARBINARY	该函数对 TIME 类型的明文 src 进行加密，采用的密钥为 key，算法所采用的初始化矢量为 iv，采用的加密算法为 algorithm，最后将密文以 VARBINARY 的类型返回
SF_DECRYPT_TO_TIME (src IN VARBINARY,algorithm IN INT, key IN VARCHAR, iv IN VARCHAR) RETURN TIME	该函数对密文进行解密，并得到加密前的时间明文
SF_ENCRYPT_DATETIME (src IN DATETIME, algorithm IN INTEGER, key IN VARCHAR, iv IN VARCHAR) RETURN VARBINARY	该函数对日期时间类型明文进行加密，并返回密文
SF_DECRYPT_TO_DATETIME (src IN VARBINARY, algorithm IN INT, key IN VARCHAR, iv IN VARCHAR) RETURN DATETIME	该函数对密文进行解密，并得到加密前的日期时间明文
SF_ENCRYPT_DEC (src IN DEC, algorithm IN INTEGER,key IN VARCHAR, iv IN VARCHAR) RETURN VARBINARY	该函数对 DEC 类型明文进行加密，并返回密文
SF_DECRYPT_TO_DEC (src IN VARBINARY,algorithm IN INT, key IN VARCHAR, iv IN VARCHAR) RETURN DEC	该函数对密文进行解密，并得到加密前的 DEC 类型明文
SF_ENCRYPT_BINARY (src IN VARBINARY,algorithm IN INTEGER,key IN VARCHAR, iv IN VARCHAR) RETURN VARBINARY	该函数对 VARBINARY 类型明文进行加密，并返回密文
SF_DECRYPT_TO_BINARY (src IN VARBINARY,algorithm IN INT, key IN VARCHAR, iv IN VARCHAR) RETURN VARBINARY	该函数对密文进行解密，并得到加密前的 VARBINARY 类型明文

续表

函数名	功能描述
SF_ENCRYPT_CHAR (src IN varchar|char, algorithm ININTEGER,key IN VARCHAR, iv IN VARCHAR) RETURN VARBINARY	该函数对 varchar(或 char) 类型明文进行加密，并返回密文
SF_DECRYPT_TO_CHAR (src IN VARBINARY,algorithm IN INT, key IN VARCHAR, iv IN VARCHAR) RETURN VARCHAR	对密文进行解密，并得到加密前的 varchar(或 char) 类型明文

这些密码函数的作用对象为表或视图的列，且其限制条件相同，它们的适用场合及限值条件如表 3-6 所示。

表 3-6　　　　　　　　　　达梦密码函数适用场合及限值条件

适用场合	限值条件
明文和密文的数据类型	明文：被加密的明文只能是 VARBINARY、BINARY、VARCHAR、CHAR、DEC、DATE、TIME、DATETIME 类型。 密文：加密后的密文只能以 VARBINARY 类型的方式存储
数据的可逆性	加密和解密函数中必须采用相同的加密算法和加密键
列的属性	加密函数不能用于定义了自（IDENTITY）、CHECK 约束的列；不能用于定义了索引的列
嵌入式语句、存储过程	可以用来操作普通的表达式；当操作表或视图的列时，一定要注意上面的约束条件

3.2.2.8　客体重用

在普通的环境下，数据库客体（这里主要是数据库对象、数据文件、缓存区）回收后不做处理，直接分配给新来的请求，但是有些窃密者会利用这一点编写特殊的非法进程，通过数据库管理系统的内存泄露来获取数据库系统的信息。

为防止非法进程利用数据库客体的内存泄露来攻击数据库，达梦主要从内存和文件两个方面进行了处理。用户可以通过在控制台中配置 ENABLE_OBJ_REUSE 参数值来启用该功能，设置为 1 启用该功能，设置为 0 关闭该功能，该配置项默认值为 0。

（1）内存：从系统分配内存及释放内存时均对内存内容进行清零，以保证不利用内存中前一进程的残留内容，且不泄露数据库的内容给其他进程。

（2）文件：在系统生成、扩展及删除文件时，对文件内容也进行了清零。

3.2.3 数据库加固策略

在网络安防实际应用中，对数据库的安全维护主要是通过各种加固策略实现的，以达梦 6 为例，列举以下几个常用的数据库加固策略作为实操演练案例。

例 1：设置数据库的账户口令长度和复杂度。

方法：达梦支持密码策略的设置，修改 dm.ini 配置文件中的 PWD_POLICY 参数即可对数据库账户口令进行设置及修改，各参数代表的含义如图 3-10 所示。

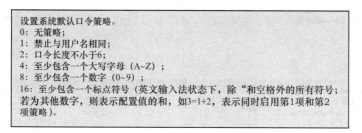

```
设置系统默认口令策略。
0: 无策略;
1: 禁止与用户名相同;
2: 口令长度不小于6;
4: 至少包含一个大写字母（A~Z）;
8: 至少包含一个数字（0~9）;
16: 至少包含一个标点符号（英文输入法状态下，除"和空格外的所有符号;
若为其他数字，则表示配置值的和，如3=1+2，表示同时启用第1项和第2
项策略）。
```

图 3-10　PWD_POLICY 参数内涵

修改后重启数据库生效，以后建立的用户密码必须符合要求。如设置为 31，即要满足所有规则。若要对密码进行修改，需要进入"安全"目录下的"登录"子目录下的 SYSDBA 对每一个登录进行修改，如图 3-11 所示。

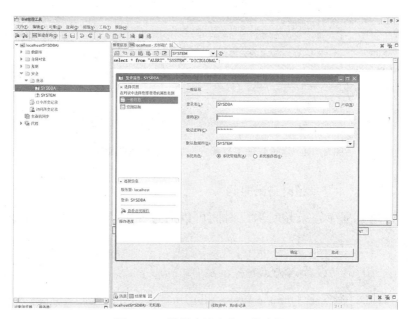

图 3-11　数据库账户密码修改界面

例 2：数据库配置登录失败锁定次数。

方法：登录失败锁定次数可以通过 SQL 语句或者管理工具进行设置。

（1）通过 SQL 语句设置方法如下：

ALTER LOGIN [登录名] limit failed_login_attemps [失败锁定次数]，password_lock_time[锁定时间（单位：min）]。

如：

ALTER LOGIN D5000 LIMIT FAILED_LOGIN_ATTEMPS 10 ， PASSWORD_LOCK_TIME 1；

（2）通过管理工具设置方法：使用 SYSDBA 用户登录上数据库后，安全→登录→登录名右击→属性→资源限制，在弹出的窗口中设置登录失败次数和口令锁定期，如图 3-12 所示。

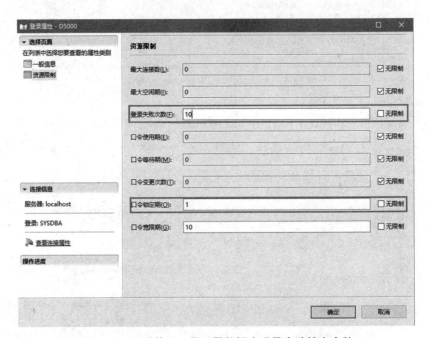

图 3-12　通过管理工具配置数据库登录失败锁定次数

例 3：设定数据库登录超时退出时间。

方法：设定数据库登录超时退出时间可以通过 SQL 语句或者达梦管理工具进行设置。

（1）通过 SQL 语句设置方法如下：

ALTER LOGIN [登录名] limit connect_idle_time[登录超时时间（单位：10min）]。

如：

ALTER LOGIN D5000 LIMIT CONNECT_IDLE_TIME 1；

（2）通过管理工具设置方法：使用 SYSDBA 用户登录上数据库后，安全→登录→登

录名右击→属性→资源限制，在弹出的窗口中设置会话空闲期，如图 3-13 所示。

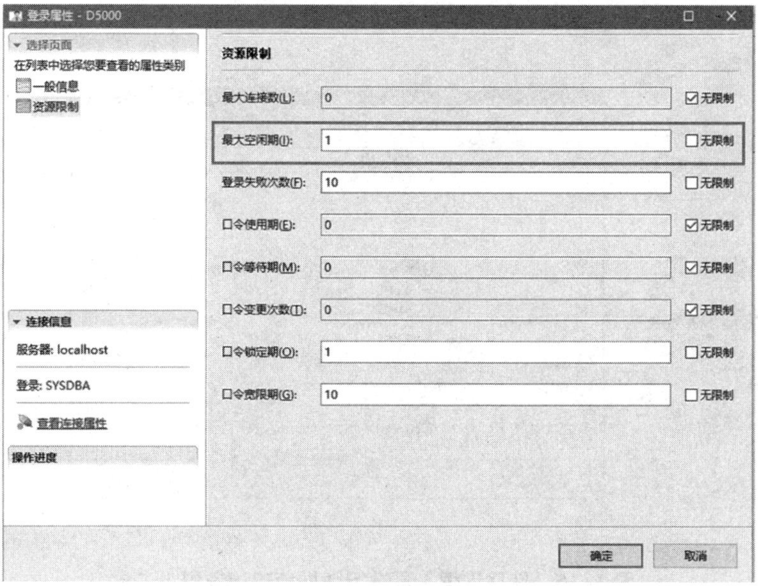

图 3-13　通过管理工具设定数据库登录超时退出时间

例 4：设置数据库审计。

方法：达梦支持数据库审计，可以通过修改 ENABLE_AUDIT=1 开启数据库审计功能。开启审计功能后需要使用 SYSAUDITOR 用户进行审计设置，如图 3-14 和图 3-15 所示。

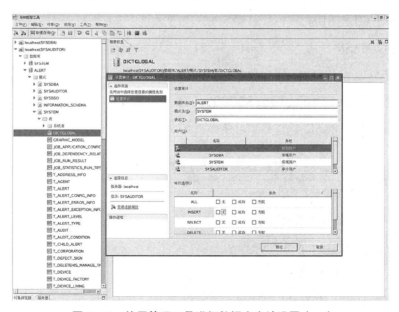

图 3-14　使用管理工具进行数据库审计设置（一）

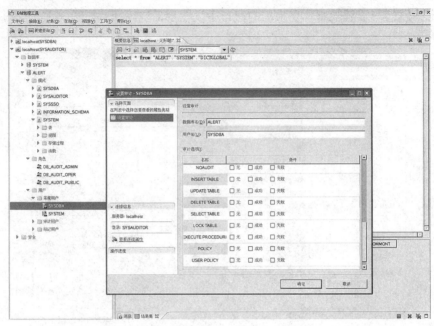

图 3-15　使用管理工具进行数据库审计设置（二）

该种审计方式可能对数据库的性能产生影响，因此还可通过 SQL 日志的方式实现审计功能。开启方法如下：

（1）修改 dm.ini 中参数：

SVR_LOG　　　　　　　　　　= 300000

SVR_LOG_FILE_NUM　　　　= 30

SQL_LOG_MASK　　　　　　= 4：5：31

（2）动态修改：SYSDBA 用户执行语句：

select sf_set_sql_log(300000，30，'31'）；

其中 SQL_LOG_MASK 参数类型对照如表 3-7 所示。

表 3-7　　　　　　　　　　　　　　SQL_LOG_MASK 参数类型对照

1	全部记录（全部记录并不包含原始语句）
2	全部 DML 类型语句
3	全部 DDL 类型语句
4	UPDATE 类型语句（更新）
5	DELETE 类型语句（删除）
6	INSERT 类型语句（插入）
7	SELECT 类型语句（查询）

8	COMMIT 类型语句（提交）
9	ROLLBACK 类型语句（回滚）
10	CALL 类型语句（过程调用）
11	BACKUP 类型语句（备分）
12	RESTORE 类型语句（恢复）
13	表对像操作（CREATE TABLE, ALTER TABLE）
14	视图对像操作（CREATE VIEW）
15	过程或函数对像操作（CREATE PROCEDURE, CREATE FUNCTION）
16	触发器对像操作（CREATE TRIGGER, ALTER TRIGGER）
17	序列对像操作（CREATE SEQUEN, ALTER SEQUEN）
18	模式对像操作（CREATE SCHEMA, ALTER SCHEMA）
19	库对像操作（CREATE DATABAE, ALTER DATABASE）
20	用户对像操作（CREATE USER, ALTER USER）
21	登录对像操作（CREATE LOGIN, ALTER LOGIN）
22	索引对像操作（CREATE INDEX, ALTER INDEX）
23	删除对像操作（DROP TABLE,DROP VIEW....）
26 和 27	记录绑定的变量
29	记录语句执行时间
30	是否需要记录执行语句的时间
31	原始语句（服务器从客户端收到的未加分析的语句）
32	存在错误的语句（语法错误，语义分析错误等）

例 5：开启通信加密功能（客户端与服务器的通信之间的加密）。

方法：修改 dm.ini 中 ENABLE_ENCRYPT 的参数值，令 ENABLE_ENCRYPT=1，若在达梦 6 系统中开启该功能则务必使用 2017 年数据库版本。值得注意的是，通信加密功能开启会影响数据库性能，因此开启该功能需谨慎。

例 6：开启客体重用。

方法：修改数据库安装目录下 bin 目录中的 dm.ini 文件中 ENABLE_OBJ_REUSE 参数值，令 ENABLE_OBJ_REUSE=1，但此方法仅适用于达梦安全版。修改完毕后，可通过数据库服务器上的控制台工具对许可证信息进行查看。该功能的开启同样会影响部分数据库性能，建议谨慎开启。

例7：数据库连接数限制。

方法：通过修改 dm.ini 文件中的 MAX_SESSIONS 参数来设置。

单个用户的最大连接数限制可通过管理工具的安全→登录→登录名上右击属性来进行修改，如图 3-16 所示。

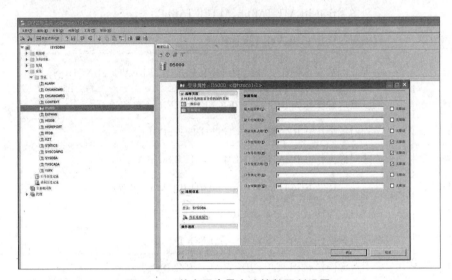

图 3-16　单个用户最大连接数限制设置

例8：数据库权限。

数据库建立用户时有两个默认的权限可以选择：

（1）RESOURCE 权限：具备部分创建数据库对象的权限，且对其自身创建的数据库对象拥有所有的权限，并能将其转授给其他用户。

（2）DBA 权限：可以读写所在数据库的所有用户对象。

具体的权限设置在数据库下的用户里，可针对每个用户进行系统权限和对象权限的设置，如图 3-17 所示。

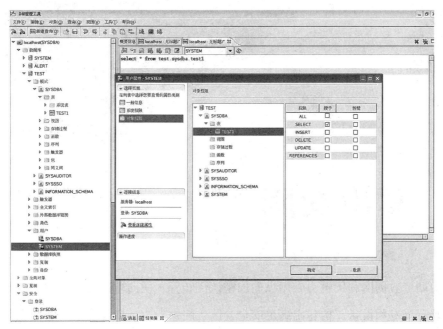

图 3-17　数据库权限设置

更详细的达梦数据库加固操作视频可扫描左侧二维码观看

4

专用安防

电力调度数据网利用电力专用纵向加密认证装置、横向单向安全隔离装置、网络安全监测装置等专用设备，构建出满足安全分区、网络专用、横向隔离、纵向认证要求的栅格状安全防护体系，为泛在电力物联网的全面建设，特别是无线专网的应用、新能源的接入等提供了广泛的支持。

本章将结合应用场景，以主流厂家的设备为例，详细介绍上述三类专用安防设备的工作原理、设备硬件、管理软件，并通过配置实例与配套练习来加强理解。

4.1 电力专用纵向加密认证装置

4.1.1 纵向加密认证装置工作原理

4.1.1.1 纵向加密认证装置概述

电力专用纵向加密认证装置安装在调度数据网与广域网的纵向边界，具体而言就是安装于调度数据网交换机与路由器之间，用来保障电力监控系统数据纵向传输过程中的机密性、完整性和真实性。纵向加密认证装置典型应用场景如图4-1所示。

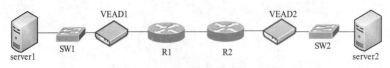

图4-1 纵向加密认证装置典型应用场景

主流的纵向加密认证装置厂商有南京南瑞集团（简称南瑞）、北京科东电力控制系统有限责任公司（简称科东）、卫士通信产业股份有限公司、兴唐通信科技有限公司、江南计算技，其生产的纵向加密认证装置产品均经过国家密码产品管理局、中华人民共和国公安部、中国人民解放军总参谋部、中国电科院的纵向认证安全检测。

电力专用纵向加密认证装置采用了隧道封装、访问控制、加解密与数字签名等一系列安全防护技术，从而在电力调度数据网边界保障通信实体双向认证，同时还具备电力系统专用的应用层通信协议进行转换的功能，以便于实现端到端的选择性保护。若要理解纵向加密认证装置工作原理，需要对密码学知识、电力调度数字证书系统、隧道技术均有一定的了解。

4.1.1.2 密码学在纵向加密认证装置中的应用

在密码学中，有一个五元组：明文、密文、密钥、加密算法、解密算法，对应的加密方案称为密码体制（或密码）。

明文：作为加密输入的原始信息，即消息的原始形式。

密文：明文经加密变换后的结果，即消息被加密处理后的形式。

密钥：参与密码变换的参数。

加密算法：将明文变换为密文的变换函数。

解密算法：将密文恢复为明文的变换函数，相应的变换过程称为解密，即译码的过程。

密码算法分为对称密码和公钥密码（或非对称密码制）两类。

对称加密算法加密密钥和解密密钥相同，具有加密、解密、速度快的优点，但是密钥需要通过直接复制或网络传输的方式由发送方传给接收方，同时无论加密还是解密都使用同一个密钥，所以密钥的管理和使用很不安全，而且无法解决消息的确认问题，缺乏自动检测密钥泄露的能力。

非对称加密算法，加密密钥与解密密钥不同，此时不需要通过安全通道来传输密钥，只需要利用本地密钥发生器产生解密密钥，并以此进行解密操作。由于非对称加密的加密和解密不同，且能够公开加密密钥（公钥），仅需要保密解密密钥（私钥），所以不存在密钥管理问题，还可以用于数字签名。但是非对称加密算法一般比较复杂，加密和解密的速度较慢。

对称加密算法与非对称加密算法比较如表 4-1 所示。

表 4-1　　　　　　　　　对称加密算法与非对称加密算法比较

比较内容	对称算法	非对称算法
核心技术	分组算法	单项陷门函数（各种数学难题）

续表

比较内容	对称算法	非对称算法
应用场景	数据加解密	认证、签名、少量数据加密
密钥体制	单密钥	双密钥（公钥＋私钥）
算法举例	SM1、AES、DES、3DES……	RSA、SM2、EIGama……
特点	优点：计算量小、加密速度快、加密效率高、算法公开	优点：实现身份认证，是数字证书的基础、密钥分发较为安全
	缺点：密钥交换过程面临安全风险	缺点：运算开销大、运算速度慢

在实际应用场景中几乎不直接使用公钥密码来加密数据，一般的做法是使用公钥来加密对称加密算法中的对称密码，实现对称密码的安全交换，然后再使用对称密码加密数据。

纵向加密认证技术中使用到的加密算法（装置）有非对称加密算法 RSA（1024 位）、SM2（256 位）以及电力专用对称加密算法 SSF09（16Byte）和电力专用硬件加密芯片 SSX06。此外，纵向加密认证装置还采用单向散列算法 MD5、SM3 进行摘要计算。

RSA 是 1977 年由 Ron Rivest、Adi Shamir 和 Leonard Adleman 提出的。RSA 算法被 ISO 推荐为公钥数据加密标准。RSA 算法基于一个十分简单的数论事实：将两个大素数相乘十分容易，但想要对其乘积进行因式分解却极其困难。RSA 的缺点主要有：产生密钥很麻烦，受到素数产生技术的限；运算代价很高，速度较慢，较对称密码算法慢几个数量级；RSA 密钥长度随着保密级别提高增加很快。

SM2 算法基于椭圆曲线密码学，是基于椭圆曲线数学的一种公钥密码的方法。椭圆曲线在密码学中的使用是在 1985 年由 Neal Koblitz 和 Victor Miller 分别提出的。椭圆曲线密码算法较 RSA 密码算法表现出密钥体积小、运算速度快、安全等级高的特点。

电力专用加密算法 SSF09 属于分组算法。分组密码是将明文消息编码表示后的数字（简称明文数字）序列，划分成长度为 n 的组（可看成长度为 n 的矢量），每组分别在密钥的控制下变换成等长的输出数字（简称密文数字）序列。扩散和扰乱是影响密码安全的主要因素。扩散的目的是让明文中的单个数字影响密文中的多个数字，从而使明文的统计特征在密文中消失，相当于明文的统计结构被扩散。扰乱是指让密钥与密文的统计信息之间的关系变得复杂，从而增加通过统计方法进行攻击的难度。扰乱可以通过各种代换算法实现。

单向散列函数，又称 HASH 函数（也称杂凑函数或杂凑算法）就是把任意长的输入消息串变化成固定长的输出串的一种函数。这个输出串称为该消息的杂凑值（哈希值）。HASH 函数一般用于产生消息摘要，密钥加密等。对称加密算法和非对称加密算法有效地解决了机密性，不可否认性和身份鉴别等问题，单向散列算法则有效的解决了完整性的问题，提高数字签名的有效性，目前已有很多方案。散列算法都是伪随机函数，任何杂凑值都是等可能的。输出并不以可辨别的方式依赖于输入；在任何输入串中单个比特的变化，将会导致输出比特串中大约一半的比特发生变化。

4.1.1.3　纵向加密认证装置密钥

纵向加密认证装置的密钥分为设备密钥、操作员密钥、会话密钥、通信密钥四类。

设备密钥为非对称密钥，配置在纵向加密认证装置和装置管理系统，用于设备的认证与会话密钥的协商。

操作员密钥为非对称密钥，配置在操作员卡，用于操作员和纵向加密认证装置的人机卡认证。

会话密钥为对称密钥，对纵向加密认证装置之间的通信加密。

通信密钥为对称密钥，用于装置管理系统与设备之间数据通信加密。

4.1.1.4　纵向加密认证装置隧道建立及证书

电力专用纵向加密认证装置通过会话密钥的协商来建立隧道。隧道建立成功的前提是两台装置相互获得对方的公钥，生产工作中装置的公钥被工作人员称为证书。电力专用纵向加密认证装置使用的证书主要采用 SM2 或者 RSA 算法，证书请求文件通过加密认证装置管理软件操作生成，后缀为 .csr 或 .pem 或 .req。由证书系统签发后形成后缀为 .cer 或 .crt 的证书文件，可用证书格式打开后在详细信息中可以查看证书采用的加密算法类型，RSA 证书公钥显示 RSA(1024 bits)，SM2 证书显示 ECC(256 bits)（在 windows 系统内可能会显示为 0bit，为显示错误）。

4.1.1.5　纵向加密认证装置数据报文加解密传输过程

隧道技术的核心内容是协议封装技术、数据加解密技术和数字签名技术，用以保障通信双方实体身份的双向认证，通信数据的机密性、完整性和不可抵赖性。纵向加密认证装置隧道的本质是对 IP 报文增加报文头，隐藏原 IP 报文中的源地址、目的地址、协议、源端口、目的端口。

以图 4-2 所示应用业务系统为例，Server1 试图通过 104 规约访问 Server3 服务器，若加密认证装置 VEAD1 和 VEAD2 之间隧道协商正常，且有对应的密文策略，则报文沿途的源 IP 地址、目的 IP 地址、报文协议名称（TCP、UDP 或其他，或填写 IP 协议号）

的变化情况如表 4-2 所示。

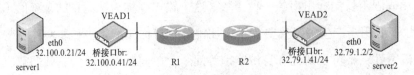

图 4-2　加密报文封装流程拓扑

表 4-2　　　　　　　　　　　　　　报文变化情况

报文流向	目的 IP	源 IP	报文协议	目的端口
Server1 → VEAD1	32.79.1.2	32.100.0.21	TEP	2404
VEAD1 → R1	32.79.1.41	32.100.0.41	50	–
R1 → R2	32.79.1.41	32.100.0.41	50	–
R2 → VEAD2	32.79.1.41	32.100.0.41	50	–
VEAD2 → Server2	32.79.1.2	32.100.0.21	tcp	2404

从表 4-2 中可以看出，有数据经过时，加密认证装置会将原来数据包直接封装，新封装后数据的源 IP 和目的 IP 分别为本地加密认证装置 IP 和对端加密认证装置 IP，协议号为 50。

电力专用纵向加密认证装置还具备旁路功能，若设备断电，则相当于网口直连对端装置，隧道由建立状态切换成断开状态，业务数据以明文形式正常通信。

4.1.1.6　纵向加密认证装置的典型工作模式

1. 桥模式

桥模式在生产中的应用最广泛，可以将装置的某几个网卡虚拟成一个网卡和外界通信，用户可以将虚拟网卡当成具体的网卡来使用，可以在隧道配置中设置相应的规则，以虚拟网卡地址和对端的加密装置协商从而实现多入多出的通信，如图 4-3 所示。

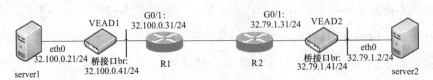

图 4-3　桥模式示意图

2. 路由模式

路由模式不同于桥模式，纵向加密认证装置的接口均处于三层环境，即内外网口的

地址均处于不同网段，配置接口 IP 地址时应注意纵向加密认证装置的两个网口不再绑定成一个网口，而是分别作为独立接口进行 IP 配置，如图 4-4 所示。

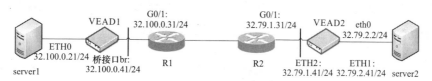

图 4-4　路由模式示意图

3.VLAN 模式

VLAN 模式用在加密装置所连交换机配置了 trunk 口或者路由器子接口允许带 VLAN 标签数据通过的情况下。需要配置加密装置（VEAD2）上端口的 VLANID，使之与交换机上的 VLAN 通过 802.1Q 建立对应通信关系，如图 4-5 所示。

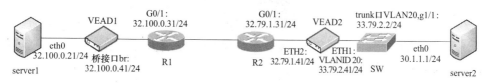

图 4-5　VLAN 模式示意图

4. 借地址模式

借地址模式用到的较少，但部分纵向加密认证装置也支持这样的配置功能。在实际的网络接入环境中，从安全考虑将网络地址子网掩码设置为 255.255.255.252，共 4 个地址，如图 4-6 所示，路由器占了 .1，服务器占了 .2。由于网络地址、广播地址占用两个地址，所以加密装置没有办法配置可用的 IP 地址，为此需要进行借用地址配置。

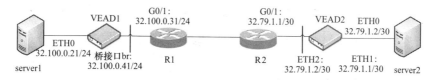

图 4-6　借地址模式示意图

4.1.1.7　纵向加密认证装置的远程管理

加密认证装置管理系统部署在各级调度中心，直接管理各级调度中心及所属厂站的纵向加密认证装置，实现对所辖多厂商纵向加密认证装置进行统一管理的目标，如图 4-7 所示。目前的纵向加密认证装置远程管控功能整合在网络安全管理平台之中。

通过远程管理，可以实现查询纵向加密认证装置状态、设置隧道工作模式、查询已设置隧道及状态、添加删除隧道、证书替换、安全策略的增删改查、重启装置、查询日志等功能。

安全远程管理过程中，通信密钥用装置公钥证书加密，管理报文用通信密钥加密，再用管理中心的私钥签名。

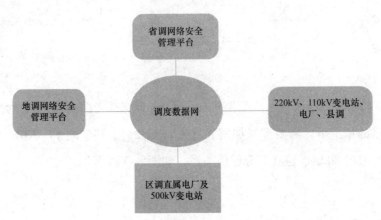

图 4-7 加密装置远程管控结构示意图

4.1.2 南瑞纵向加密认证装置

4.1.2.1 南瑞纵向加密认证装置硬件及接口

南瑞纵向加密认证装置分为百兆型与千兆型，其中百兆型又分为Ⅲ型、Ⅳ型和微型，主要型号有 Netkeeper-2000_MBL550 纵向加密认证装置（千兆型）、Netkeeper-2000FE 纵向加密认证装置（千兆型）（如图 4-8 所示）、NetKeeper-2000 纵向加密认证装置（百兆增强型）以及 NetKeeper-2000 纵向加密认证装置（百兆低端型）。千兆型 Netkeeper-2000 纵向加密认证装置定位于网省调等要求具备千兆网络环境接入的节点；百兆型 NetKeeper-2000 纵向加密认证装置定位于电厂、800kV 以上变电站、500kV 变电站、220kV 变电站、110kV 变电站等具备百兆网络环境接入的节点。

图 4-8 NetKeeper-2000FE 纵向加密认证装置（千兆型）

以 NetKeeper-2000FE 为例说明南瑞电力专用纵向加密认证装置的硬件接口，如表 4-3 所示。

表 4-3   NetKeeper-2000 电力专用纵向加密认证装置前面板硬件接口

面板部件	标识	说明描述	备注
状态指示灯	POWER	双电源指示灯	红灯亮表示电源模块工作正常
	ENCSTA/ENCACT	加密指示灯	加／解密时绿灯闪，非加／解密时常亮
	ALARM	告警指示灯	报警灯亮并伴有声音告警
光口内网	SPF1	光纤业务口	LNK,ACT 灯亮起（只有千兆设备才有）
光口外网	SPF2	光纤业务口	LNK,ACT 灯亮起（只有千兆设备才有）
USB 口	USB	Ukey 验证登录使用	
配置网口	mgmt	配置网口	
管理串口	Console	控制台	
内网网口	Eth1	内网侧网口	
外网网口	Eth2	外网侧网口	
内网网口	Eth3	内网侧网口	
外网网口	Eth4	外网侧网口	

加密网关的后面板图设计有双电源，有一个电源作为主电源供电，另一个作为辅电源备份，这种设计可以有效地提高电源工作的可靠性及延长整个系统的平均无故障工作时间，如图 4-9 所示。

图 4-9   后面板图

4.1.2.2   南瑞纵向加密认证装置管理软件

1. 管理软件的安装及使用

安装管理软件之前，配置计算机必须要有 java 运行环境支持，安装好 java 后，运行安装程序完成管理软件的安装。

加密认证装置配置接口的 IP 地址是 11.22.33.44，掩码为 255.255.255.0。将调试用的计算机 IP 地址设置为 11.22.33.43，掩码为 255.255.255.0，用网络配置线连接到加密认证装置的配置接口 mgmt 网口，并将 Ukey(IC 卡）插入加密认证装置前面板的 USB 接口，如图 4-10 所示。

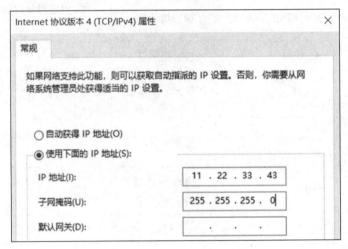

图 4-10 电脑本地网络配置

2. 管理软件的界面

南瑞加密认证装置的配置软件总体分为用户登录、初始化管理、规则配置、日志管理、系统工具、帮助六个工具栏，如图 4-11 所示。

图 4-11 南瑞加密装置配置软件初始界面

将调试计算机通过配置口连接装置，点击用户登录输入 PIN 码，登录成功后配置相关的图标和文字由灰色不可用变黑色可用。新版南瑞加密装置管理软件更新了三权分立的功能，系统管理员（admin）、安全管理员 (secure)、审计管理员 (audit)，三者拥有不同权限，使用管理软件的不同功能来完成整个设备的配置过程。

初始化管理功能包括初始化网关、证书管理、硬件测试和修改 PIN 码。

规则配置功能包括初次配置向导、远程配置、网络配置、路由配置、隧道配置、策略配置、桥接配置、Nat 模式、借地址模式、ARP 绑定和透传配置。

日志管理功能包括日志审计。

系统工具包括规则包导出、规则包导入、重启网关、隧道管理、链路管理、系统诊断、系统升级、系统状态和系统时间设置。

4.1.2.3　南瑞纵向加密认证装置配置管理

1. 系统初始化

加密认证装置投入使用前，需要对设备进行初始化操作，初始化操作在系统管理员（admin）账号下完成，内容包括生成加密认证装置的 RSA 和 SM2 私钥、导出加密认证装置的 RSA 和 SM2 设备证书请求文件、生成及导入加密认证装置的主备操作员证书、导入装置管理系统证书、导入与加密认证装置需要建立隧道的对端加密认证装置证书。其中加密认证装置主备操作员证书由调度数字证书系统签发，通过管理软件导入，存储在加密认证装置的安全存储区中，南瑞纵向加密认证装置不需要导入自己的 RSA 和 SM2 算法设备证书。

密钥生成及证书请求文件导出。在初始化管理中选择初始化网关，点击生成操作员卡和加密卡密钥。点击"生成证书请求"，生成加密卡、SM2 加密卡和操作员证书请求后，将证书请求交给当地调度人员通过调度数字证书系统签发，如图 4-12 所示。

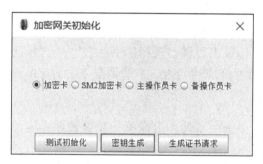

图 4-12　生成证书请求

南瑞纵向加密认证装置的初始化网关功能中的加密卡选项代表设备的 RSA 算法，SM2 加密卡代表设备的 SM2 算法。

2. 证书导入

首先导入调度 CA 的根证书。根证书是信任链建立的基础，本步骤是后续对其他实体证书进行验证的前提，点击"初始化管理""证书管理"，将由主界面转到证书管理界面，如图 4-13 所示。

图 4-13　证书请求导入操作图示

　　点击左侧上传证书按钮 ，系统会弹出上传证书界面，选择证书路径，并选择证书类型为"一级 CA 证书"并导入，系统会提示验证成功与否，一般情况下一级 CA 证书为国家电网根证书或南方电网根证书。

　　上传的顺序是：一级 CA 证书→二级 CA 证书→主备操作员证书→装置管理系统证书→加密网关证书，方法相同。

　　一级 CA 证书：国家电网调根证书。

　　二级 CA 证书：省调根证书。

　　主备操作员证书：加密认证装置本地管理的证书（完成此步骤即初始化完成）。

　　装置管理系统证书：调度端加密认证装置管理中心或管理平台的证书。

　　加密网关证书：和自身装置建立隧道时需要用的对端加密认证装置证书。

3. 规则配置

　　证书导入完成后即可根据网络拓扑和业务连接情况进行具体规则配置，规则配置由安全管理员（secure）账号下完成，一般常规调试流程如下所示。所有配置项都是点左侧功能栏中的 按钮进行新建或者编辑。

　　（1）桥接配置。桥接工作模式下，加密装置相当于一个局域网交换机，可以实现将装置的某几个网卡虚拟成一个网卡和外界通信，用户可以将虚拟网卡当成具体的网卡来

使用，可以在隧道配置中设置相应的规则，以虚拟网卡地址和对端的加密网关协商从而实现多入多出的通信。

通常配置是将装置的网口 eth1 及 eth2 虚拟成为一个网卡，如图 4-14 所示，点击确认保存之后，虚拟网卡的名字即可在以后的配置中使用。例如在配置网络信息时可以为虚拟网卡设置相应的网络地址信息。在网络配置界面中将网络接口设成 BRIDGE 类型，接口描述为虚拟网卡的名称。

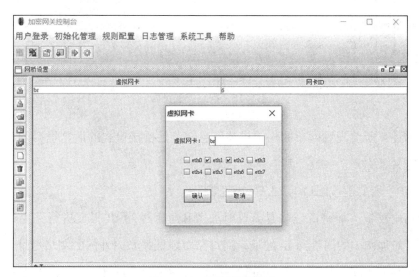

图 4-14　桥接配置页面

（2）网络配置。加密认证装置有 4 个以太网接口可以作为通信网口，任意网口都可以设置成内网口或者外网口，建议使用 eth1 为内网，eth2 为外网。在实际的配置中，需要对加密认证装置的网络接口配置 IP 地址以便和内外网进行通信，内外网 IP 地址可以为相同网段，也可以为不同网段。在网络信息配置界面中可以对装置网络信息作一系列的配置，如增加、修改、删除、上传、下载等，如图 4-15 所示。

网络接口：所要配置网口的名称，例如 eth1、eth2 等。

接口类型：所要配置网口的类型，分别有 PRIVATE（内网口）、PUBLIC（外网口）、BACKUP（互备口）、CONFIG（配置口）、BRIDGE（桥接口）。

IP 地址：所要配置网口的 IP 地址。

子网掩码：所要配置网口的掩码。

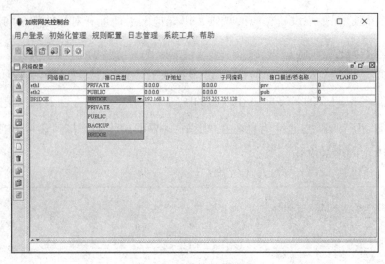

图 4-15　网络配置页面

接口描述：所要配置网口的相关描述信息，若是桥接模式的话这里必须与桥接配置的接口自定义名称完全一致，其他模式下无意义。

VLANID：所要配置网口的 VLAN ID 信息。

（3）路由配置。加密认证装置需要对加密和解密过的 IP 报文进行路由选择，路由配置信息针对加网关的内外网 IP 地址，通过路由地址关联内外网的网络地址信息。

在这个界面中安全管理员（secure）可以对装置路由信息作一系列的配置例如增加、修改、删除、上传、下载等，此处配置静态路由即可，如图 4-16 所示。

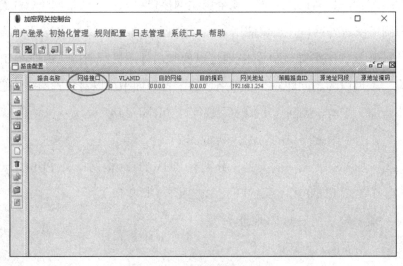

图 4-16　路由配置页面

路由名称：路由信息的名称描述。

网络接口：要用到路由的出口网卡的名称，一般为外网口。

目的网络：要实现通信的目的网络所在网段。

目的掩码：路由信息的目的网络地址的子网掩码。

网关地址：加密网关的外网口下一跳地址。

VLANID：所要配置网口的 VLAN ID 信息。

策略路由 ID：用来标识策略路由的集合，相同策略路由 ID 的路由的源地址一般是一样的，符合这个源地址的报文将按照目的地址段的大小匹配这一组路由。

源地址网段：策略路由的源地址的网段。

源地址掩码：策略路由的源地址的子网掩码。（策略路由 ID、源地址网段、源地址掩码只在需要根据源地址路由的环境中配置，其他环境置空即可。图 4-16 所示为默认路由，实际生产中会要求用明细路由。

（4）远程配置。远程配置主要配置加密认证装置的远程管理和远程日志信息，包括以下内容：

加密网关名称：装置的名称，便于远程标识装置的基本信息，避免使用中文。

加密网关地址：加密网关的外网地址或者外网卡上用于被管理或审计的地址。

远程地址：远程的装置管理系统、日志审计系统或者远程调试计算机的网络地址。

系统类型：可分为装置管理、日志审计、远程调试三种类型。

证书：在系统类型配置为装置管理时必须配置相应的装置管理中心的证书名称。

在这个界面中可以对装置系统信息作一系列操作，例如增加、修改、删除、上传、下载等。

例如：加密认证装置 IP：192.168.1.1，进行配置使其能被调度主站网络安全管理平台（IP：192.168.2.1）管控及进行日志审计，如图 4-17 所示。

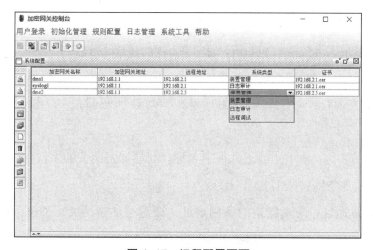

图 4-17　远程配置页面

（5）隧道配置。隧道为加密认证装置之间协商的安全传输通道，隧道成功协商之后会生成通信密钥，进入该隧道通信的数据由通信密钥进行加密。隧道可以设置隧道周期和隧道容量，隧道的通信时间达到指定传输周期或者数据通信量达到指定容量后，加密网关之间会重新进行隧道密钥协商，保证数据通信安全。隧道配置页面如图4-18所示。

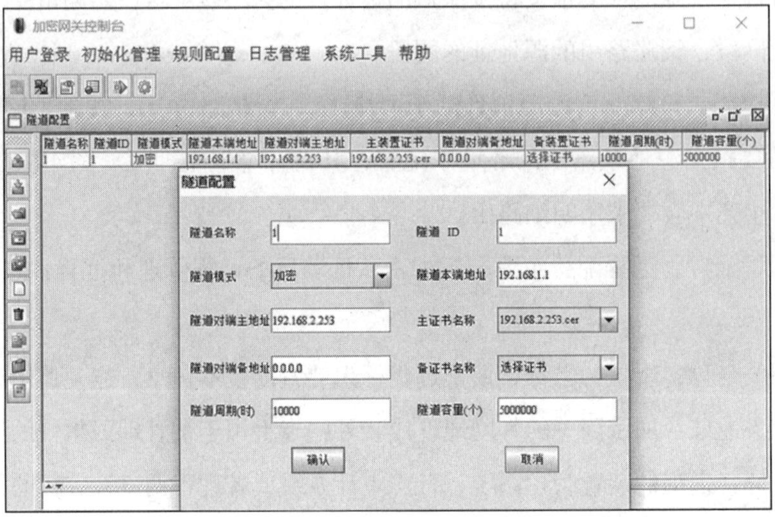

图4-18　隧道配置页面

隧道名称：隧道的相关描述（不可以为中文）。

隧道 ID：隧道的标识，关联隧道的所有信息。

隧道模式：隧道模式分为加密和明通两类。在明通模式下，隧道两端的装置不进行密钥协商，隧道中的所有数据只能通过明文方式（但可以对数据包进行安全过滤与检查，即只有配置了相关的通信策略的数据传输才能通过装置，否则装置会将不合法的报文全部丢弃）进行传输；在加密模式下，隧道中的数据报文会根据协商好的密钥将相关通信策略的数据报文进行封装和加密，保证数据传输的安全性。

隧道本端地址：本端加密认证装置的地址，即本侧加密网关的外网虚拟 IP 地址。

隧道对端主地址：对端隧道的主地址，即对端加密网关（主机）的外网虚拟 IP 地址。

主装置证书名称：对端主隧道的证书名称。对端加密网关的主设备证书名称需与初始化导入的对端加密网关证书名称一致。

隧道对端备地址：对端隧道的备用地址，即对端加密网关（备机）的外网虚拟 IP 地址。如果对端无备用装置，则隧道备地址为 0.0.0.0。

备装置证书：对端备隧道的证书名称。对端加密网关的备设备证书名称需与初始化导入的对端备加密网关证书名称一致。

隧道周期：隧道密钥的存活周期（以小时为基本计量单位）。超过设定的存活周期，装置会自动重新协商密钥。

隧道容量：为隧道内可加解密报文总字节数的最大值，在隧道内加解密报文的总字节数一旦超过此值，隧道密钥立刻失效，装置会自动重新协商密钥。

（6）策略配置。加密通信策略用于实现具体通信策略和加密隧道的关联以及数据报文的综合过滤，加密认证装置具有双向报文过滤功能，与加密机制分离，独立工作，在实施加密之前进行。过滤策略支持：

1）源 IP 地址（范围）控制。

2）目的 IP 地址（范围）控制。

3）源 IP（范围）+ 目的 IP 地址（范围）控制。

4）协议控制；TCP、UDP 协议 + 端口（范围）控制。

5）源 IP 地址（范围）+TCP、UDP 协议 + 端口（范围）控制。

6）目标 IP 地址（范围）+TCP、UDP 协议 + 端口（范围）控制。

如果对端加密认证装置存在备机，应该配置两条相同的策略，只是关联的隧道 ID 不同。

例如在厂站端加密认证装置上配置远动机业务 (IP192.168.1.2）与调度主站前置机 (IP：192.168.2.8）通信，策略配置页面如图 4-19 所示。

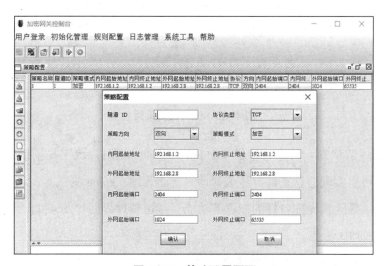

图 4-19 策略配置页面

隧道 ID：隧道配置中设定的隧道 ID 信息。通过此信息，可以将策略关联到具体的隧道，以便使用对应隧道的密钥对需要过滤的报文进行加解密处理。

工作模式：工作模式分为明通、加密或者选择性保护。

内网起始地址和内网终止地址：本端通信网段的起始和终止地址，如果为单一通信节点，则源起始地址和源目的地址设置为相同。

外网起始地址和外网终止地址：对端通信网段的起始和终止地址，如果为单一通信节点，则目的起始地址和目的终止地址设置为相同。如果对端网关启用地址转化功能，则目的地址为对端网关的外网虚拟 IP 地址。

协议：支持 TCP、UDP、ICMP 等通信协议。

策略方向：此配置字段可以控制数据通信的流向，分为内外、外内和双向。

内网起始端口和内网终止端口：通信端口配置范围在 0~65535 之间。

外网起始端口和外网终止端口：通信端口配置范围在 0~65535 之间。对于通信进程的服务端，起始和终止端口可配置为相同。

（7）透传配置。透传配置是为了配置装置在某些情况下可以不处理特定的报文，直接转发。

界面中有源 IP、目的 IP、协议号、进网口和出网口 VlanID 等配置项。源 IP 和目的 IP 可以写具体地址，或者 0.0.0.0 表示不限制地址，进网口和出网口标识了报文的方向 VlanID 可限制具体的 Vlan 的透传。例如带有 VlanID 100 的报文从网口出去或进来都不做任何处理直接转发，配置如图 4-20 所示。

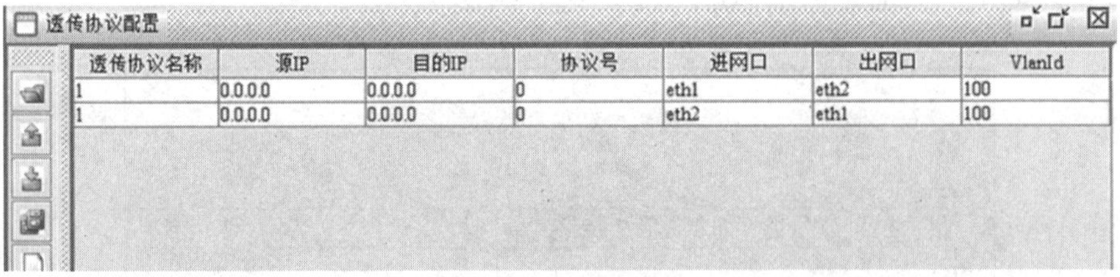

透传协议名称	源IP	目的IP	协议号	进网口	出网口	VlanId
1	0.0.0.0	0.0.0.0	0	eth1	eth2	100
1	0.0.0.0	0.0.0.0	0	eth2	eth1	100

图 4-20　透传配置页面

（8）查看隧道状态。系统管理员（admin）还可以利用系统工具辅助装置配置与调试。系统工具可以实现信息查询、隧道管理、链路管理、sping 测试等，还可以实现导出装置配置文件、导入预先准备好的配置等功能。隧道管理界面如图 4-21 所示。

ID：隧道的 ID 信息。

状态：🕸 隧道正常，🕸 隧道异常。

选中某个隧道后可以通过重置 🔁 按钮对隧道重置，令其重新进行会话密钥协商。

Sping 调试用于确认和对端加密网关的连通情况，在 Sping 调试界面中输入对端加密网关的 IP 地址、测试次数和时间，点击"开始"，加密网关自动探测对端装置并返回测试结果。

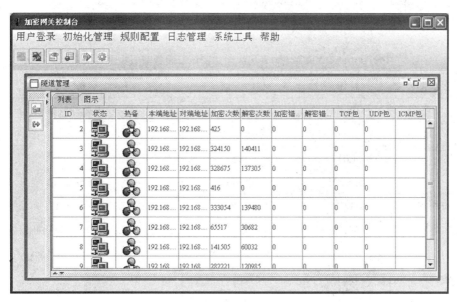

图 4-21　隧道管理页面

4.1.3　科东纵向加密认证装置

4.1.3.1　科东加密认证装置硬件及接口

电力专用 SSX06 加解密算法芯片的研制与推广后，科东研发的第三代电力专用加密网关，并针对不同的应用场景开发了相应的型号，如表 4-4 所示。

表 4-4　　　　　　　　　　　科东电力专用纵向加密认证装置型号

型号	应用场合
PSTunnel-2000G 千兆型	网、省调度以上，各种光接口现场
PSTunnel-2000 百兆型	地调，35kV 以上变电站，电厂
PSTunnel-2000T 微型	配电网

以 PSTunnel-2000G 千兆型为例说明科东电力专用纵向加密认证装置的硬件接口，如表 4-5 所示。

图 4-22 为科东电力专用纵向加密认证装置前面板。

图 4-22　科东电力专用纵向加密认证装置前面板

表 4-5　　　　PSTunnel-2000G 电力专用纵向加密认证装置前面板硬件接口

面板部件	标识	说明描述	备注
状态指示灯	PWR	电源	双电源绿灯常亮
	Run	系统运行	绿灯慢闪
	E/D	加密卡状态显示	加/解密时绿灯闪，非加/解密时常亮
	ALARM	报警信号	报警红灯
光口内网	SPF1	光纤业务口	LNK,ACT 灯亮起（只有千兆设备才有）
光口外网	SPF2	光纤业务口	LNK,ACT 灯亮起（只有千兆设备才有）
USB 口	USB	Ukey 验证登录使用	
配置网口	Eth4	配置网门	
管理串口	Console	控制台	
内网网口	Eth0	内网侧网口	
外网网口	Eth1	外网侧网口	
内网网口	Eth2	内网侧网口	
外网网口	Eth3	外网侧网口	
开关	ON/OFF	设备开关	按下开启

装置背面是 AB 两个电源以及设备锁定口，如图 4-23 所示。

图 4-23　科东电力专用纵向加密认证装置背面板

4.1.3.2　科东加密认证装置管理软件

科东加密认证装置配置口的 IP 是 169.254.200.200，掩码为 255.255.255.0。与南瑞加密装置配置方法类似，将调试用计算机地址设置同一网段 169.254.200.100/24，用网络配置线连接到加密认证装置的配置接口 ETH4，并且将 Ukey（IC 卡）插入加密认证装置，即可正常登录管理软件进行配置。

科东加密认证装置的配置软件总体分为初始化、管理、监视三个工具栏。由系统管理员、操作员、审计员三个用户分别实现不同的功能，达成权限分离。

初始化工具栏包括设备密钥及证书请求、操作员证书请求、导入根证书、导入装置证书、创建操作员、基本配置、VLAN 配置、路由配置、双机配置、告警配置十个配置项，如图 4-24 所示。

管理工具栏包括基本配置、VLAN 配置、路由配置、双机配置、告警配置、隧道配置、设备时间配置、管理中心配置、重置装置、初始化装置、一键备份、操作员管理、密码修改十三个配置项，如图 4-25 所示。

图 4-24　初始化工具栏

图 4-25　管理工具栏

4.1.3.3　科东加密认证装置配置管理

1. 系统初始化

在开始使用科东电力专用纵向加密认证装置前，首先对该设备进行初始化，对其进行一系列的证书请求生成、证书导入等。只有初始化工作全部完成后，设备才能进入正常的运行工作状态。初始化由系统管理员完成。

（1）导出设备证书请求，如图 4-26 所示。

进入主界面后，点击"初始化"菜单的"1. 设备密钥及证书请求"，向导会提示填写证书请求文件的信息。先根据需要的证书类型选择"RSA"或"SM2"。然后填入所在公司或者网、省、地调度等信息，这些信息用英文字母和数字组合来标识。

点击下一步，网关内部会自动生成公私钥对，并将公钥导出，将公钥和刚才所填写的"证书请求文件信息"一起形成证书请求文件，向导会提示保存这个文件在调试机器上。

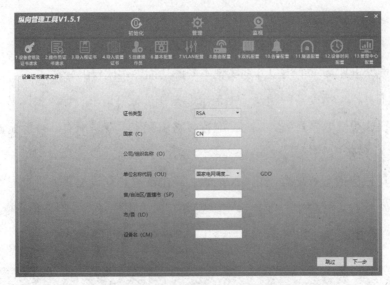

图 4-26　导出设备证书请求

（2）导出操作员证书请求，如图 4-27 所示。

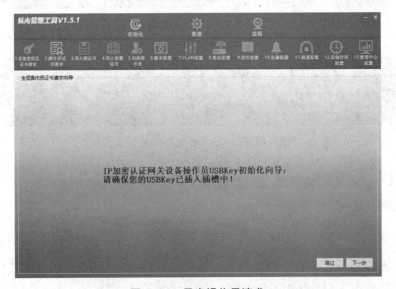

图 4-27　导出操作员请求

生成操作员证书请求文件，点击"初始化"菜单的"2.操作员证书请求"，会出现向导，引导完成操作员初始化的过程。与设备初始化相似，整个过程也需要填入"证书请求文件"的一些详细内容，需要英文字母和数字的组合。

（3）签发证书。将导出的设备证书请求和操作员证书请求按要求命名后发给主站调度签发系统，分别签发成"设备证书"和"操作员证书"。

（4）导入装置证书，如图 4-28 所示。

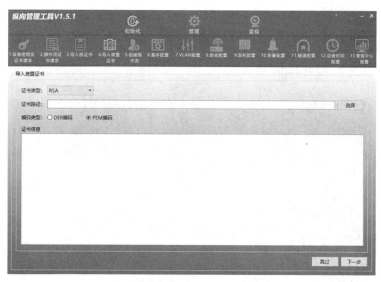

图 4-28　导入装置证书

　　分别点击"导入根证书"和"导入装置证书"，导入调度系统的根证书、签发回来的设备证书。

　　（5）创建操作员，如图 4-29 所示。

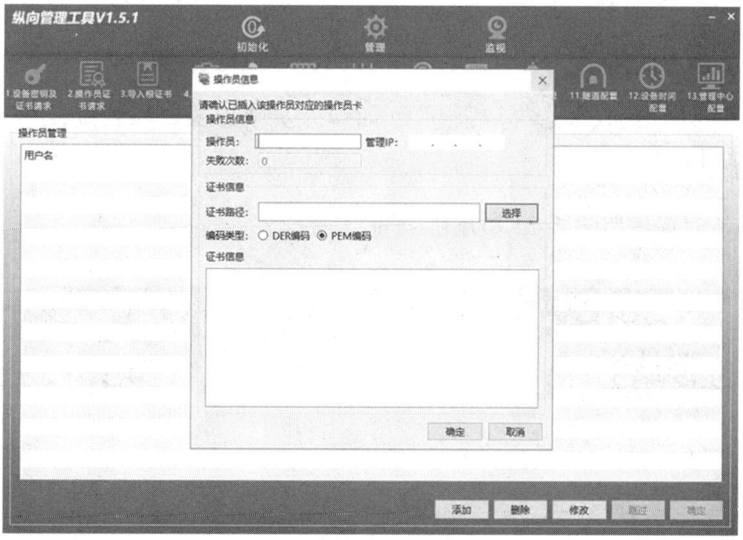

图 4-29　创建操作员

　　在"创建操作员"中，点击"添加"，把 Ukey 登录用户名和证书信息填写好，点击确定。这样就为"Ukey""加密认证装置"和"操作员登录名"之间的"人机三方认证"建立映射关系。

　　经过初始化后的纵向加密认证装置就可以转入正常运行状态了。

2. 规则配置

规则配置主要由操作员用户完成，操作员用户账户由系统管理员在初始化过程中创建。

（1）基本配置，如图 4-30 所示。

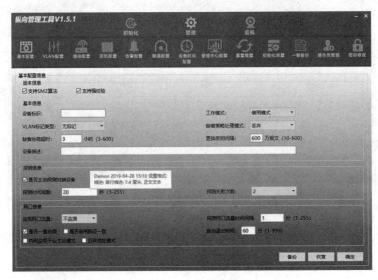

图 4-30　基本配置

点击"管理"工具栏"基本配置"，填写 VLAN 标记类型（路由器有 VLAN 则选择 802.1Q，无 VLAN 则选择无标记），注意勾选"支持 SM2 算法"，"工作模式"选择"借用"，"缺省策略处理模式"选择"丢弃"，如作为主站加密认证装置，则勾选"主站模式"其他保留默认配置。

（2）VLAN 配置，如图 4-31 所示。

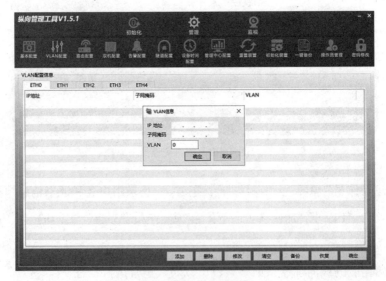

图 4-31　VLAN 配置

点击"管理"工具栏"VLAN配置",五个网口的IP地址可以根据现有网络不同的VLAN、不同的IP对地址进行配置,ETH0~ETH4分别代表内网口、外网口、内网口、外网口和配网口。

外网口是连接纵向加密认证装置和外网路由器的网口;内网口是连接纵向加密网关和内部网络交换设备的网口;配网口是连接加密网关和管理工具的网口。

"备份"按钮将所有VLAN配置信息,保存到本地,备份为xml格式的文件。"恢复"按钮读取xml格式文件,将当前配置恢复为本地备份的VLAN配置信息。

以上一切操作都是在界面的操作,如要保存修改后的所有信息,一定要按"确定"按钮,将修改后的信息保存到纵向加密认证装置上。后续不再赘述。

(3)路由配置,如图4-32所示。

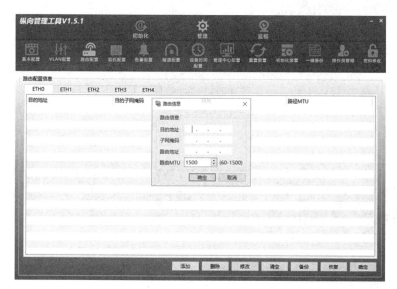

图4-32 路由配置

点击"管理"工具栏"路由配置",根据需要配置路由信息。

(4)双机配置,如图4-33所示。

当本地各应用系统要求加密认证装置采用双机主备的模式时,需要进行双机配置。

点击"管理"工具栏"双机配置",进入配置页面。勾选"启用高可用功能"复选框,根据"设备基本信息"配置中的"工作模式"来确定配置信息的填写。若为"网关模式",本页的所有选择必须都填入;若为"透明模式"或者"借用模式",本页中的"内网虚拟IP""外网虚拟IP"可以不必填写,保持默认0.0.0.0的IP地址即可。

一般情况下,主机和备机通过网络设备来发送心跳报文。主机和备机网卡需要选择为同一侧的设备,即同为外网网口、同为内网网口或者同为配置网口;经过这样配置之后，同一侧的网卡可以通过都连接在同一个集线器、二层交换机，三层交换机、路由器等网络设备传递心跳报文。

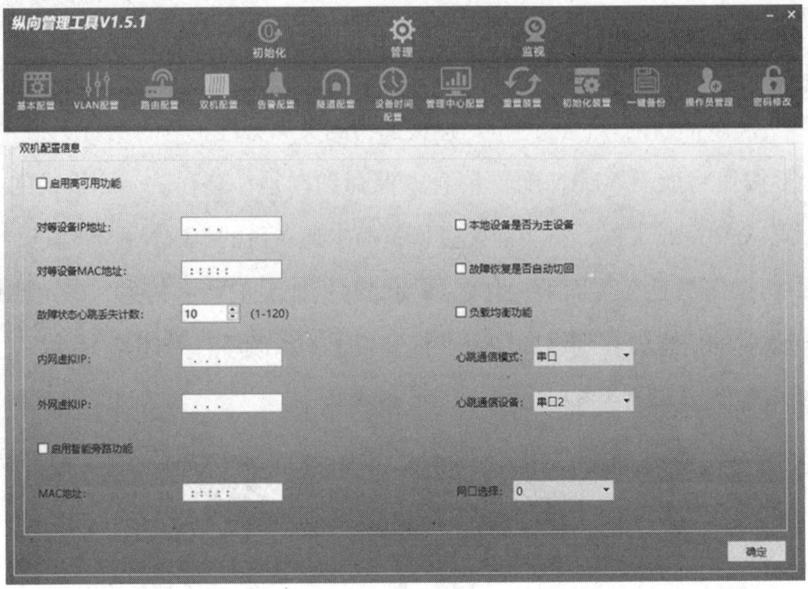

图 4-33　双机配置

（5）告警配置，如图 4-34 所示。

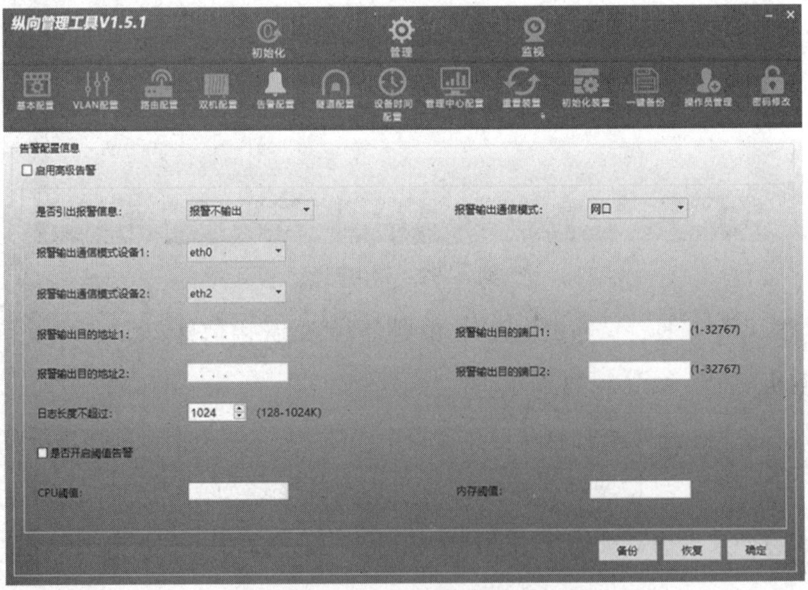

图 4-34　告警配置

根据现场情况，如果上级有网络安全管理平台，可以将纵向加密认证装置告警日志上传到网络安全管理平台。

点击"管理"工具栏"告警配置",进入配置页面。

是否引出报警信息:选择"1 个报警地址输出"或者"2 个报警地址输出"。

报警输出通信模式:选择"网口"。

报警输出通信模式设备:分别可以选择"eth0""eth1""eth2""eth3""eth4"网口。

报警输出目的地址:网络安全管理平台日志采集工作站的 IP 地址。

报警输出目的端口:网络安全管理平台应用监听端口号。

日志长度:纵向加密认证装置存储的日志文件大小。128~1024K。推荐使用 128K,此文件可以循环记录。

是否开启阈值告警:勾选后,启用纵向加密认证装置阈值告警;当纵向加密认证装置设备的 CPU 及内存超过所定义的"CPU 阈值"和"内存阈值"后,将告警信息上报到网络安全管理平台。

CPU 阈值:填写 CPU 阈值。

内存阈值:填写内存阈值。

(6)隧道配置,如图 4-35 所示。

点击"管理"工具栏"隧道配置",进入配置页面,点击"添加隧道",添加一条新的隧道,配置新的隧道信息,导入隧道对端设备的证书信息。

隧道标识:填写数字。

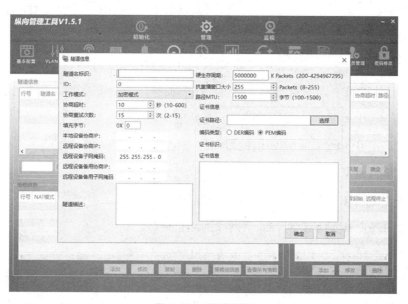

图 4-35　隧道配置

本地设备协商 IP:本地设备的协商 IP 地址(即本地设备外网口地址)。

远程设备协商 IP：对侧设备的协商 IP 地址。

远程设备子网掩码：对侧设备的子网掩码。

证书路径：导入对侧纵密设备证书。

其他配置默认。

（7）策略配置，如图 4-36 所示。

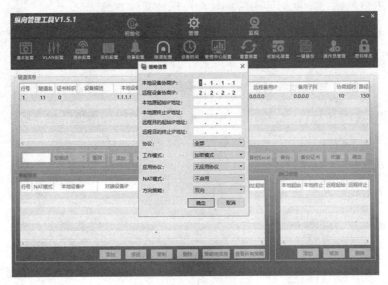

图 4-36　策略配置

在隧道配置页面下，选中一条隧道信息，点击下方左侧的"添加"按钮，为该隧道添加一条新的策略。

本地设备协商 IP：本地设备的协商 IP 地址（即本地设备外网口地址）。

远程设备协商 IP：与该设备建立隧道的纵向加密认证装置或者装置的地址。

本地源起始 IP 地址：本端通信网段的起始地址。

本地源终止 IP 地址：本端通信网段的终止地址，如果是单一主机，起始和终止的 IP 地址都要填写为主机的 IP 地址，下同。

远程目的起始 IP 地址：对端通信网段的起始地址。

远程目的终止 IP 地址：对端通信网段的终止地址。

协议：可选择 TCP、UDP、ICMP 或者 ALL。

工作模式：明通、密通、选择加密、丢弃。

应用协议：电力专用协议的过滤，DL 476—2012 电力系统实时数据通信应用层协议，IEC 60870-5-104：2000 等协议。

NAT 模式：支持内网 NAT、外网 NAT、内外网 NAT。

方向策略：可选择"双向""正向""反向"，如仅需要从本地到远程的方向报文加密，请选择"正向"，如仅需要从远程到本地的报文加密，方向为"反向"，如果双向都需要加密保护，要选择"双向"。

（8）配置端口，如图4-37所示。

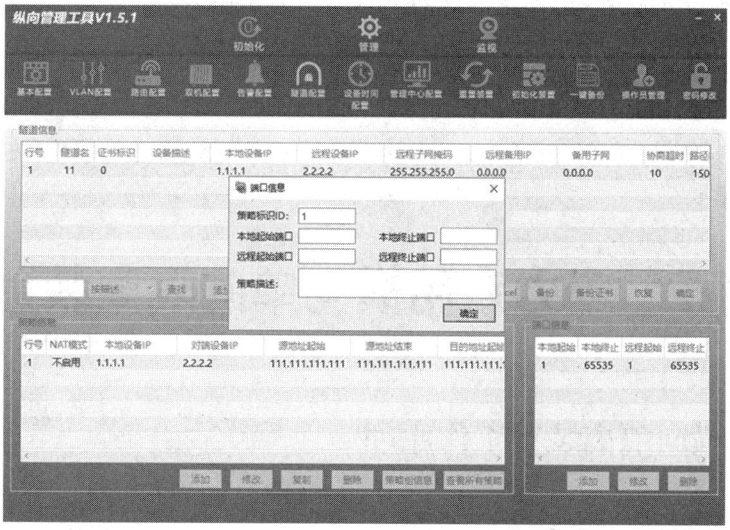

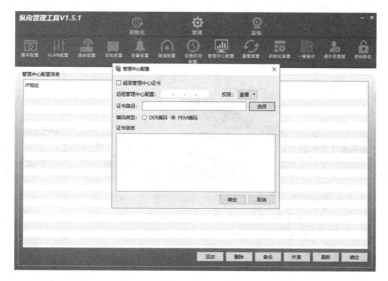

图4-37　端口配置

在隧道配置页面下，选中一条隧道信息，选中该隧道下的一条策略，点击下方右侧的"添加"按钮，为该策略添加一条新的端口信息。根据业务需要填入需要开放的本地和远程端口范围。

（9）管理中心配置，如图4-38所示。

图4-38　管理中心配置

点击"管理"工具栏"管理中心配置",进入配置页面,添加管理中心 IP 并将权限改为"设置",点击"选择"添加管理中心证书。

请扫描左侧二维码观看纵向加密认证装置的详细配置

4.2　电力专用横向单向隔离装置

4.2.1　横向隔离装置工作原理

4.2.1.1　横向隔离装置概述

电力专用横向单向隔离装置是电力监控系统安全防护体系的横向防线,作为生产控制大区与管理信息大区之间的必备边界防护措施,是横向防护的关键设备。电力专用横向单向隔离装置分为正向型和反向型,安装在内外网交换机或路由器之间,正向型用来保障电力系统数据从内网向外网传输过程中的合法性、完整性,反向型用来保障电力系统数据从外网向内网传输过程中的合法性、完整性、机密性。横向隔离装置的典型应用场景如图 4-39 所示。主流的电力专用横向单向隔离装置厂商有南京南瑞集团、北京科东电力控制系统有限责任公司,其产品均经过国家密码产品管理局、中华人民共和国公安部、中国电科院的隔离认证安全检测。

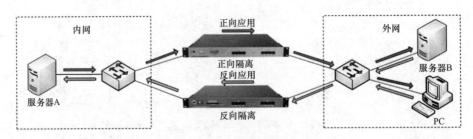

图 4-39　横向隔离装置的典型应用场景

4.2.1.2　隔离技术原理

横向隔离的技术原理如图 4-40 所示,从连接特征可以看出,这样的结构在没有连接时内外网是物理上完全分离的。

图 4-40　横向隔离技术原理

当外网需要有数据到达内网时，外部的服务器立即发起对隔离设备的非 TCP/IP 协议的数据连接，隔离设备将所有的协议剥离，将原始的数据写入存储介质。一旦数据完全写入隔离设备的存储介质，隔离设备立即中断与外网的连接，转而发起对内网的非 TCP/IP 协议的数据连接。隔离设备将存储介质内的数据推向内网。内网收到数据后，立即进行 TCP/IP 的封装和应用协议的封装，并交给应用系统。在控制台收到完整的交换信号之后，隔离设备立即切断隔离设备与内网的直接连接。

每一次数据交换，隔离设备经历了数据的接收、存储和转发三个过程。

4.2.1.3　虚拟 IP 地址在横向隔离中的应用

虚拟 IP 就是在隔离装置中针对内外网的两台主机，虚拟出两个地址，内网主机虚拟出一个外网的 IP 地址，外网的主机虚拟出一个内网的 IP 地址，这样内网主机就可以通过访问外网主机的虚拟 IP 达到访问外网主机的目的，同时外网主机也可以通过访问内网主机的虚拟 IP 达到访问内网主机的目的。这样，内外网主机之间的通信被映射为两个部分：内网对内网的通信，外网对外网的通信。具体如图 4-41 所示：内网主机 IP 地址为 192.168.0.39，分配虚拟 IP 地址 202.102.93.1；外网主机 IP 地址为 202.102.93.54，分配虚拟 IP 地址 192.168.0.1。当内网主机上的 Client 端向外网主机上的 Server 端发起 TCP 连接请求时，报文的源地址为 192.168.0.39，目的地址为外网主机的虚拟地址 192.168.0.1。经过隔离装置的网络地址转换后，到达外网的报文的源 IP 地址为内网主机的虚拟 IP 地址 202.102.93.1，目的 IP 地址为外网主机的 IP 地址 202.102.93.54。从外网主机到内网主机的 TCP 应答报文源 IP 地址是外网主机的 IP 地址 202.102.93.54，目的 IP 地址是内网主机的虚拟 IP 地址 202.102.93.1。经过隔离装置的 NAT 转换后，到达内网的应答报文的源 IP 地址是外网主机的虚拟 IP 地址 192.168.0.1，目的地址是内网主机的 IP 地址 192.168.0.39。

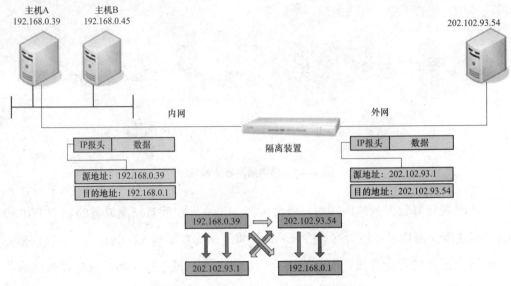

图 4-41　虚拟 IP 地址在隔离中的应用

4.2.1.4　正向隔离装置原理及应用

电力专用横向单向隔离装置（正向型）是用于高安全区向低安全区进行单向数据传输的安全防护装置。装置采用电力专用隔离卡，以非网络传输方式实现这两个网络间信息和资源安全传递，将内外两个应用网关之间的 TCP 连接分解成内外两个应用网关分别到隔离装置内外两个网卡的两个 TCP 虚拟连接。

4.2.1.5　反向隔离装置原理及应用

电力专用横向单向隔离装置（反向型）是用于低安全区向高安全防护区的单向数据传递安全防护装置。装置采用电力专用隔离卡，只传输采用 E 语言文件、带签名的 E 语言文件、纯文本文件，装置对传输文件进行合规检查，实现两个网络的信息和资源安全传递。

反向隔离装置特点及与正向隔离装置的区别：

（1）具有应用网关功能，实现应用数据的接收与转发。

（2）具有应用数据内容有效性检查功能。

（3）具有基于数字证书的数据签名、解签名功能。

（4）支持透明工作方式：虚拟主机 IP 地址、隐藏 MAC 地址。

（5）基于 MAC、IP、传输协议、传输端口以及通信方向的综合报文过滤与访问控制。

4.2.2　南瑞横向隔离装置

4.2.2.1　南瑞隔离装置硬件及接口

Sys Keeper-2000 网络安全隔离装置（正向型）前面板，如图 4-42 所示。前面板有

两排指示灯，上排为内网和外网连接状态指示灯，当网口连接状态正常时，相应的指示灯将会闪烁。下排为网口通信状态指示灯。当网口通信状态正常时，相应的指示灯将会闪烁。前面板还设置了上下 2 个电源指示灯，表示电源的工作状态。反向隔离装置的前面板与正向隔离装置外观相同，但内网网口连接状态指示灯方向相反。

图 4-42　SysKeeper-2000 网络安全隔离装置（正向型）前面板

南瑞横向隔离装置的接线与调试配置主要通过后面板的接口完成，后面板图如图 4-43 所示，正向型与反向型的后面板外观相同。隔离装置设计有双电源，一个电源作为主电源供电，另一个作为辅电源备份，两个电源可以在线无缝切换；内网配置口用来配置正向隔离装置，并监控内网侧的状态信息，外网配置口用来配置反向隔离装置，并监控外网侧的状态信息；内网网口用来连接内网，外网网口用来连接外网。内外网串口用来连接设备内外网后台，便于对设备进行后台维护操作。内外网 USB 口用来插入安全 USBkey，提高了登录的安全性。

图 4-43　SysKeeper-2000 网络安全隔离装置（正向型）后面板

4.2.2.2　南瑞横向隔离装置管理软件

（1）隔离装置管理软件。管理软件的安装与运行同样需要 Java 环境的支持，前文加密认证装置管理软件部分已有讲解，此处不再赘述。

南瑞横向隔离装置的配置口 IP 是 11.22.33.44，掩码为 255.255.255.0。将调试用计算机地址设置同一网段，用网线连接到正向隔离装置的配置接口内网 ETH3 口（反向隔离装置的配置接口为外网 ETH3 口）进行管理。南瑞横向隔离装置管理软件配置界面如图 4-44 所示。

图 4-44　隔离装置配置软件主界面

（2）隔离装置传输软件。除配置软件外，隔离装置的正常使用还需要在内外网主机（须具有 Java 环境）上部署传输软件（正向隔离与反向隔离各有一套传输软件），对文件传输规则做进一步的设置。正向隔离传输软件界面如图 4-45 所示。传输软件由发送端和接收端组成，进行文件传输的时候需要指定发送文件和接收文件的根目录，发送和接收的文件均放置在传输软件传输任务设置的目录内，并维持原来的目录结构；反向隔离装置的客户端传输到隔离装置的文件是带签名的 E 语言文件，隔离装置负责验签、E 语言检查、纯文本编码转化，然后发送给接收端，接收端对文件进行纯文本编码逆转化并解签名。

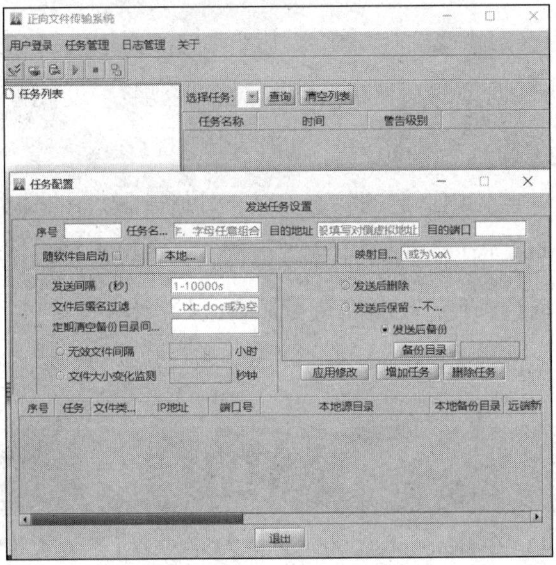

(a)

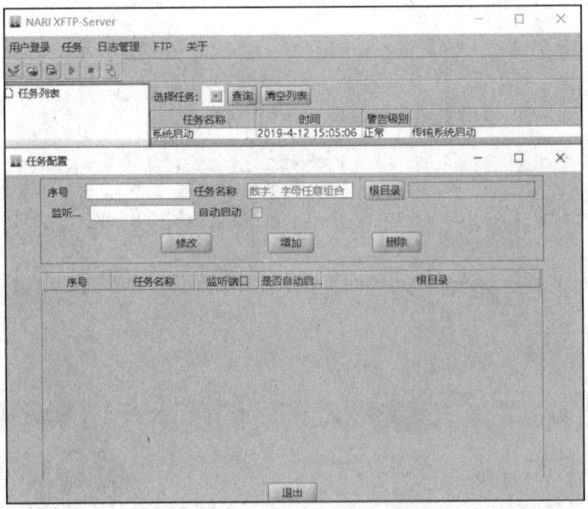

(b)

图 4-45　正向隔离传输软件发送端和接收端

（a）发送端；（b）接收端

4.2.2.3　南瑞横向隔离装置配置管理

（1）规则配置。

1）正向隔离装置配置。点击"规则配置"菜单下的"配置规则"选项，会进入配置规则界面。选中已有规则，点击编辑按钮或者新建规则。编辑资源界面如图4-46所示。

基本配置中的协议类型，正向隔离装置支持TCP、UDP协议，规则配置界面分为内外配置和外网配置两部分。

a.内网配置。IP地址设置为高安全区（Ⅰ、Ⅱ区）的主机IP地址，端口0为任意端口，虚拟IP及虚拟IP掩码是外网（Ⅲ／Ⅳ区）主机的虚拟地址。若外网配置中的主机IP与内网配置中的虚拟IP不在同一个网段，则为三层接线方式，需要填写相应的网关地址，即正向隔离装置外网侧的下一跳地址，并在是否设置路由的选择"是"。MAC地址绑定中，若为二层接线方式，则填写外网IP地址对应主机的MAC地址。三层接线方式则填写路由网关的MAC地址。

b.外网配置。IP地址设置为低安全区（Ⅲ／Ⅳ区）的主机IP地址，端口为具体的目的端口，与传输软件中设置的端口一致。虚拟IP及虚拟IP掩码是内网（Ⅰ、Ⅱ区）主机的虚拟地址。若内网配置中的主机IP与外网配置中的虚拟IP不在同一个网段，则为三层接线方式，需要填写相应的网关地址，即正向隔离装置内网侧的下一跳地址，并在是否设置路由的选择"是"。MAC地址绑定中，若为二层接线方式，则填写内网IP地址对应主机的MAC地址。三层接线方式则填写路由网关的MAC地址。配置完成后点击确定并上传至装置，重启装置使规则配置生效。

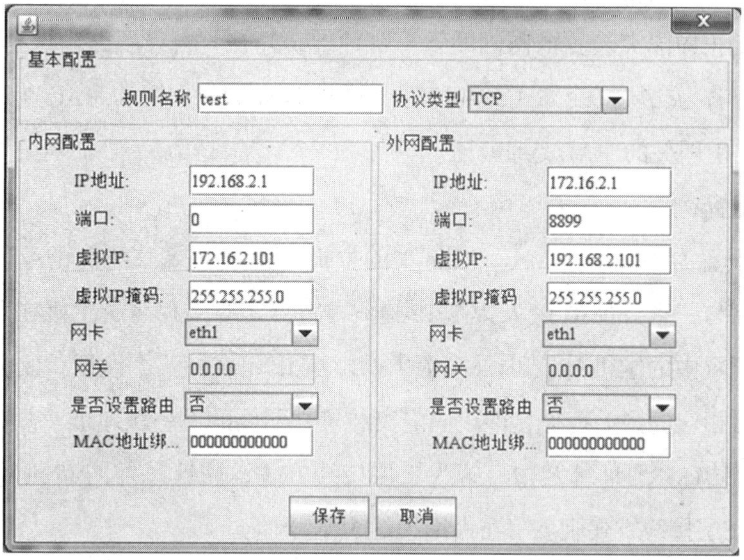

图 4-46　正向隔离装置规则编辑界面

2）反向隔离装置配置。反向隔离装置的规则配置页面与正向隔离装置类似，区别是协议类型仅 UDP，内外网配置的位置左右调换，但依然是高安全区的接内网，低安全区的接外网，实现数据从低安全区向高安全区的单向纯文本文件传输（采用带签名的 E 语言进行传输，只允许传输采取 E 语言格式书写的文件），如图 4-47 所示。

图 4-47　反向隔离装置规则编辑界面

a. 外网配置：IP 地址设置为低安全区（Ⅲ／Ⅳ区）的主机 IP 地址，端口为 0 为任意端口。虚拟 IP 及虚拟 IP 掩码是内网（Ⅰ、Ⅱ区）主机的虚拟地址。若内网配置中的主机 IP 与外网配置中的虚拟 IP 不在同一个网段，则为三层接线方式，需要填写相应的网关地址，即正向隔离装置内网侧的下一跳地址，并在是否设置路由选择"是"。MAC 地址绑定中，若为二层接线方式，则填写内网 IP 地址对应主机的 MAC 地址。三层接线方式则填写路由网关的 MAC 地址。

b. 内网配置：

IP 地址设置为高安全区（Ⅰ、Ⅱ区）的主机 IP 地址，端口为目的端口，与传输软件中设置的端口一致。虚拟 IP 及虚拟 IP 掩码是外网（Ⅲ／Ⅳ区）主机在内网的虚拟地址。若外网配置中的主机 IP 与内外配置中的虚拟 IP 不在同一个网段，则为三层接线方式，需要填写相应的网关地址，即正向隔离装置外网侧的下一跳地址，并在是否设置路由选择"是"。MAC 地址绑定中，若为二层接线方式，则填写外网 IP 地址对应主机的 MAC 地址。三层接线方式则填写路由网关的 MAC 地址。

配置完成后点击确定并上传至装置，重启装置使规则配置生效。

（2）日志管理。日志管理部分仅提供日志配置功能，即将此设备的系统日志、故障日志等发送至日志服务器，常选用网络安全管理平台网关机的 IP 地址。点击"日志配置"，出现日志配置对话框，如图 4-48 所示。

图 4-48　日志配置界面

设备名称：本装置的名称，建议用英文字母表示哪台设备的日志。

本地 IP：从现有配置规则或新建一条配置规则中选择内网虚拟地址或外网虚拟地址（若日志服务器在内网，则填写外网虚拟地址；若日志服务器在外网，则填写内网虚拟地址）。

远程 IP：日志服务器的 IP 地址 。

端口：固定填写 514。

协议：日志发送使用 UDP 协议，故选择 UDP。

（3）系统工具。系统工具下有一系列功能按钮，点击各功能按钮后会弹出相应对话框来实现其功能。

a."规则包导出"功能可将横向隔离装置的规则配置导出成 txt 文件。

b."规则包导入"功能可以打开存储在本地的规则配置 txt 文件，实现一键配置。

c."登录设置"可修改登录超时时间和设备管理地址。

d."诊断工具"实现规则配置后的网络测试功能，输入内网或者外网的主机地址，通过 ICMP 协议 ping 测试设备到内网或外网主机的网络连通性。

4.2.2.4　南瑞横向隔离装置文件传输设置

在对横向隔离装置的规则设置完成并生效后，为实现文件跨区域传输，需要在内外网主机上分别部署传输软件。

（1）正向隔离传输软件。按照图4-49网络结构和需求，进行正向隔离传输软件发送端和接收端配置，传输软件发送端配置结果如图4-50所示。

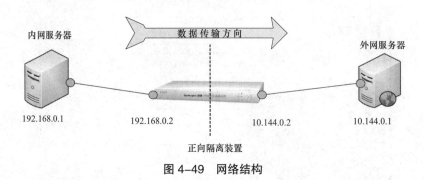

图4-49　网络结构

发送端传输软件配置：任务管理→设置文件任务→任务配置。

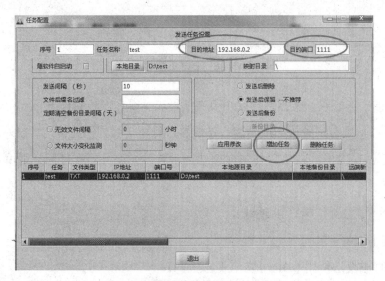

图4-50　传输软件发送端任务设置

功能名词解释：

1）发送端映射目录。映射目录一般填接收端主机的根目录也就是"\"而不是具体路径，经过隔离装置传输到外网主机的文件存储具体路径由接收端传输软件确定。

例如：内网主机通过正向隔离装置将"1.txt"文件传输至外网主机的/home/d5000路径下，如果发送端传输软件映射目录配置/home/d5000，接收端传输软件接收根目录也配置/home/d5000，那么传输成功的"1.txt"文件不会储存在/home/d5000路径下，而是在/home/d5000/home/d5000路径下，此处的/home/d5000/home/d5000由传输软件根据发送端配置的错误映射目录创建，所以一般传输软件发送端映射目录一般填接收端主机的

根目录也就是"\"而不是具体路径。

2）文件后缀名过滤。该功能可以实现只传输发送端目录下带有特定后缀名的文件。

例如：内网主机的 /home/root 路径下同时存在带有后缀名".txt"以及".elg"的文件，如果想要只将带有后缀名".elg"的传输至外网主机，则可以在发送端传输软件文件后缀名过滤功能中配置".elg"实现要求。

接收端配置结果如图 4-51 所示。

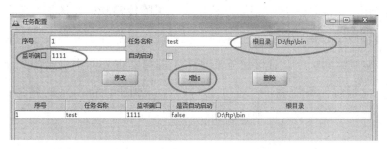

图 4-51 传输软件接收端任务设置

（2）反向隔离传输软件。按照图 4-52 网络结构和需求，进行反向隔离传输软件发送端和接收端配置，传输软件发送端配置结果如图 4-53 所示。

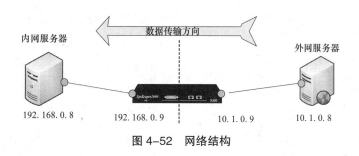

图 4-52 网络结构

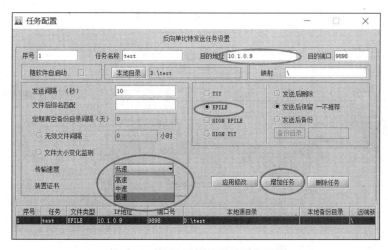

图 4-53 传输软件发送端任务设置

功能名词解释：

1）传输文件类型：因反向隔离装置用于低安全区向高安全防护区的单向数据传递，所以在可传输的文件类型上采取严格限制。南瑞反向隔离隔离传输软件发送端提供四种安全文件类型供选择：文本 txt 文件 (TXT)、E 语言文件 (EFILE)、带合法标记签名的 E 语言文件 (SIGN EFILE)、带合法标记签名的文本 txt 文件 (SIGN TXT)。

2）装置证书：南瑞反向隔离装置和传输软件提供基于 RSA/SM2 公私密钥对的数字签名和采用专用加密算法进行数字加密的功能，保障传输软件发送端与隔离装置之间建立安全加密传输隧道，保障数据的安全性、机密性、可靠性。隔离装置与传输软件发送端互导证书 (类似纵向加密认证装置互导证书) 即可实现外网主机至隔离装置之间数据安全传输要求。通过任务管理 →安全配置可以看到如图 4-54 所示的界面、传输软件发送端证书请求导出与隔离装置证书导入功能。

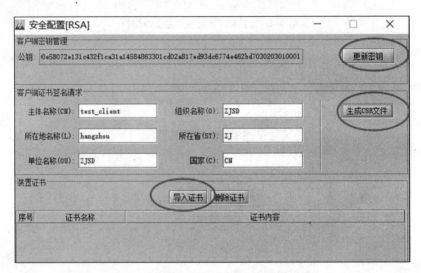

图 4-54　传输软件发送端安全配置功能

反向隔离传输软件接收端配置结果如图 4-55 所示。

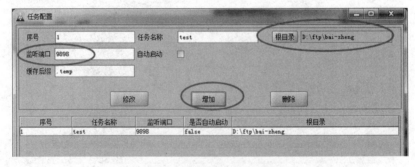

图 4-55　传输软件接收端任务设置

4.2.3 科东横向隔离装置

4.2.3.1 科东隔离装置硬件及接口

科东隔离装置 StoneWall-2000 分为千兆型和百兆型，千兆型常用于调度主站，早期超高压 500kV 及以上变电站也使用千兆型，百兆型常用于高压 500kV 以下的变电站，其外观如图 4-56 所示。

图 4-56　正向隔离百兆型

科东横向隔离装置的接线与调试配置主要通过前面板的接口完成，以千兆反向隔离为例，各接口的功能如图 4-57 所示。隔离装置背板设计有双电源接口，两个电源可以在线无缝切换。千兆隔离装置系统正常运行时内外网指示灯闪烁，百兆隔离设备系统正常运行时内外网指示灯常亮，反向隔离设备 IC 卡在位时 IC 卡指示灯亮。

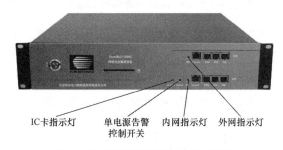

IC卡指示灯　　单电源告警　　内网指示灯　　外网指示灯
　　　　　　　控制开关

图 4-57　千兆反向隔离装置示例图

4.2.3.2 科东横向隔离装置管理软件

（1）管理软件的界面及功能。StoneWall-2000 网络安全隔离设备设置了串口输出，可以用来连接管理主机的管理终端。串口特性为：波特率为 115200，8 位数据位，无奇偶校验，1 位停止位，无流量控制。

StoneWall-2000 共有两个串口，连接标记为 PRIVATE 的串口即可管理本隔离设备的内网端；连接标记为 PUBLIC 的串口即可管理本隔离设备的外网端。

科东横向隔离装置的配置口 IP 是 169.254.200.200，掩码为 255.255.255.0。初始管理员的名字为 admin，密码默认值为 111111，在登录之后尽快修改密码，以防他人盗用。

科东横向隔离装置的配置软件总体分为配置和监视管理两大工具栏，如图 4-58 所示。其中，配置工具栏中有设备配置，规则管理，证书密钥，一键备份，用户管理，设备时间六个配置界面，监视管理工具栏中有实时连接，设备状态及日志信息三个界面。

图 4-58　登录后的配置界面及监视管理界面

（2）传输软件的界面及功能。除配置管理软件外，隔离装置正常使用还需要在内外网两侧的主机上部署传输软件，对文件传输规则作进一步的设置。科东横向隔离装置的传输软件分为发送的客户端和接收的服务端，界面如图 4-59 所示。

1）发送端配置。

管理包括密钥管理等。

设定包括系统选项，加密隧道配置，数据链路配置等。

本地资源栏：右键文件夹后可进行任务配置。

2）接收端配置。

管理包括端口管理等。

设定包括系统选项。

密钥管理：导出自身证书文件。

加密隧道配置：配置隔离协商 IP、端口、隔离证书等。

图 4-59 反向传输软件界面图 发送端（上）及接收端（下）

数据链路配置：配置对端数据通信地址信息，关联加密隧道。

任务配置：配置数据发送与接收文件夹，异常数据备份目录，关联数据链路。

端口管理：配置接收端监听端口。

系统选项：用于配置日志。

4.2.3.3 科东横向隔离装置配置管理

（1）设备配置。

1）基本配置。设备名主要用于日志告警中的设备名称信息，反向隔离需要针对各个业务口配置协商 IP 并指定当前设备加密算法的工作模式：软加密或硬加密。

2）日志配置。隔离装置采用 UDP 协议向外发送日志，不接收任何返回。日志接收服务器的 IP 和端口、隔离装置用的虚拟 IP 等配置信息由隔离装置管理工具进行本地配置。

配置网络安全产品集中监视管理系统的一些信息，如目的地址、目的物理地址（MAC）等后，必须写入配置信息文件到隔离设备中，重新启动隔离设备后，日志配置才能生效。

3）双机热备。双机热备复用数据网口，其中一台配置默认主机，双机配置中[Ⅰ]对应 Eth0 口，[Ⅱ]对应 Eth1 口，内外网虚拟 IP 指本地，对端 MAC 指另一台设备对应双机热备网口的 MAC。双机热备部署时，两台设备协商 IP、规则及证书等配置均相同。

（2）规则管理。点击"配置"工具栏下的"规则管理"按钮，会进入配置规则界面，如图 4-60 所示。首先在上方的主机信息表中，点击添加按钮，新建一台主机，或者选中已有主机，点击修改按钮。添加主机名称、主机 IP、对应的 MAC 地址和主机虚拟 IP。当选择 IP 和 MAC 地址绑定时，只能填写一个 MAC 地址，若不选择绑定关系可选择添加 1 到 4 个 MAC 地址信息。

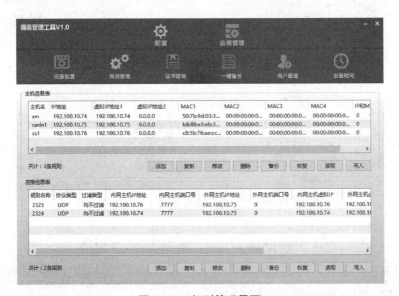

图 4-60 规则管理界面

主机添加完毕后，规则管理界面在下方的连接信息表中，点击添加按钮，新建一条连接，或者选中已有连接，点击修改按钮。编辑连接信息界面如图 4-61 所示。

输入规则名称后，选择协议类型，可以根据具体应用来选择，隔离设备支持两种标准网络通信协议 TCP/IP、UDP。根据主机信息的配置对内网主机和外网主机 IP 地址、虚拟 IP、端口号和网口号进行配置选择。对非法方向的报文信息选择记录和不记录。也可对特殊值过滤。

（3）证书密钥。首次使用设备时需进行"生成设备密钥数据"步骤，生成隔离设备密钥，后续使用时只需"导出设备证书文件"，即可导出隔离证书。备份或恢复密钥时

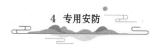

使用“备份设备密钥数据”及“恢复设备密钥数据”，之后为规则中的各个发送端主机添加发送端证书即可。

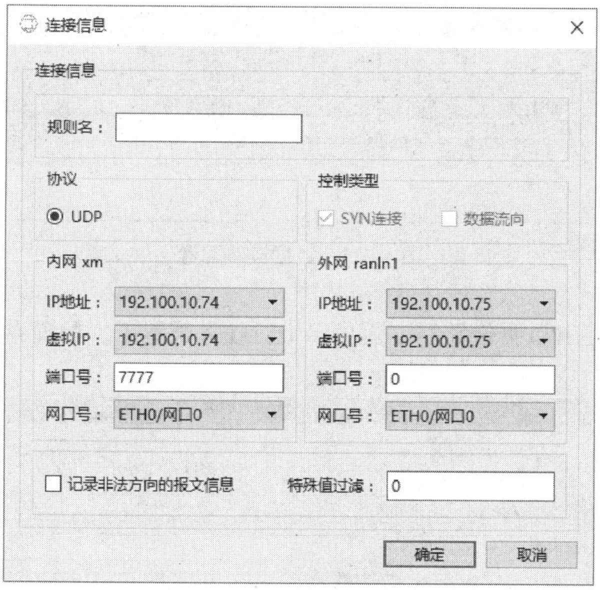
连接信息
连接信息
规则名：
协议
UDP
控制类型
SYN连接
数据流向
内网 xm
IP地址：
192.100.10.74
虚拟IP：
192.100.10.74
端口号：
7777
网口号：
ETH0/网口0
外网 ranln1
IP地址：
192.100.10.75
虚拟IP：
192.100.10.75
端口号：
0
网口号：
ETH0/网口0
记录非法方向的报文信息
特殊值过滤：
0
确定
取消

图 4-61　连接信息编辑界面

4.2.3.4　科东横向隔离装置文件传输设置

在对横向隔离装置的规则设置完成并生效后，为实现文件跨区域传输，需要在内外网主机上分别部署传输软件。

下面以反向隔离传输软件为例说明（正向隔离发送端传输软件只包含任务配置，接收端传输软件与反向一致，参考反向隔离传输软件即可）。

（1）发送端。首先配置加密隧道，配置界面如图 4-62 所示。

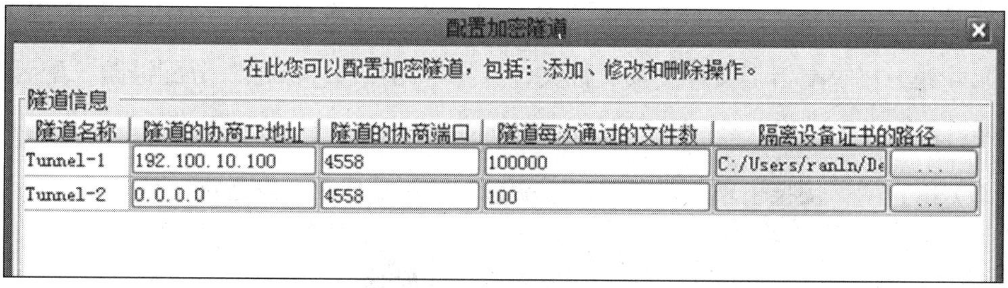
配置加密隧道
在此您可以配置加密隧道，包括：添加、修改和删除操作。
隧道信息
隧道名称
隧道的协商IP地址
隧道的协商端口
隧道每次通过的文件数
隔离设备证书的路径
Tunnel-1
192.100.10.100
4558
100000
C:/Users/ranln/De
Tunnel-2
0.0.0.0
4558
100

图 4-62　加密隧道配置

点击“添加”后界面新增一行，需填写隔离协商 IP、隔离协商端口、隧道重协商间隔、隔离公钥证书，配置完成后点击“保存”退出。

然后配置数据链路，配置界面如图 4-63 所示。点击“添加”后界面新增一行，需填写目的 IP（即隔离规则中内网虚拟 IP 栏的地址）、接收端监听端口、发送失败时间间隔、指定隧道，配置完成后点击"保存"退出。

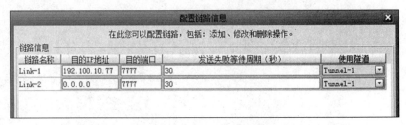

图 4-63　数据链路配置

配置完加密隧道和数据链路后，就可以进行任务配置了，配置界面如图 4-64 所示。

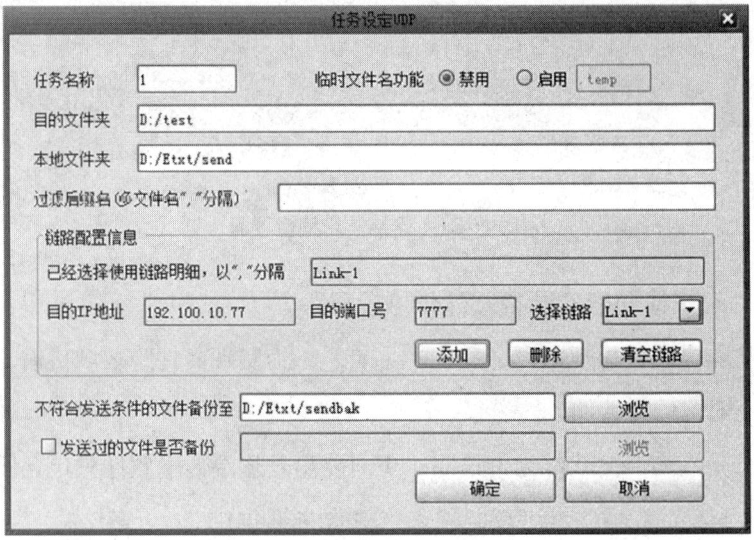

图 4-64　任务配置

界面左下本地资源栏中，右键指定发送文件夹，选择"发送"弹出任务配置界面，目的文件夹为接收端指定文件接收文件夹，选择链路点击"添加"分配链路，配置不符合文件备份文件夹，配置完成后点击"确定"退出。

（2）接收端。接收端只需要配置监听端口，监听端口要与发送端一致。

电力专用横向单向隔离装置的详细配置请扫描左侧二维码观看

4.3 网络安全监测装置

4.3.1 网络安全监测装置工作原理

4.3.1.1 网络安全监测装置概述

网络安全监测装置根据性能差异分为Ⅰ型网络安全监测装置和Ⅱ型网络安全监测装置两种。Ⅰ型网络安全监测装置采用高性能处理器，可接入500个监测对象，主要用于主站侧。Ⅱ型网络安全监测装置采用中等性能处理器，可接入100个监测对象，主要用于厂站侧。Ⅰ型监测装置厂商有北京科东电力控制系统有限责任公司、南京南瑞信息通信科技有限公司两家；Ⅱ型监测装置主流的厂商有北京科东电力控制系统有限责任公司、南京南瑞信息通信科技有限公司、北京四方继保自动化股份有限公司、江苏泽宇电力设计有限公司、积成电子股份有限公司、南京南瑞继保电气有限公司、东方电子股份有限公司等，其监测装置产品均经过中国电科院的安全检测。

本章主要介绍Ⅱ型监测装置，Ⅰ型将结合网络安全管理平台在后续章节中阐述。

4.3.1.2 Ⅱ型网络安全监测装置部署、原理及应用简介

1. 变电站部署方式

Ⅱ型监测装置在变电站侧部署方式如图 4-65 所示。

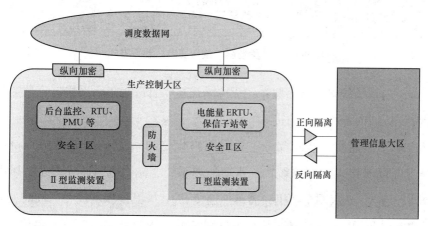

图 4-65 Ⅱ型监测装置在变电站侧部署方式

Ⅱ型监测装置通常部署于变电站站控层，当站控层Ⅰ/Ⅱ区有防火墙时（即Ⅰ、Ⅱ区连通），只需在Ⅱ区部署一台；当Ⅰ、Ⅱ区不通时，Ⅰ/Ⅱ区各部署一台。监测装置需同时接入站控层 A、B 网内。

部署方案一：当变电站站控层区和区之间存在防火墙时，仅在Ⅱ区部署1台监测装置。监测装置分配2个网口，1个网口与A网站控汇聚Ⅱ区交换机连接，另1个网口与B网站控层汇聚Ⅱ区交换机连接，并开放防火墙安全Ⅰ、Ⅱ区之间的访问策略。选择一个网口连接到Ⅱ区数据网交换机，以用于与主站平台互联。

部署方案二：当变电站站控层Ⅰ区与Ⅱ区之间不存在防火墙时，安全Ⅰ区与Ⅱ区各部署1台监测装置。Ⅰ区监测装置分别与A网站控汇聚Ⅰ区交换机、B网站控汇聚安全Ⅰ区交换机相连；选择1个网口连接到Ⅰ区数据网交换机，以用于与主站平台互联。安全Ⅱ区监测装置分别与A网站控汇聚Ⅱ区交换机、B网站控汇聚安全Ⅱ区交换机相连；选择1个网口连接到安全Ⅱ区数据网交换机，以用于与主站平台互联。

对于故障告警、装置对时和失电告警，根据现场情况选择性配置。

2. 发电厂部署方式

Ⅱ型监测装置在发电厂部署方式如图4-66所示。

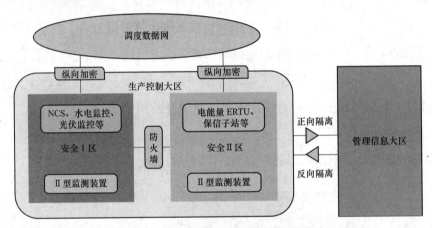

图4-66　Ⅱ型监测装置在发电厂部署方式

由于电厂内系统较多，且多数系统无网络连接，宜部署多台网络安全监测装置以满足发电厂涉网区域内各类设备的接入。

对于电厂Ⅰ区而言，涉网部分主要为网络化控制系统（Net worked Control system，NCS），装置需同时接入NCS系统内、水电监控系统、光伏电站监控系统、风电厂综合监控系统站控层A、B双网交换机，需单独连接PMU等其他涉网设备，同时，装置需要连接Ⅰ区调度数据网交换机，通过调度数据网实时VPN连接上级管理平台。

对于电厂Ⅱ区而言，装置需监测各类服务器、工作站、保信子站、故障录波及电量采集网关机等涉网设备，装置需跨接不同网络内组网交换机，同时连接Ⅱ区调度数据网交换机，通过调度数据网非实时VPN连接上级管理平台。

3. 功能介绍

Ⅱ型网络安全监测装置的功能包括数据采集、安全告警与分析、本地安全管理、告警上传和服务代理。

（1）数据采集。数据采集功能包括对主机、网络、安全防护设备以及数据库的重要运行信息及安全告警信息。此外，还有网络分析仪的分析数据的采集。

主机设备采集信息包括主机设备操作系统层面所有的用户登录、操作信息、外设设备（键盘、鼠标以及所有移动存储设备）接入信息及网络外联等安全事件信息。

网络设备采集信息包括交换机相关的配置变更、流量信息、网口状态等安全事件信息。安全防护设备采集信息包括横向隔离装置采集信息和防火墙采集信息，包含运行状态、安全事件、策略变更及设备异常等信息。

（2）安全告警与分析。安全告警与分析功能包括对主机关键文件变更、用户权限变更、危险操作，对网络设备流量超过阈值，配置变更等事件进行安全性分析。此外，还能对运行过程中监视到非法访问、操作时产生的安全事件进行实时监视并形成告警；能够对运行过程中监视到运行异常进行实时监视并形成告警。

（3）本地安全管理。本地安全管理功能包括资产管理、安全运行状态展示、告警管理以及装置运行状态监测。

资产管理功能，包括资产的录入、修改、删除等，资产信息应包括设备名称、设备IP、MAC 地址、设备类型、设备厂家、序列号、系统版本和责任人等。

（4）告警上传。告警上传功能包括安全监测装置采集及分析得到的告警，上传至主站网络安全管理平台。

（5）服务代理。网络安全监测装置以服务代理的形式提供服务给网络安全管理平台调用。

4. 原理介绍

（1）主机设备监测。对于大量存量厂站，主机设备品牌、类型繁杂，操作系统版本众多，安装主机 agent 监测软件具有很大的开发和实施难度。为此，各厂家自主研制了操作系统安全监测工具，支持 RedHat5、RedHat6、Centos6、Centos5、Solaris 10、HP-UNIX B11、Windows7、WindowsXP、Windows2003、Windows2008 和 WindowsVista 等。

主机 agent 监测软件通过操作系统自身感知技术读取主机硬件配置、系统运行状态、用户登录和退出、外网连接监视、硬件异常监视等信息。

（2）网络设备监测。网络设备的安全事件感知功能，当前主要面向厂站站控层或涉网部分的交换机，依托现有网络设备普遍支持简单网络管理协议（Simple Network Management

Protocol，SNMP），在不改变现有固件的情况下实现对于网络设备安全事件的感知。

为了保证信息采集的安全性，均采用安全性较高的 SNMP v3 版，实现上述信息的采集，形成相应的安全事件，并上报至网络安全监测装置。

（3）安防设备监测。对于通用安全防护设备及电力专用安防设备，由设备实现对安全事件的自主感知，通过设备的自身安防策略、配置信息及运行信息来实现事件感知，形成相应的安全事件，并以 syslog 报文格式（或提供对应的动态链接库）主动上报至网络安全监测装置。

5. 总体功能实现框架及采集对象

网络安全监测装置的总体功能实现框架如图 4-67 所示，其采集对象包括服务器、工作站、数据库、网络设备和安防设备。

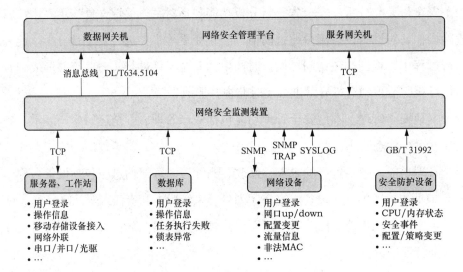

图 4-67　总体功能实现框架图

4.3.2　南瑞网络安全监测装置

4.3.2.1　南瑞网络安全监测装置硬件及接口

南瑞网络安全监测装置分为 Ⅰ 型和 Ⅱ 型。本章主要介绍 Ⅱ 型网络安全监测装置，Ⅰ型将在后续章节中结合网络安全管理平台再作介绍。

ISG-3000 网络安全监测装置的外观如图 4-68 所示。

图 4-68　监测装置前面板

前面板包括：

（1）运行灯：装置正常运行情况下亮绿灯。

（2）电源1：装置电源1接通后亮绿灯。

（3）电源2：装置电源2接通后亮绿灯。

（4）告警灯：装置自身出现异常时亮红灯，正常情况下熄灭。

（5）对时异常：对时（B码对时或者ntp对时）正常情况下不熄灭，对时都不正常时亮红灯。

（6）LINK灯：网口接通后长亮绿灯。

（7）ACT灯：网口接通后长亮绿灯，有数据交互长闪绿灯。

（8）USBkey：Ukey插入接口。

监测装置后面板如图4-69所示。

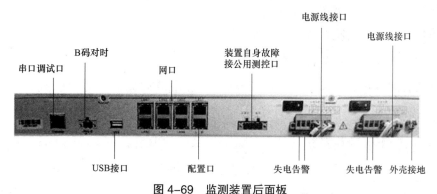

图4-69　监测装置后面板

后面板包括：

（1）电源接口。装置配件中包含2个电源端子和2根电源线，连接方式为：正极接4，负极接5，接地接7；失电告警按照需求配置。装置电源支持交直流输入，电压宽幅为110V~220V。

（2）对时接口。选择B码对时，需连接B码对时接口和现场B码对时服务器；选择NTP对时，需选择一闲置网口连接对时服务器，并配置好网口IP地址和NTP参数。

（3）以太网接口。监测装置后面板共有8个以太网口，如图4-71所示，在配置软件软件上LAN1-LAN8分别对应eth1-eth8。其中LAN8（eth8）口为配置管理口（地址11.22.33.44，掩码255.255.255.0），默认不做业务网口使用，其他7个网口可用于接入站控层A、B网、调度数据网双平面和NTP对时等。

除以上 3 个接口外，ISG-3000 网络安全监测装置还包括接地接口、串行接口、USB 接口自身故障告警口。

4.3.2.2　南瑞网络安全监测装置管理软件

1. 管理软件的用户

配置调试电脑网卡地址为 11.22.33.43，掩码 255.255.255.0，与监测装置 eth8 口连接，打开配置软件界面。将用户 Ukey 插入装置，选择相应角色，输入用户名、密码、PIN 码进行登录。（注意：监测装置设置了配置软件白名单，首次登录务必将调试电脑 IP 地址配置成 11.22.33.43。）

配置软件采用三权分立的设计思想，设立了系统管理员、运维用户、日志审计员和普通用户共 4 类角色。

系统管理员：用户、登录白名单管理；

日志审计员：审计装置运行日志；

运维用户：完成监测装置日常配置；

普通用户：仅有查看装置配置及运行状态的权利。

装置出厂默认设有 sysadm（系统管理员）、opadm（运维用户）和 logadm（日志审计员）3 类角色的账号。

出厂带有 Ukey 的装置默认只有 sysadm（系统管理员）和 logadm（日志审计员）2 类角色的账号。运维用户需要使用新的空白 Ukey 制作，首先使用 sysadm 的 Ukey 通过默认账户 sysadm 登录装置，按照要求插入空白 Ukey 制作证书请求，请求文件签发成证书后新增运维用户并选择此证书，新增完成后使用此 Ukey 登录运维用户。

（1）系统管理员相关功能。用户管理：生成用户证书请求，新增、删除、解锁用户。

1）生成证书请求：点击生成证书请求按钮，填写相关信息，插入新 Ukey 到装置，点击下一步，生成用户证书请求。

2）新增用户：点击新增按钮，填写相关信息，导入用户证书，点击保存新增用户。

3）删除用户：选择任意用户（不包括当前用户），点击删除按钮，删除用户。

4）解锁：选择被锁定的用户，点击解锁按钮，解锁用户。相应界面如图 4-70 所示。

5）白名单管理：点击新增按钮，填写有效的 IP 地址，新增 ip 白名单；选择任意一条记录，点击修改按钮，修改 ip 白名单；选择任意一条记录，点击删除，如图 4-71 所示。

6）其他功能：点击时间左侧的时钟图标，同步工作站时间到装置；点击软件升级图标，选择软件升级行装置软件升级；点击用户图标，修改当前用户密码。

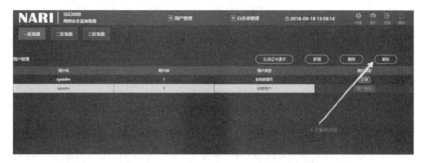

图 4-70　新增、删除、解锁用户界面

图 4-71　白名单管理界面

（2）运维用户相关功能。运维用户界面如图 4-72 所示。

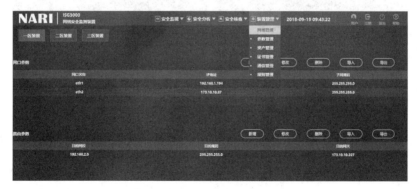

图 4-72　运维用户界面图

在运维用户界面，配置软件有安全监视，安全分析，安全核查和装置管理 4 个功能模块，展示了站内网络拓扑、最新告警、操作行为、安全事件、告警统计、通信状态等信息，实时推送可弹窗提醒，同时语音播报，并进行装置各项参数配置操作。

（3）日志审计员功能。日志审计功能包括日志筛选、日志排序、导出日志；报表分析功能包括查看日报、导出报表；用户管理功能包括对审计员用户生成证书请求、新增、删除、解锁、修改密码。

2. 用管理软件进行装置管理

装置管理功能包括网络管理、参数管理资产管理、证书管理、通信管理、规则管理。配置修改完成后需要重启使之生效。

（1）网络管理。点击"装置管理"→"网络管理"，进入网络配置页面。该界面完成装置网卡参数和路由参数的配置，如图 4-73 所示。根据站内 IP 地址规划，修改或新增网卡并配置 IP，用于连接站控层 A、B 网交换机、调度数据网交换机或 NTP 对时等。路由参数中应配置明细路由，禁止默认路由。

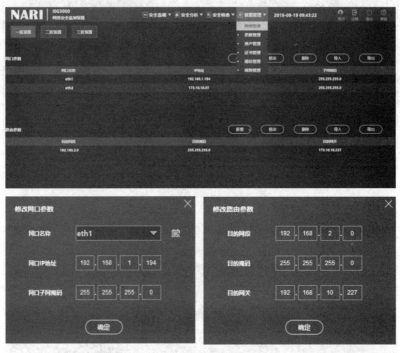

图 4-73　网络管理界面图

（2）参数管理。点击"装置管理"→"参数管理"，进入参数管理页面。该配置主要完成告警事件触发条件配置，默认参数为监测装置规范要求和最优设定。网口流量阈值设置为 0 时表示不做限制。

（3）资产管理。资产管理是监测装置配置的重点。点击"装置管理"→"资产管理"，进入页面，如图 4-74 所示。该配置界面完成交换机、服务器与工作站、防火墙、隔离装置和监测装置等采集对象接入配置，MAC 地址可自动获取，以实现设备信息采集。在资产管理中可以实现对资产的添加、删除、导入、导出、资产信息筛选、MAC 自动更新等功能。

监测装置要采集的设备对象，应符合 Q/GDW 11914—2018《电力监控系统网络安全

监测装置技术规范》要求，不符合规范要求的信息将无法被监测装置采集并上报平台。设备名称、MAC 地址、序列号、设备厂家和版本信息为标识性数据，装置不做合法性校验。解析方式默认为规范。

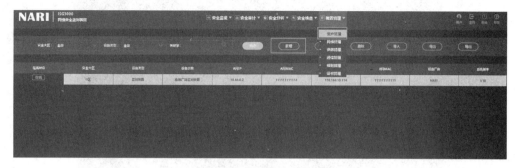

图 4-74　资产管理界面

交换机信息采用被动接收交换机 SNMP TRAP 日志信息和主动使用 SNMP 读取交换机信息两种方式。交换机配置界面如图 4-75 所示。在现场调试时，请确认交换机应配置 TRAP 地址为监测装置地址，并保证监测装置内交换机资产的 SNMP V2C/V3 相关配置均无问题。

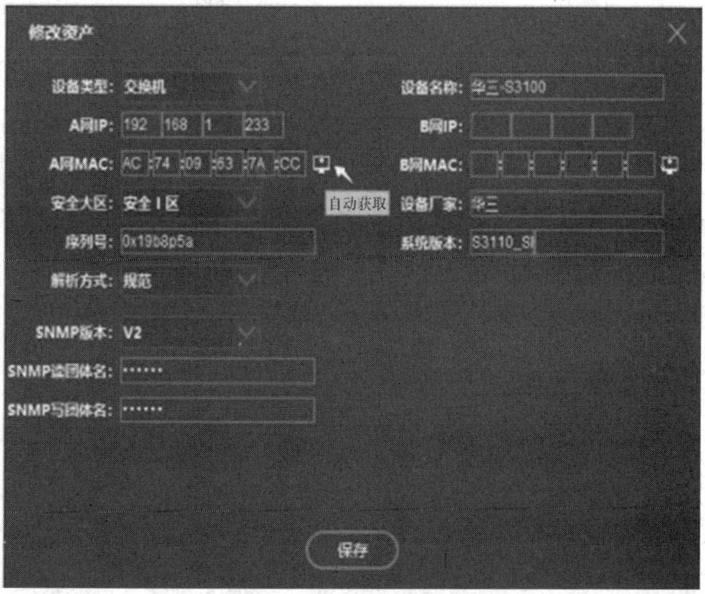

图 4-75　交换机配置界面

安防设备包括防火墙、网络安全隔离装置、纵向加密认证装置和入侵防御、检测装置，采用标准 SYSLOG 协议，日志内容格式应符合《电力监控系统网络安全监测装置技术规范》。安防设备配置界面如图 4-76 所示。

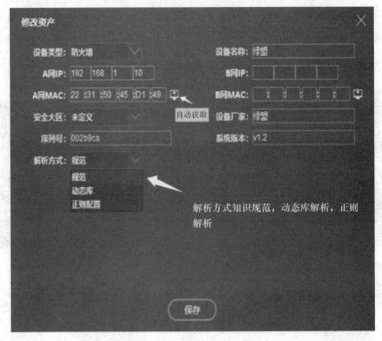

图 4-76 安防设备配置界面

主机包括服务器和工作站，部署 agent 代理程序，通过私有规范进行信息采集。点击主机资产配置中的配置按钮，配置主机的危险操作信息。监测装置也可以配置危险操作。主机资产配置界面如图 4-77 所示。

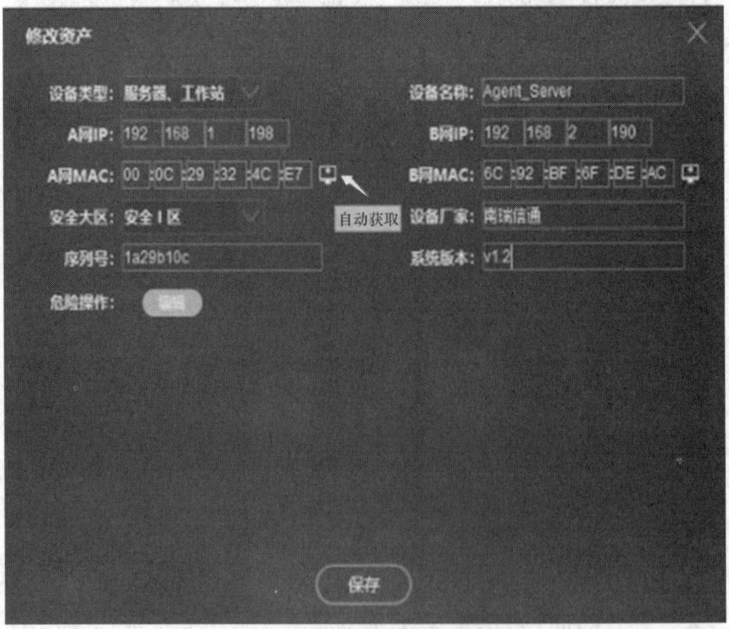

图 4-77 主机资产配置界面

（4）证书管理。证书管理包括监测装置自身证书的请求生成和导入以及平台证书的导入。

证书请求的生成在证书向导中实现。每次生成新的证书请求会覆盖之前产生的装置密钥，完成一次完整的证书请求申请、签发、导入、与平台互换证书后不可再次生成证书请求，除非再次完整操作一遍。

点击"装置管理"→"证书管理"，进入证书管理页面，点击"证书向导"，如图 4-78 所示。

图 4-78 证书管理主界面

选择"证书请求"，点击下一步，如图 4-79 所示。

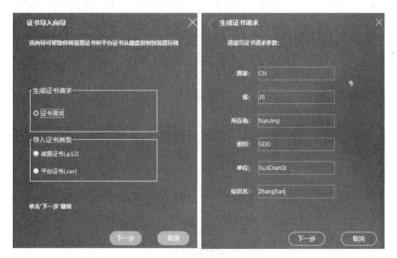

图 4-79 证书请求生成步骤

填入相应参数，然后将生成的证书请求交于当地调控中心，由调控中心签发出装置证书（一般以 .cer 结尾的文件）；再将由调控中心签发出的装置证书导入监测装置，保存成功装置会自动合成 p12 证书。除装置自身证书外，还需要导入平台证书。

（5）通信管理。点击"装置管理"→"通信管理"，进入页面。该配置界面完成 NTP 对时，采集对象通信端口和主站平台互联等外部通信配置，如图 4-80 所示。

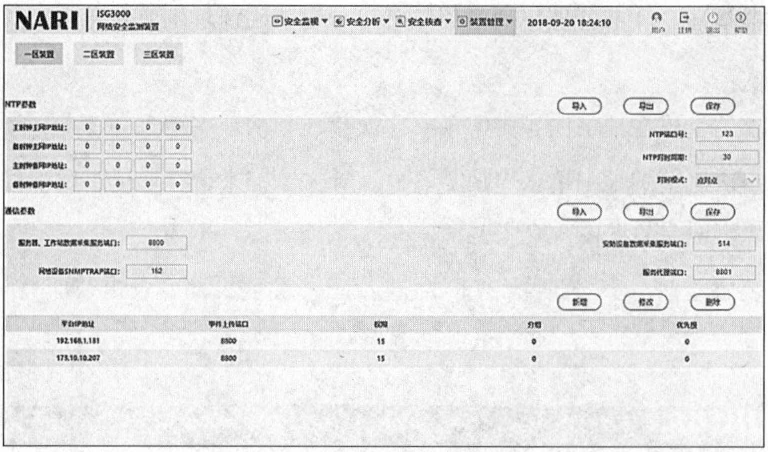

图 4-80　通信管理配置页面

在进行 NTP 对时配置时，如果监测装置和对时设备网络不可达，则需要在监测装置启用空余网口，连接对时设备网络，并配置对应 IP。

对时设备主时钟主网 IP 地址、备时钟主网 IP 地址、主时钟备网 IP 地址、备时钟备网 IP 地址、NTP 端口号、对时间隔、对时模式等参数都可从相关厂家或客户处获取。

若采取 B 码对时，请将 IP 设置为 0.0.0.0。

NTP 端口号：访问对时设备服务端口，默认 123（不建议修改此默认参数）。

NTP 对时周期：对时轮询间隔，默认 30s。

对时模式：点对点和广播两种模式，默认点对点模式。

通信参数配置中的参数为厂站资产与监测装置通信配置，监测装置与主站网络安全管理平台的通信配置，在此可以添加、删除、更改与主站平台的通信参数。

监测装置支持同时向多个网络安全管理平台上报告警，实现平台远程调阅与管控。支持与平台 2 个平面不同采集 IP，建立主—主双链路模式，并实现平台远程调阅与管控。采用主—主双链路模式时，监测装置自身选择 1 个链路上报告警信息，另 1 个链路只建立链接不上报告警信息；当上报告警链路中断时，则告警信息切换到另 1 链路上报；当故障链路恢复正常时，告警信息保持链路传输不变。

服务器、工作站采集服务端口：用于与主机 agent 建立 TCP 链接，默认 TCP 协议8800 端口。

安防设备数据采集服务端口：用于采集安防设备的 SYSLOG 信息，默认 UDP 协议514 端口。

网络设备 SNMP TRAP 端口：用于采集网络设备 SNMP TRAP 信息，默认 UDP 协议162 端口。

代理服务端口：用于与主站网络安全管理平台建立 TCP 链接，提供服务代理功能，默认 TCP 协议 8801 端口。

（6）规则管理。规则管理中涉及装置采集到告警事件后的处理逻辑，包括上传和推送设置。一般采用默认，不做另外设置。规则管理界面如图 4-81 所示。

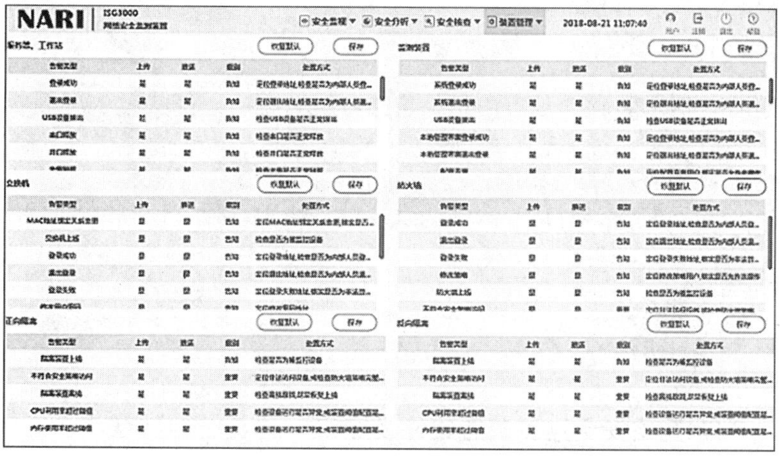

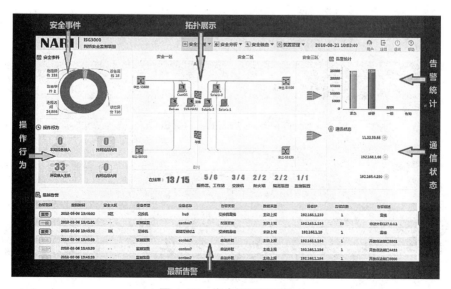

图 4-81　规则管理界面

3. 管理软件中的安全监视与安全核查功能

运维用户还有安全监视的功能。安全监视功能包括安全概况、告警监视、行为监视、采集监视、装置监视等功能。安全核查功能主要实现主机安全基线核查。

安全概况界面展示站内网络拓扑、最新告警、操作行为、安全事件、告警统计、通信状态等信息，实时推送可弹窗提醒，同时语音播报，如图 4-82 所示。

图 4-82　安全概况界面图

告警监视界面展示所有的告警信息，可根据时间、关键字、设备类型、告警级别进行筛选，支持告警导出功能。

行为监视界面展示所有的行为状态采集信息，可根据时间、关键字、设备类型、日志级别进行筛选。

采集监视界面展示所有的采集信息，可根据时间、关键字、设备类型、日志级别进行筛选。

装置监视界面展示装置的基本信息，包括本机监视、通信状态、进程状态以及磁盘利用率。

主机基线核查界面展示最新一次的核查详情、历史趋势、核查任务等信息。可对被监测的服务器进行安全核查。

4.3.3 科东网络安全监测装置

4.3.3.1 科东网络安全监测装置硬件及接口

科东网络安全监测装置分为Ⅰ型和Ⅱ型，本章主要讲述Ⅱ型网络安全监测装置，Ⅰ型将结合平台阐述。

PSSEM-2000SⅡ型网络安全监测装置采用双路交、直流电源独立供电，任一回路电源中断不造成装置故障或重启。装置支持采集信息的本地存储，保存至少半年的采集信息；支持上传事件信息的本地存储，保存至少一年的上传事件信息；本地日志审计记录条数 ≥ 10000 条。监测装置的前面板和背面板如图 4-83 和图 4-84 所示。

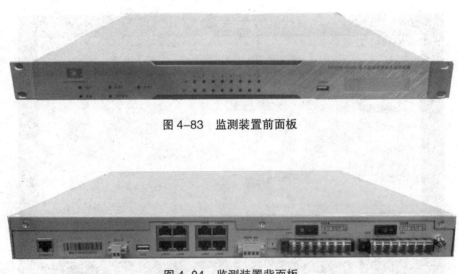

图 4-83　监测装置前面板

图 4-84　监测装置背面板

电源指示灯亮：系统上电。

运行指示灯闪烁：设备正常运行。

硬盘指示灯闪烁：CPU 读写 FLASH。

状态指示灯：用户控制。

签名指示灯：用户控制。

IRIG-B：时钟同步。

装置告警及备用口：输出告警信息。

LAN1~LAN8 为 8 个千兆网口（其中 8 网口是配置口，其他网口均为通信口）。

4.3.3.2 科东网络安全监测装置管理软件

1. 配置软件的安装

装置 eth8 和 eth1 网口为默认管理网口，默认 IP 分别为 192.168.8.100 和 192.168.1.100，使用安装本地管理工具的笔记本或工作站直连装置的 eth8 网口（装置如无 eth8 网口，则通过 eth1 网口将任意一个网口 IP 设置为 192.168.8.100，并将此网口与装有本地管理工具的主机直连），笔记本或工作站的 IP 要设置为 192.168.8.200，这样就可通过本地管理工具管理装置。

2. 配置软件的用户

配置软件具备用户管理功能，基于三权分立原则划分管理员、操作员、审计员等不同角色，并为不同角色分配不同权限；满足不同角色的权限相互制约要求，不存在拥有所有权限的超级管理员角色。

管理员 sysp2000 用户可以进行网卡配置、路由配置、NTP 配置、通信配置、事件处理配置、参数配置、授权配置、软件升级及用户管理，如图 4-85 所示。

图 4-85 管理员用户

操作员 p2000 用户有自诊断、采集信息查看、上传事件查看、基线核查、命令控制、漏洞扫描、配置管理及监控对象等功能，如图 4-86 所示。

审计员 psssp2000 用户有日志管理、操作回显查看及用户管理等功能，如图 4-87 所示。

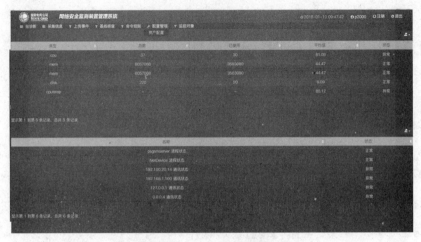

图 4-86　操作员用户

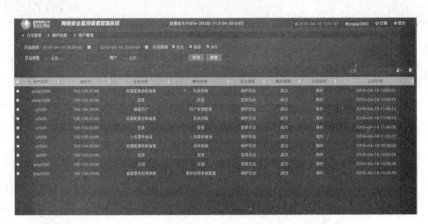

图 4-87　审计员用户

3. 用管理软件进行装置管理

（1）在配置管理中选择网卡配置，如图 4-88 所示。

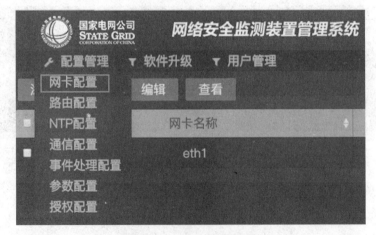

图 4-88　网卡配置选项

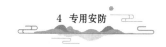

点击网卡配置可以查看网卡名称、网卡 IP 地址、网卡子掩码。

点击左上角添加，进入新增网卡界面，添加网卡配置，输入新的网卡名称、网卡 IP 地址、网卡子掩码，点击提交，出现添加成功对话框代表添加成功，其中网卡名为类似 eth1、eth2。网卡配置添加界面如图 4-89 所示。

图 4-89 网卡配置添加界面

在这个页面上也可以实现网卡的删除、编辑、查看功能。

（2）在配置管理中选择路由配置，如图 4-90 所示

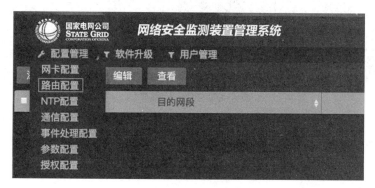

图 4-90 路由配置选项

在路由配置中，点击添加，输入目的网段、目的网段掩码、网关地址，点击提交即可，其中网关地址应与网关链路连通，否则添加失败。路由配置添加界面如图 4-91 所示。

图 4-91 路由配置添加界面

同样可以对路由配置进行删除、查看、编辑。

（3）在配置管理中选择 NTP 配置，如图 4-92 所示。

点击 NTP 配置可以查看主时钟主网 IP 地址、主时钟备网 IP 地址、备时钟主网 IP

地址、备时钟备网 IP 地址、NTP 端口号为 123、NTP 对时周期、方式，如图 4-93 所示。

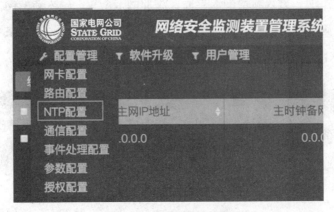

图 4-92　NTP 配置选项

图 4-93　NTP 配置界面

（4）在配置管理中选择通信配置，可以查看服务器和工作站数据采集的服务端口、安全防护设备数据采集的服务端口、网络设备 SNMPTRAP 端口和装置服务代理端口，如图 4-94 所示。

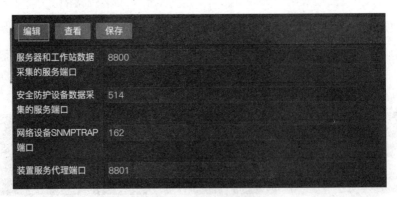

图 4-94　通信配置编辑

当查询成功，编辑将不会禁用，点击编辑，更改配置参数，点击保存，弹出编辑成功对话框代表编辑成功。

保存完点击查看，即可看见刚才添加的信息。

（5）在配置管理中选择事件处理配置，点击查看，可以查看 CPU 利用率上限阈值、内存使用率上限阈值、网口流量越限阈值、连续登录失败阈值、归并事件归并周期、磁盘空间使用率上限阈值和历史事件上报分界时间参数，如图 4-95 所示。

图 4-95　事件处理配置查看

选中一条信息，可进行编辑，点击编辑，输入配置参数，点击提交即可，如图 4-96 所示。

图 4-96　事件处理配置编辑界面

（6）在配置管理中选择参数配置，点击编辑，可以设置密码有效期、登录失败锁定次数、解锁事件等装置细节参数，如图 4-97 所示。

图 4-97　参数配置编辑界面

（7）在配置管理中选择授权配置，可对装置的权限进行授权，如图 4-98 所示。

图 4-98　授权配置

（8）在配置管理中选择事件过滤配置，可以编辑和查看事件上传对应的事件描述和上传状态。点击编辑，进入事件过滤编辑界面，根据相关事件需要选择状态，如图 4-99 所示。

图 4-99　事件过滤状态

4. 用管理软件进行软件升级

点击软件升级，选择文件，再点击升级即可，如图 4-100 所示。

图 4-100　软件升级界面

5. 用管理软件进行用户管理

点击用户管理，添加，输入参数，点击提交即可，如图 4-101 所示。

图 4–101　用户添加界面

同样操作选中用户可进行修改和删除。

6.管理软件中的安全监视与安全核查功能

运维用户还可使用安全监视功能。安全监视功能包括安全概况、告警监视、行为监视、采集监视、装置监视等功能。安全核查功能主要实现主机安全基线核查，如图4–102所示。

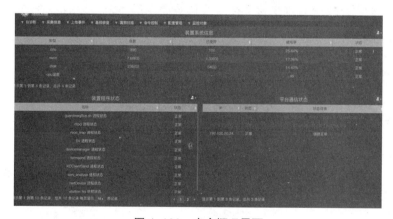

图 4–102　安全概况界面

监测装置具备自诊断功能，可对进程异常、通信异常、硬件异常、CPU 占用率过高、存储空间剩余容量过低、内存占用率过高等进行诊断，检测到异常时提示告警，诊断结果记录日志，告警监视界面如图 4–103 所示。

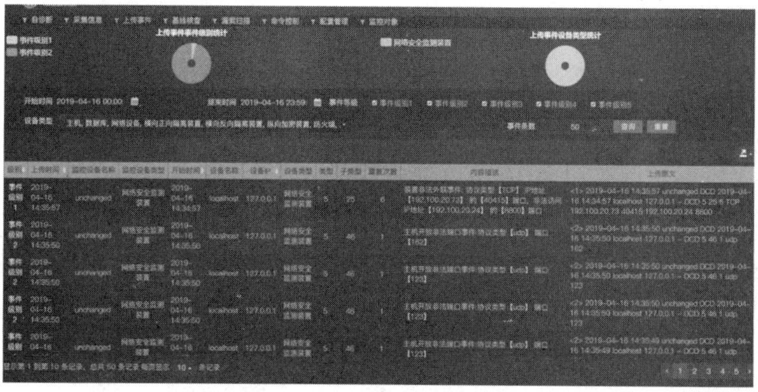

图 4–103　告警监视界面

告警监视可以通过开始时间、结束时间、事件等级、设备类型、事件条数一个或多个组合条件查询。点击查询按钮开始查询，点击重置，选择的类型将重置清空。

采集监视进入界面可以通过开始时间、结束时间、事件等级、设备类型、事件条数一个或多个组合进行查询，点击查询按钮进行查询，点击重置，选择的类型将清空重置。

主站网络安全管理平台通过基线核查来调用网络安全监测装置对厂站内服务器、工作站等设备（不包括网络安全监测装置本身）进行安全基线核查。

由于基线核查执行需要时间，主站网络安全管理平台在下发此命令后，一般不能立即得到结果。在主站网络安全管理平台可以查看核查状态，若核查状态显示成功，则可获取核查结果。如果等待时间过长，主站网络安全管理平台也可以停止或取消基线核查任务。对于主站网络安全管理平台下发基线核查命令后尚未获取的核查结果，监测装置至少保存24h。

请扫描左侧二维码观看网络安全监测装置的详细配置

5

通用安防设备

本章主要介绍电力监控系统网络安全防护所采用的通用安防技术及相关设备的操作方法，包含防火墙技术、入侵检测系统与入侵防御系统、漏洞扫描技术、数字证书系统、日志审计技术、恶意代码防范技术以及堡垒机等。

5.1 防火墙技术

5.1.1 防火墙技术介绍

防火墙指的是一个由软件和硬件设备组合而成，在内部网和外部网之间、专用网与公共网之间的边界上构造的保护屏障，它是计算机硬件和软件的结合，使网络与网络之间建立起一个安全网关（Security Gateway），从而保护内部网免受非法用户的侵入。防火墙主要由服务访问规则、验证工具、包过滤和应用网关四个部分组成。

5.1.1.1 防火墙功能介绍

防火墙最基础的两大功能是网络隔离和访问控制。随着防火墙技术的发展，防火墙的功能也越来越丰富。

（1）提供基础的组网和防护功能。防火墙能够满足企业环境的基础组网和基本的攻击防御需求。防火墙可以实现网络联通，并限制非法用户发起的内外攻击，如黑客、恶意代码等，禁止存在安全脆弱性的服务和未授权的通信数据包进出网络，并抵抗各种攻击。

（2）记录和监控网络存取与访问。作为单一的网络接入点，所有进出信息都必须通过防火墙，所以防火墙可以收集关于系统和网络的操作信息并做出日志记录。通过防火墙可以很方便地监视网络的安全性，并在异常时给出报警提示。

（3）限定外部用户的对内访问行为。防火墙通过用户身份认证（如 IP 地址等）来确定合法用户，并通过事先确定的安全策略来决定外部用户可以使用的服务以及可以访问的内部地址。

（4）内部网络管理。利用防火墙对内部网络的划分可实现网络中网段的隔离，防止影响一个网段的问题通过整个网络传播，从而限制了局部重点或敏感网络安全问题对全局网络造成的影响，同时保护一个网段不受来自网络内部其他网段的攻击，保障网络内部敏感数据的安全。

（5）网络地址转换。防火墙可以部署网络地址转换（Network Address Translation，NAT）的逻辑地址来缓解地址空间短缺的问题，并消除在变换互联网服务提供商（Internet Service Provider，ISP）时带来的重新编址的麻烦。

（6）虚拟专用网。防火墙还支持虚拟专用网络（Virtual Private Network，VPN），通过 VPN 将企业事业单位在地域上分布在世界各地的局域网或专用子网有机地联成一个整体。

5.1.1.2 防火墙类型介绍

（1）包过滤防火墙。包过滤防火墙又称网络级防火墙，是防火墙最基本的形式。防火墙的包过滤模块工作在网络层，它在链路层向 IP 层返回 IP 报文时，在 IP 协议栈之前截获 IP 包。它通过检查每个报文的源地址、目的地址、传输协议、端口号、ICMP 的消息类型等信息与预先配置的安全策略的匹配情况来决定是否允许该报文通过，还可以根据 TCP 序列号、TCP 连接的握手序列（如 SYN、ACK）的逻辑分析等进行判断，可以较为有效地抵御类似 IP Spoofing、SYN Flood、Source Routing 等类型的攻击。防火墙的过滤逻辑是由访问控制列表（Access Control Lists，ACL）定义的，包过滤防火墙检查每一条规则，直至发现包中的信息与某规则相符时才放行；如果规则都不符合，则使用默认规则，一般情况下防火墙会直接丢弃该包。包过滤既可作用在入方向也可以作用在出方向。以表 5-1 为例，该访问控制列表仅允许 80 端口的 HTTP 服务进出防火墙，其他服务均禁止。

表 5-1　　　　　　　　　　访问控制列表示例

源地址	目的地址	传输协议	源端口	目的端口	标志位	操作
内部网络地址	外部网络地址	TCP	1024-65535	80	Any	允许
外部网络地址	内部网络地址	TCP	80	1024-65535	ACK	允许
Any	Any	Any	Any	Any	Any	拒绝

（2）应用代理防火墙。应用代理防火墙通过代理技术参与到一个 TCP 连接的全过程，所有通信都要由应用代理防火墙转发，客户端不允许与服务端建立直接的 TCP 连接。应用代理防火墙工作在应用层，不依靠包过滤工具来管理进出防火墙的数据流，而是通过对每一种应用服务编制专门的代理程序，实现监视和控制应用层信息流的作用。在代理方式下，内部网络的数据包不能直接进入外部网络，内部用户对外网的访问变成代理对外网的访问。同样，外部网络的数据也不能直接进入内网，而是要经过代理的处理后才能到达内部网络。所有通信都必须经过应用代理转发，应用层的协议会话过程必须符合应用代理软件的安全策略要求。

5.1.2 Web 应用防火墙介绍

近年来，随着互联网及 Web 应用的高速发展，针对 Web 应用平台的攻击行为也越来越频繁，国内外爆发了大量由于 Web 安全漏洞引发的安全事件，给企业及个人的经济及生活带来诸多不便。为应对此类 Web 应用攻击，Web 应用防火墙（Web Application Firewall，WAF）应运而生。

WAF 通过执行一系列针对 HTTP、HTTPS 的安全策略来专门为 Web 应用提供防护。WAF 对来自 Web 应用程序客户端的各类请求进行内容检测和验证，确保其安全性与合法性，对非法的请求予以实时阻断，从而对各类网站进行有效防护。

Web 应用防火墙应该具备以下三点功能：

（1）应用层防护功能。WAF 提供的应用层防护涵盖了 SQL 注入防护、命令注入防护、文件包含防护、SSI 注入防护、LADP 注入防护、Websheel 防护、XXS 跨站脚本防护、网站扫描防护、路径遍历防护、盗链防护、信息泄漏防护和 Web 应用程序漏洞防护和 Web 容器漏洞防护等防护功能。

（2）网络层防护功能。WAF 除提供应用层防护功能外，同时也提供网络防护功能，包括 DDOS 攻击、Syn Flood、ACK Flood、Http/HttpS Flood 等攻击的安全防护功能。

（3）HTTP 访问控制功能。HTTP 访问控制主要是针对网络层的访问控制，通过配置面向对象的通用包过滤规则实现控制域名以外的访问行为。可以通过闲置访问者的 URL、HTTP 访问方式以及 IP 地址来实现访问控制功能。

5.1.3 防火墙操作介绍

现以某公司 FW1000 系列防火墙为例介绍防火墙的配置方法。

防火墙的常规配置主要包含基本网络参数配置（包括接口配置、VLAN 配置、路由配置、镜像配置）、包过滤策略配置、安全加固配置（用户、权限、口令、安全防护配置）等。

5.1.3.1　设备登录

第一次登录防火墙进行配置，通常由配置计算机直连防火墙 gige0_7 口，通过 Web 页面进行配置。将计算机网络地址配置为 192.168.0.0/24 网段地址（除防火墙本身192.168.0.1 外），登录 https：//192.168.0.1 地址进行参数配置，登录界面如图 5-1 所示。

图 5-1　登录画面

初始用户名为 admin，密码为 admin_default（建议第一次配置后更换默认密码）。

5.1.3.2　基础网络配置

防火墙的网络配置主要包括两层、三层组网下的业务接口参数配置、Vlan 配置、路由配置、端口镜像等功能的配置。

（1）接口配置。设备所有物理接口的配置都在组网配置模块中，包括接口的工作模式及对应的接口的类型、接口描述、IP 配置、VLAN 配置、开启或关闭接口。同时显示接口 MAC 地址信息以及所属的虚拟系统和 OVC。

通过"基本"→"接口管理"→"组网配置"，进入组网配置页面，如图 5-2 所示。

名称	工作模式	类型	描述	IP设置	vlan设置	虚拟管理系统	OVC	开启/关闭	生效IP/Mac地址
gige0_0	二层接口	access	gige0_0	无	所属vlan:1默认vlan:1	VSys1	OVC_0	开启	IP: 无 MAC: 00:24:ad:19:fd:7f
gige0_1	三层接口	LAN	gige0_1	无	无	VSys1	OVC_1	开启	IP: 无 MAC: 00:24:ad:19:fd:7e
gige0_2	三层接口	LAN	gige0_2	静态IP 主地址(IPV4)：20.0.0.2/24	无	PublicSystem	OVC_0	开启	IP: 20.0.0.2/24 MAC: 00:24:ad:19:fd:7d
gige0_3	三层接口	LAN	gige0_3	无	无	PublicSystem	OVC_0	开启	IP: 无 MAC: 00:24:ad:19:fd:7c
gige0_4	三层接口	LAN	gige0_4	无	无	PublicSystem	OVC_0	开启	IP: 无 MAC: 00:24:ad:19:fd:7b
gige0_5	三层接口	LAN	gige0_5	无	无	PublicSystem	OVC_0	开启	IP: 无 MAC: 00:24:ad:19:fd:7a
gige0_6	三层接口	LAN	gige0_6	无	无	PublicSystem	OVC_0	开启	IP: 无 MAC: 00:24:ad:19:fd:79
gige0_7	三层接口	LAN	gige0_7	静态IP 主地址(IPV4)：10.18.100.204/16	无	PublicSystem	OVC_0	开启	IP: 10.18.100.204/16 MAC: 00:24:ad:19:fd:78

图 5-2　组网配置

设备接口的工作模式可配置为二层接口和三层接口。支持二层和三层转发、二三层混合转发。在实际业务环境中可以根据防火墙所处二层或三层组网灵活配置。

1）二层物理接口配置：二层物理接口有 Access 和 Trunk 两种模式。二层接口需要进行所属 VLAN 和默认 VLAN 的配置，如果不进行配置，系统会自动配置为"所属 vlan：1 默认 vlan：1"。通常配置为对端网络设备或主机设备的接口模式，并将所属 VLAN 和默认 VLAN 配置为防火墙"VLAN 配置"中的业务 VLAN。

2）三层物理接口配置：通常采用静态 IP 的方式手动配置 IP 地址和掩码，并支持 IPv4 和 IPv6 地址。

配置操作完成后，需点击页面右上方的"确认"按钮，使配置生效。

（2）VLAN 配置。如果防火墙工作在二层网络中，需对 VLAN 进行配置，通过"基本"→"VLAN 管理"→"VLAN 配置"→"VLAN 配置"，进入 VLAN 配置页面，如图 5-3 所示。

图 5-3　VLAN 配置

可以通过批量添加 VLAN、操作栏的添加图标添加 VLAN，也可以通过批量删除 VLAN 以及操作栏的删除图标删除已添加的 VLAN。以添加 VLAN100 为例：通过单击"批量添加 VLAN"按键添加 VLAN 并设置 VLAN ID 为 100。

如果需要配置 VLAN 的接口信息（为二层组网的防火墙提供管理及日志上传地址），则通过"基本"→"VLAN 管理"→"VLAN 接口配置"→"VLAN 接口配置"，进入 VLAN 接口配置页面，如图 5-4 所示。

图 5-4　VLAN 接口配置

在 VLAN 接口配置页面上，用户可以批量添加 / 删除 VLAN 接口，并且可以查看单个或者所有 VLAN。以配置 VLAN100 的接口地址为 192.168.1.100/24 为例：通过"批量添加 VLAN 接口"按键，添加 VLAN ID 为 100 的 VLAN 接口，并配置接口 IP/ 掩码中 IP 为 192.168.1.100 且掩码为 24，其余参数无需配置。

（3）路由管理。如果防火墙工作在三层网络中，需要配置静态路由，通过"基本"→"路由管理"→"单播 IPv4 路由"→"静态路由"→"配置静态路由"，进入静态路由配置页面，如图 5-5 所示。

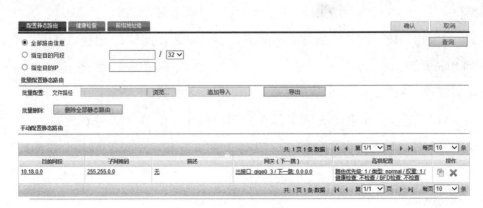

图 5-5　静态路由配置

静态路由配置页面具有静态路由查询功能及配置功能，可以根据实际需求通过查询条件查询静态路由信息，查询到的静态路由信息显示在手动配置静态路由列表中，也可以通过"操作"功能添加或删除静态路由。以目的网段 10.10.100.0/24，下一跳地址为 192.168.1.254，出接口为 gige0_4 口的静态路由为例添加一条静态路由：通过手动配置静态路由界面中操作栏的 　 按键添加一条静态路由，配置目的网段为 10.10.100.0，子网掩码为 255.255.255.0，网关（下一条）为出接口：gige0_4/ 下一跳 192.168.1.254，其余参数默认无需配置。

（4）端口镜像。本地端口镜像配置模块提供了设置本地端口流量镜像的功能，可以将业务端口的进出流量镜像至指定端口。通过"基本"→"接口管理"→"端口镜像"→"本地端口镜像配置"，进入本地端口镜像配置页面，如图 5-6 所示。

图 5-6　端口镜像配置

以将 gige0_4 端口进出流量镜像至 gige_7 端口为例进行配置：通过操作栏 　 按键新增镜像组，配置镜像组 ID 为 1，源端口勾选 gige0_4，目的端口勾选 gige0_7，被镜像报文方向选择出、入。

5.1.3.3 对象管理

（1）安全域对象。设备通过安全域来实现默认的安全机制，安全域基于接口进行访问控制。默认情况下，设备具有三个安全域，分别为 Trust（用于放置内网 PC、内网设备、内网服务器）、Untrust（面向公网环境）、DMZ（用于放置公网映射服务器）。这三个安全域的优先级无法更改。当然，用户也可以自定义安全域及优先级。在未配置任何安全策略的情况下，较高优先级的安全域可以访问较低优先级的安全域，较低优先级的安全域无法访问较高优先级的安全域，同安全级别的两个安全域之间无法互访。

通过"基本"→"对象管理"→"安全域"，进入安全域配置页面，如图 5-7 所示。

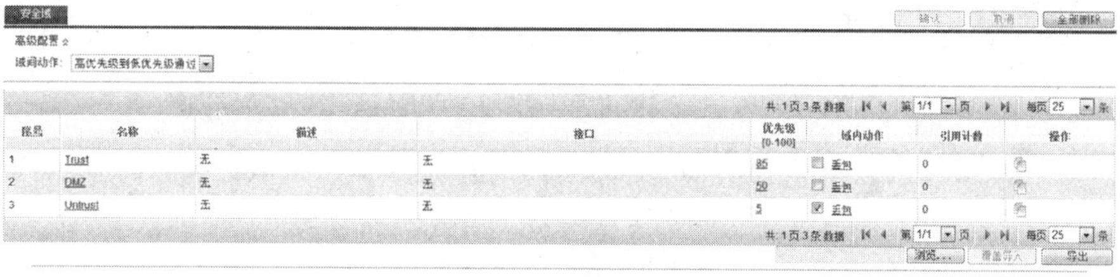

图 5-7 安全域配置

通常将安全等级高的接口配置在 Trust 域，将安全等级低的接口配置在 Untrust 域，也可以新增安全域并配置其优先级。以配置安全 I 区（优先级 50）及安全 II 区（优先级 50）为例：通过操作栏 按键新增两条安全域，配置第一条安全域名称为"安全 I 区"，接口勾选 gige0_4，优先级设置为 50；配置第二条安全域名称为"安全 II 区"，接口勾选 gige0_5，优先级设置为 50。

（2）IP 地址对象。IP 地址模块用于配置 IP 地址对象和 IP 地址对象组，并被包过滤、NAT 等安全策略引用。选择"基本"→"对象管理"→"IP 地址"→"IP 地址"，进入 IP 地址对象配置页面，如图 5-8 所示。

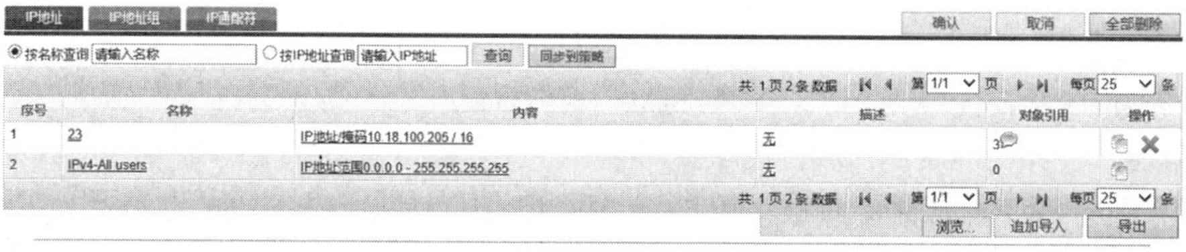

图 5-8 IP 地址配置

IP 地址对象除了增加、修改、删除功能外，还提供了查询和同步的功能。查询功能可以按名称查询，也可以按 IP 地址查询。按名称查询时支持模糊匹配，且不区分大小写。同步功能即将 IP 地址对象的配置信息同步到其他的安全策略中，可同步的安全策略包括包过滤策略、NAT、会话数限制、流定义、策略路由和 DNS 透明代理策略。以配置 IP 地址段 10.10.100.0/24 为例：通过操作栏 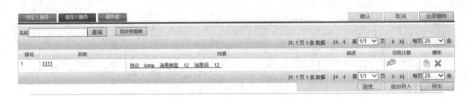 按键新增一条 IP 地址，配置 IP 地址名称为 test，内容处填写 IP 地址 10.10.100.0 掩码选择为 24，其余参数默认无需配置。

（3）服务对象。服务模块包括预定义服务、自定义服务和服务组三个子模块。除系统预定义 28 种服务对象外，用户可以自定义服务对象，也可将预定义和自定义的服务对象添加到创建的服务组中。

通过"基本"→"对象管理"→"服务"→"自定义服务"，进入自定义服务页面进行自定义服务配置，如图 5-9 所示。

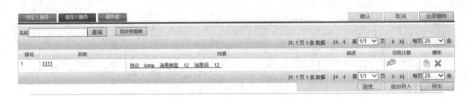

图 5-9　自定义服务配置

自定义服务除了增加、修改和删除功能外，还提供查询和同步功能。查询功能即按名称查询服务对象，支持模糊匹配，且不区分大小写。例如输入字母 a，系统将匹配出名称中包含 a 或 A 的所有地址对象。同步功能即将自定义服务的配置信息同步到其他的安全策略中，可同步的安全策略包括包过滤策略、NAT、会话数限制和流定义。以配置 TCP2404 服务为例：通过操作栏  按键新增一条服务，配置服务名称为 IEC104，配置服务内容协议为 TCP，端口为 2404~2404，其余参数默认无需配置。

（4）时间对象。通过"基本"→"对象管理"→"时间对象"，进入时间对象页面，如图 5-10 所示。

图 5-10　时间对象

可以自定义时间范围，通过在包过滤策略的应用实现策略生效的时间段。以配置一条"周末"的时间对象为例：通过操作栏  按键新增一条时间对象，配置时间名称为 Weekend，时间范围设置为周六、周日 0：00~24：00。

5.1.3.4　安全策略配置

安全策略主要包括 IPv4 包过滤和 IPv6 包过滤，是指设备根据包过滤规则，通过检查数据流中每一个数据包的源 IP 地址、目的 IP 地址、源端口号、目的端口号、协议类型等因素或它们的组合来确定是否允许该数据包通过。通过定制各种包过滤规则，实现对数据包的基本安全防护。

（1）IPv4 包过滤策略。通过"业务"→"安全策略"→"IPv4 包过滤"→"IPv4 包过滤策略"，进入 IPv4 包过滤策略页面，如图 5-11 所示。

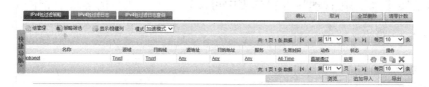

图 5-11 IPv4 包过滤策略

包过滤策略列表可以新建和显示 IPv4 包过滤策略，以"安全Ⅰ区"至"安全Ⅱ区"的安全策略—允许源 IP192.168.1.1 至目的 IP192.168.2.1 的 SSH（TCP22 号端口）服务在周一至周五的 8：00~18：00 通过防火墙为例进行配置：通过操作栏的  按键新增一条包过滤策略，配置名称为"SSH 服务"、源域选择"安全Ⅰ区"、目的域选择"安全Ⅱ区"、源地址新增 IP 地址 192.168.1.1、目的地址新增 IP 地址 192.168.2.1、服务选择 SSH 服务、生效时间新增相对时间周一至周五 8：00~18：00、动作选择直接通过、状态为启用即可。

（2）IPv4 包过滤日志。IPv4 包过滤日志模块可以配置匹配包过滤策略时是否发送日志、发送的日志类型、发送方式以及接收日志的服务器信息等（必须在 IPv4 包过滤策略的动作项中勾选记录命中日志和会话日志后方可对该策略产生日志信息）。

通过"业务"→"安全策略"→"IPv4 包过滤"→"IPv4 包过滤日志"，进入 IPv4 包过滤日志配置页面，如图 5-12 所示。

图 5-12 IPv4 包过滤日志

以将日志用 Syslog 日志形式从本端 192.168.1.1 传输至远端日志服务器 192.168.1.100

为例进行配置：勾选“启用包过滤日志”，选择日志留存方式为“远端服务器”，选择日志类型为“Syslog 日志”，配置日志源 IP 为 192.168.1.1，日志服务器列表配置日志服务器地址为 192.168.1.100，日志目的端口为 514 即完成配置。

5.1.3.5　登录及权限配置

（1）管理员设置。通过“基本”→“系统管理”→“管理员”→“管理员”，进入管理员配置页面，在管理员设置列表中可配置管理员账号的名称、密码、权限等信息，如图 5–13 所示。

管理员设置

管理员	描述	密码	确认密码	虚拟系统	配置范围	管理员等级	允许登录IP	状态	操作
admin	.	******	******	PublicSystem	Super	1	All	正常	

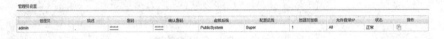

图 5–13　管理员设置

该界面可以实现管理员信息的维护与新增，维护信息包括用户名、密码、配置范围、管理员权限、允许登录 IP 地址、锁定与解锁状态等。默认 admin 账号无法修改和删除配置信息，可点击图标增加管理员账号。配置参数说明如下：

管理员：管理员账号的名称。

密码：管理员账号的密码，密码长度 8~128 之间。

确认密码：与密码相同。

虚拟系统：管理员账号登录的虚拟系统。

配置范围：管理员账号具有的可配置权限。

配置权限：包括 1、2、3、4、5 五个权限，1 最高，5 最低。

允许登录 IP：允许登录 Web 管理系统的 IP 地址。

状态：显示管理员账号的状态，包括正常和锁定，锁定后不能登录。

（2）登录参数设置。登录参数主要是对用户登录设备的基本信息的配置，比如超时时间、锁定设置、密码、认证用户权限等，如图 5–14 所示。

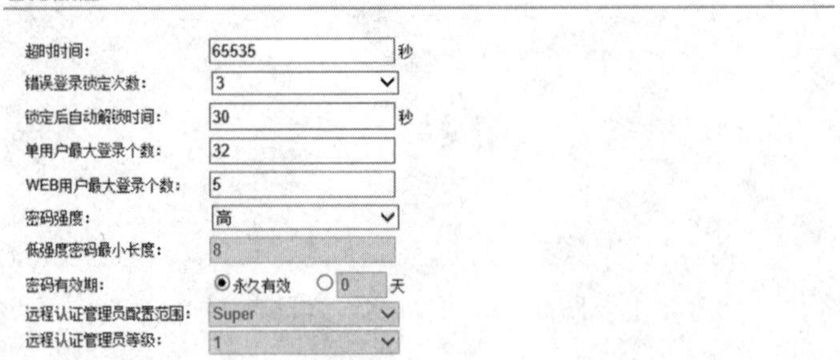

图 5–14　登录参数设置

通过对登录参数的设置来实现防火墙设备的密码复杂度、用户登录安全防护。根据网络设备相关安全加固要求配置参数如下：配置超时时间 300s，错误登录锁定次数 3 次，锁定后自动解锁时间 300s，密码强度为高。

（3）用户权限设置。系统预定义了五种基础权限：Super、System configuration、Business configuration、Log configuration、Readonly。通过权限的合理分配，使不同职责的管理人员只能访问本权限范围内的功能模块，增强了系统的保密性，是一种有效的安全管理手段。

Super 角色是系统的最高管理权限，该角色的账号拥有系统所有功能模块的配置管理权限。

System configuration 角色指拥有系统的配置管理权限。

Business configuration 角色指拥有系统业务模块的配置管理权限。

Log configuration 角色指拥有系统相关日志模块的配置访问权限。

Readonly 角色是指拥有相关模块的查看权限。

系统支持自定义管理权限，使用户可以根据实际的管理需求灵活的自定义管理员账号对应的配置访问权限，使系统各业务模块的访问能够得到更加有效的控制。

通过"基本"→"系统管理"→"管理员"→"配置范围管理"，进入配置范围管理页面，如图 5-15 所示。

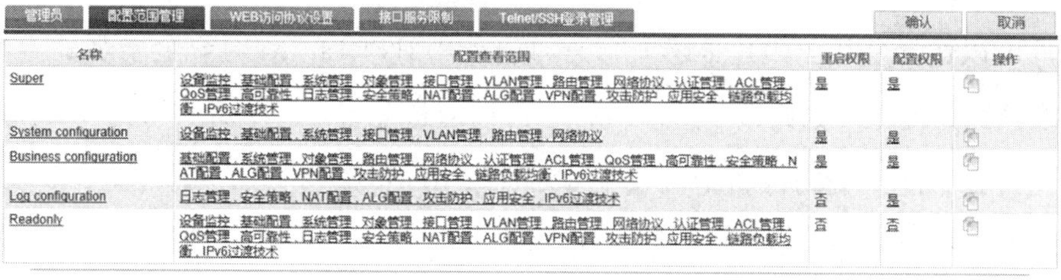

图 5-15　配置范围管理

通过该配置界面可以查看预定义角色以及修改自定义角色的查看权限、重启权限及配置权限。以配置一个具有包过滤策略配置权限的 test 范围为例：点击图标增加一条管理权限，设置名称为 test，勾选配置查看范围为对象管理、接口管理、VLAN 管理、路由管理、安全策略，重启权限勾选是，配置权限勾选是。

（4）Web 访问限制。Web 访问协议设置模块提供了对 Web 访问功能的基本配置，包括 HTTP 和 HTTPS 协议配置、登录方式配置、登录条件配置以及 Web 攻击防护配置等。

通过"基本"→"系统管理"→"管理员"→"Web 访问协议设置",进入 Web 访问协议设置页面,如图 5-16 所示。

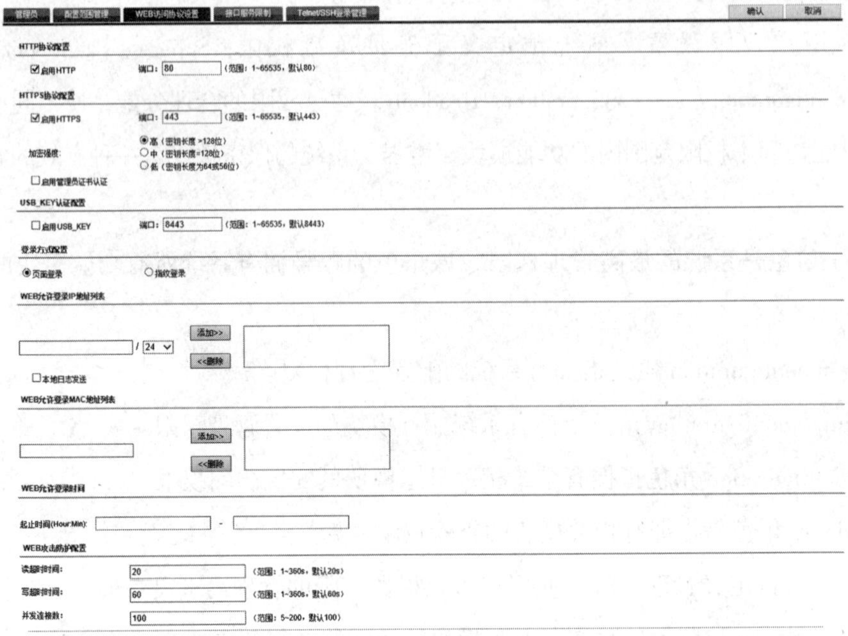

图 5-16　Web 访问协议设置

Web 访问协议设置页面主要涉及防火墙 Web 登录参数的配置,包括选择 HTTP 或 HTTPS 登录并修改其默认端口,以及允许登录的 IP 地址范围、时间范围等。

通常可以选择禁用 HTTP 协议(取消勾选启用 HTTP),启用安全增强的 HTTPS 协议并修改其默认端口(如修改为 8443);还可以通过配置"Web 允许登录 IP 地址列表"来限制允许配置防火墙的设备地址,如添加 192.168.1.0/24 网段,并配置"Web 允许登录时间"为"8：00~17：00"控制用户的登录时间。

(5)远程登录管理。Telnet/SSH 登录管理用来设置远程用户登录方式,并且设置允许远程用户登录的地址等。通过"基本"→"系统管理"→"管理员"→"Telnet/SSH 登录管理",进入 Telnet/SSH 登录管理页面,如图 5-17 所示。

Telnet/SSH 登录管理页面主要涉及到防火墙后台登录方式的配置,包括选择 Telnet 或 SSH 登录并修改其默认端口,以及允许登录的 IP 地址范围等。

通常可以选择禁用 Telnet 协议(取消勾选启用 Telnet),启用安全增强的 SSH 协议并修改其默认端口(如修改为 50022);还可以通过配置"Telnet/SSH 允许登录 IP 地址列表"来限制允许配置防火墙的设备地址,如添加 192.168.1.0/24 网段为允许登录的 IP 地址范围。

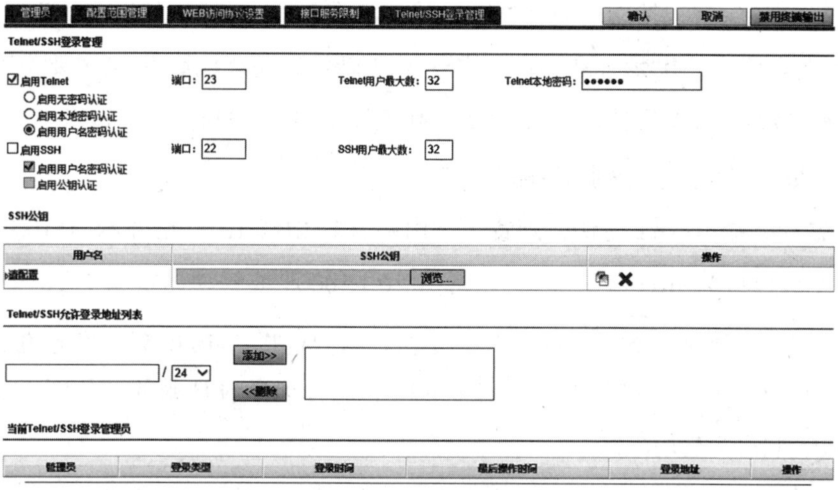

图 5-17　远程登录管理

5.1.3.6　NAT 配置

NAT 的基本原理是仅在私网主机需要访问 Internet 时才会分配到合法的公网地址，而在内部互联时则使用私网地址。当访问 Internet 的报文经过 NAT 网关时，NAT 网关会用一个合法的公网地址替换原报文中的源 IP 地址，并对这种转换进行记录；之后，当报文从 Internet 侧返回时，NAT 网关查找原有的记录，将报文的目的地址再替换回原来的私网地址，并送回发出请求的主机。这样，在私网侧或公网侧设备看来，这个过程与普通的网络访问并没有任何的区别。依据这种模型，数量庞大的内网主机就不再需要分配并使用公有 IP 地址，而是全部都可以复用 NAT 网关的公网 IP。现以源 NAT 和目的 NAT 为例介绍防火墙的 NAT 配置方法。

（1）源 NAT 配置。源 NAT 方式属于多对一的地址转换，它通过使用"IP 地址＋端口号"的形式进行转换，使多个私网用户可共用一个公网 IP 地址访问外网，因此是地址转换实现的主要形式，也称作 NAPT。源 NAT 模块包含三个功能特性：源 NAT 策略配置、地址池规则配置、端口块资源池配置。

通过"业务"→"NAT 配置"→"源 NAT"→"源 NAT"，进入源 NAT 策略配置页面，如图 5-18 所示。

图 5-18　源 NAT 配置

源 NAT 策略配置包括动态端口 NAT、动态地址 NAT 和静态端口块 NAT 三种。动态端口 NAT 主要是基于 IP 地址和端口号进行 NAT 转换；动态地址 NAT 主要是基于 IP 地址进行 NAT 转换；静态端口块 NAT 主要是基于静态端口块进行 NAT 转换。三种配置方式的配置参数基本相同，个别参数略有差异。

以配置动态端口 NAT 为例，配置一条内网 IP192.168.1.100 至外网 10.10.1.1 地址的 SSH 服务（出接口为 gige0_5），借用外网 10.10.1.100 地址的动态端口 NAT 策略：通过操作栏 🖳 按键新建一条源 NAT 策略，出接口参数选择"gige0_5"，发起方源 IP 配置为 192.168.1.100，发起方的目的 IP 为 10.10.1.1，服务选择 SSH 服务，公网 IP 地址选择 10.10.1.100，状态为启用。

（2）目的 NAT 配置。目的 NAT 主要实现在外网访问内网的业务时隐藏内部网络地址，通过"业务"→"NAT 配置"→"目的 NAT"，进入目的 NAT 策略配置页面，如图 5-19 所示。

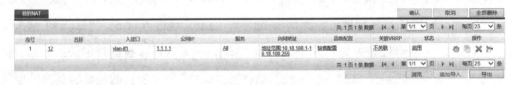

图 5-19　目的 NAT 配置

同样以配置一条所有外网地址通过入接口 gige0_5 访问内网 192.168.1.100 服务器的 HTTPS 服务 NAT 为 10.10.1.100 地址的目的 NAT 策略：通过操作栏 🖳 按键新建一条目的 NAT 策略，入接口参数选择"gige0_5"，公网 IP 为 10.10.1.100，服务选择 HTTPS，内网 IP 地址选择 192.168.1.100，状态为启用，配置生效后，所有外网客户端都通过 10.10.1.100 地址进行 HTTPS 服务的访问，达到了隐藏内部地址的目的。

5.1.3.7　NTP 时钟同步配置

通过"基本"→"系统管理"→"NTP 时钟同步"→"NTP 时钟同步"，进入 NTP 时钟同步配置页面，如图 5-20 所示。

（1）作为 NTP 服务端。如果允许任意网段接入，则无需配置 NTP Client 网段；如需限制网段接入，则需进行配置：可点击操作下 🖳 图标并配置 NTP client 网段及其掩码。

（2）作为 NTP 客户端。设备作为客户端时，需要配置 NTP server 配置参数，通过操作下 🖳 图标新增 NTP 服务器，并配置 NTP server 地址，其余参数默认不用修改。

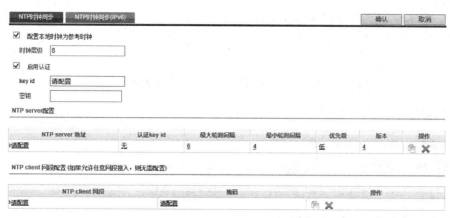

图 5-20　NTP 配置界面

5.1.3.8　攻击防护

（1）基本攻击防护。通过"业务"→"攻击防护"→"基本攻击防护"→"基本攻击防护"，进入基本攻击防护页面，如图 5-21 所示。

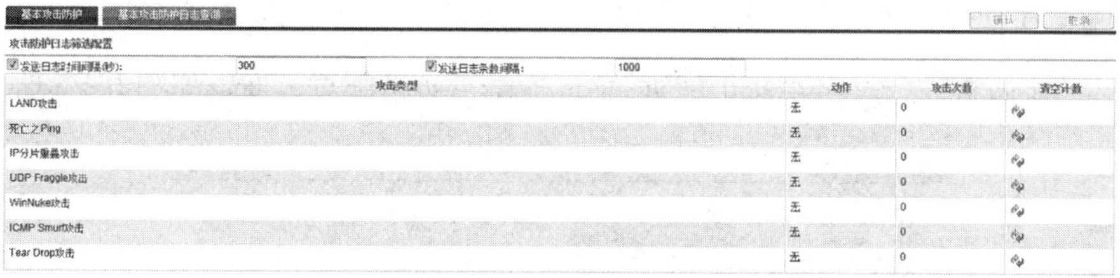

图 5-21　基本攻击防护

基本攻击防护功能对包括 LAND 攻击、死亡之 ping、UDP Fraggle 攻击、WinNuke 攻击、ICMP Smurf 攻击和 Tear Drop 攻击等的攻击行为进行防护，并发送防护日志。

发送日志时间间隔默认为 300s，取值范围为 1~1200s。发送日志条数间隔默认为 1000 条，取值范围为 1~100000 条。如果同时选择发送日志时间间隔和发送日志条数间隔选项，那么只要满足其中一个选项就会发送日志。防护动作包括无、告警日志、阻断和阻断 + 日志，通常可以选择阻断 + 日志的形式。

以配置 LAND 攻击防护为例：通过勾选 LAND 攻击对应的动作为"阻断 + 日志"即可开启 LAND 攻击防护。

（2）IPv4 会话数限制。防火墙可以根据源 IP 地址、目的 IP 地址、服务类型来针对会话数进行限制，通过"业务"→"攻击防护"→"会话数限制"→"IPv4 会话数限制"来进入配置界面，以源 IP 限制方式为例介绍其配置方式，配置界面如图 5-22 所示。

图 5-22　通过源 IP 限制 IPv4 会话数

其配置步骤如下：

1）选择会话源 IP 所属的安全域。

2）配置会话源 IP，可选择 All 或配置具体的 IP 地址范围。

3）设置新建会话速率（取值范围为 0~2147483647）。

4）设置总会话数（取值范围为 0~2147483647）。

5）分别设置 IP 会话数、TCP 会话数和 UDP 会话数（取值范围为 0~2147483647）。

6）选择 IPv4 会话数限制的动作，包括丢包、告警和丢包 + 日志。

7）选择限制会话的有效时间。

（3）DDOS 防护。设置 DDOS 基本攻击防护功能。基本防护页面包括 TCP 防护、ICMP 防护、UDP 防护和分片报文防护。通过"业务"→"攻击防护"→"DDOS 防护"→"基本防护"→"基本防护配置"，进入基本防护配置页面，如图 5-23 所示。

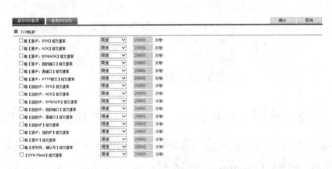

图 5-23　DDOS 基本攻击防护

该界面可以设置 TCP 防护、ICMP 防护、UDP 防护及分片报文防护的匹配条件、防护动作及阈值，通过勾选对应防护条件并配置会话频次（次 /s）达到防护效果。

如需要开启 TCP 防护，通过限制 TCP 协议中单个目的 IPSYN 报文速率的方式进行配置：勾选每【目的 IP，SYN】报文速率并设置限制方式为限速，速率为 20000 次 /s。

请扫描左侧二维码观看防火墙配置操作的详细视频

5.2　入侵检测系统与入侵防御系统

5.2.1　入侵检测系统

入侵（Intrusion）是对主机或网络系统的潜在、有预谋、未经授权的访问行为，使主机或网络系统不可靠或无法使用。

入侵检测是一种动态地监控、预防或抵御系统入侵行为的安全机制，主要通过监控网络、系统的状态、行为以及系统的使用情况，来检测系统用户的越权使用情况以及系统外部的入侵者利用系统的安全缺陷对系统进行入侵的企图。和传统的预防性安全机制相比，入侵检测具有智能监控、实时探测、动态响应、易于配置等特点。由于入侵检测所需要的分析数据源仅是记录系统活动轨迹的审计数据，使其几乎适用于所有的计算机系统。入侵检测技术的引入使得网络、系统的安全性得到进一步的提高。入侵检测是对传统计算机安全机制的一种补充，它的应用增大了对网络与系统安全的纵深保护，成为目前动态安全工具的主要研究和开发方向。

在网络安全体系中，入侵检测系统（Intrusion Detection System，IDS）是通过数据和行为模式判断网络安全体系是否有效的系统。入侵检测系统具有以下作用和功能：①监控、分析用户和系统的活动；②审计系统的配置和弱点；③评估关键系统和数据文件的完整性；④识别攻击的活动模式；⑤对异常活动进行统计分析；⑥对操作系统进行审计跟踪管理，识别违反政策的用户活动。

5.2.1.1　入侵检测的过程

入侵检测的过程分为信息收集、信息分析、告警与响应三个阶段。

（1）信息收集是入侵检测的第一步，即从入侵检测系统的信息源中收集信息。收集的信息包括系统、网络、数据以及用户活动的状态和行为等，需要在计算机网络系统中的若干不同关键点（不同网段和不同主机）收集信息。信息收集的范围越广，入侵检测系统的检测范围就越大。此外，从一个信息源收集到的信息可能不足以判别入侵行为，但是从几个信息源收集到信息的不一致性却可能是可疑行为或入侵的最好标识。入侵检测在很大程度上依赖于所收集信息的可靠性和正确性，因此入侵检测系统软件本身应具有很强的健壮性，防止被篡改而导致收集到错误的信息。

（2）信息分析是入侵检测过程中的核心环节。入侵检测系统从信息源中收集到的关于系统、网络、数据及用户活动的状态和行为等信息，其信息量是非常庞大的，在这些海量的信息中，绝大部分信息都是正常信息，而只有很少一部分信息才可以表征入侵行为的发生，因此需要对收集到的信息进行分析，从大量的信息中找到表征入侵行为的异常信息。入侵检测的信息分析方法有很多，每种方法都有其各自的优缺点、应用对象和范围。

（3）当一个攻击企图或事件被检测到以后，入侵检测系统就应该根据攻击或事件的类型和性质，做出相应的告警与响应，通知管理员系统正在遭受不良行为的入侵，或采取一定的措施阻止入侵行为的继续。常见的告警与响应方式如下：

1）自动终止攻击。

2）终止用户连接。

3）禁止用户账号。

4）重新配置防火墙策略，阻塞攻击的源地址。

5）向管理控制台发出警告指出事件的发生。

6）向网络管理平台发出 SNMP trap。

7）记录事件的日志，包括日期、时间、源地址、目的地址、描述与事件相关的原始数据等。

8）向安全管理人员发出提示性的电子邮件。

9）执行一个用户自定义程序。

5.2.1.2　入侵检测的分析方法

入侵检测的分析方法是入侵检测系统的核心，它直接关系到攻击的检测效果、效率、误报率等性能。入侵检测技术主要分为误用入侵检测和异常入侵检测两大类。

（1）误用入侵检测。根据已知入侵攻击的信息（知识、模式）来检测系统中的入侵和攻击。在误用入侵检测中，假定所有入侵行为和手段（及其变种）都能够表达为一种模式或特征，那么所有已知的入侵方法都可以用匹配的方法发现。误用入侵检测的关键是如何表达入侵的模式，把真正的入侵与正常行为区分开来。误用入侵检测的优点是误报少，局限性是适用于已知使用模式的可靠检测，仅能检测到已知的入侵方式。常用的误用入侵检测方法有基于专家系统的误用检测方法、基于状态转移分析法的误用检测方法、基于模式匹配的误用检测方法、基于模型推理的误用检测方法和基于信息回馈的误用检测方法等。

（2）异常入侵检测。利用被监控系统正常行为的信息作为检测系统中入侵行为和异常活动的依据。在异常入侵检测中，假定所有入侵行为都是与正常行为不同的，这样如果建立系统正常行为的轨迹，那么理论上可以把所有与正常轨迹不同的系统状态视为可疑企图。对于异常阈值与特征的选择是异常入侵检测的关键。比如，通过流量统计分析将异常事件的异常网络流量视为可疑。异常入侵检测的局限是并非所有的入侵都表现为异常，且系统的轨迹难于计算和更新。常用的异常入侵检测方法有基于概率统计模型的异常检测方法、基于聚类分析的异常检测方法、基于神经网络的异常检测方法、基于规则的异常检测方法和基于数据挖掘的异常检测方法等。

5.2.1.3 入侵检测系统的分类

按检测所用的数据源将入侵检测系统分为基于主机的入侵检测系统（Host-based Intrusion Detection System，HIDS）、基于网络的入侵检测系统（Network Intrusion Detection System，NIDS）和基于混合数据源的入侵检测系统

（1）基于主机的入侵检测系统使用系统运行状态信息、系统日志、系统记账信息以及安全审计信息等作为检测数据源，可以检测系统、事件和操作系统下的安全记录以及系统记录。当有文件发生变化时，入侵检测系统将新的记录条目与攻击标记相比较，看它们是否匹配。这种入侵检测系统适用于交换网环境，不需要额外的硬件，能监视特定的一些目标，能够检测出不通过网络的本地攻击，检测准确率高，缺点是依赖于主机的操作系统及其审计子系统，可移植性和实时性较差，不能检测针对网络的攻击，检测效果受限于数据源的准确性以及安全事件的定义方法，不适合检测基于网络协议的攻击。

（2）基于网络的入侵检测系统使用SNMP信息和网络通信包作为数据源，通常利用一个运行在混杂模式下的网络适配器来实现监视并分析通过网络的所有通信业务。这种入侵检测系统不依赖于被保护的主机操作系统，能检测到基于主机的入侵检测系统发现不了的入侵攻击行为，并且由于网络监听器对攻击者是透明的，使得监听器被攻击的可能性大大降低。这种入侵检测系统可以提供实时的网络行为检测，同时保护多台网络主机，具有良好的隐蔽性，但无法实现对加密信道和某些基于加密信道的应用层协议数据的解密。

（3）基于混合数据源的入侵检测系统以多种数据源为检测目标来提高入侵检测系统的性能。基于混合数据源的入侵检测系统可配置成分布式模式，通常在需要监视的服务器和网络路径上安装监视模块，分别向管理服务器报告及上传证据，提供跨平台的入侵监视解决方案。这种入侵检测系统具有比较全面的检测能力，是一种综合了基于主机和基于网络两种结构特点的混合型入侵检测系统，既可以发现网络中的攻击行为，也可以从系统日志中发现异常情况。

5.2.1.4 入侵检测系统部署方式

入侵检测系统是检测安全区Ⅰ（控制区）、安全区Ⅱ（非控制区）或安全区Ⅲ的网络边界攻击行为的安防设备。在电力监控系统网络中采用镜像口监听部署模式（旁路部

署），镜像口监听模式是最简单方便的一种部署方式，不会影响原有网络拓扑结构。这种部署方式把入侵检测设备连接到交换机镜像口后，只需对入侵检测规则进行配置，无需对自带的防火墙进行设置，无需另外安装专门的服务器和客户端管理软件，用户使用Web浏览器即可实现对入侵检测系统的管理（包括规则配置、日志查询、统计分析等），大大降低了部署成本和安装使用难度，增加了部署灵活性。入侵检测设备部署示意图如图 5-24 所示。

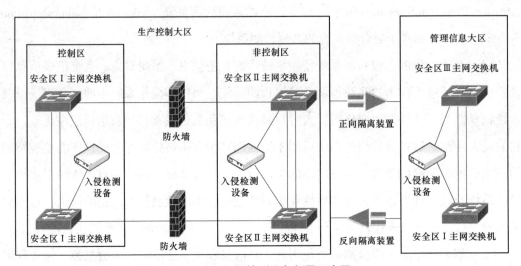

图 5-24   入侵检测设备部署示意图

5.2.2   入侵防御系统

入侵检测系统有效地弥补了状态防火墙无法检测攻击的缺点，但是随着网络的发展和各种新型攻击的出现，入侵检测也慢慢暴露出了一些缺点：

（1）误报漏报率高：入侵检测系统中使用了多种检测方法，但是每种方法都有优缺点。例如数据包异常检测是主流的入侵检测方法，不仅可以检测出已知攻击，还可以检测出未知攻击，但是算法在选择时有阈值的设置，如果阈值设置过低则误报率就会过高，如果阈值设置过高则漏报率就会过高，并且，如果阈值设置为固定值又会失去灵活性，如果阈值可以动态设置，又需要专业的维护人员才能设置并且需要提前获得预设的阈值，种种不可控因素最终导致了在入侵检测系统中误报率和漏报率过高。

（2）灵活性差：在基于审计的入侵检测系统中，入侵检测的能力依靠系统的审计信息库建立，系统信息审计库依赖于系统管理员的定制策略，入侵检测系统的规则、模型以及各种阈值其实是根据网络历史流量信息及网络事件统计得出来的，它和系统审计信息库存在一种对应关系，并且这种对应关系是固定的，一种攻击行为在不同的系统上可能会产生不同的攻击特征，如果依据管理员定制的固定安全策略，必然会造成攻击行为特征和攻击库特征不匹配的现象，使得经过很久训练出来的特征库信息只能使用在特定的场合，浪费了大量的资源环境得到的规则库不能移植到其他网络环境中，导致入侵检测系统的灵活性也大大降低。

（3）入侵响应能力弱：入侵检测系统在入侵响应方面比较单一，只能把攻击记录在日志数据库中，无法提供可靠的防护措施，导致这种现象的原因是入侵检测系统的架构以及网络部署，一般情况下，入侵检测系统是作为嗅探设备部署的，它只是复制了原始数据包，在正常的网络通信当中无法真正控制网络行为。

入侵防御系统是在入侵检测系统的基础之上发展起来的，但是入侵防御系统与入侵检测系统有很大的不同，入侵防御系统不仅能够检测出已知攻击和未知攻击，还能够积极主动的响应攻击，对攻击进行防御。入侵防御系统和入侵检测系统主要有以下两个方面的不同：

（1）部署方式的区别：入侵防御系统是以线内模式部署在骨干网络线路之上的，而入侵检测系统只以嗅探模式部署在网络节点上的。入侵防御系统在部署时一般是作为一种网络设备串联在网络之中的，而入侵检测系统一般是作为旁路挂载在网络中的，图5-25反映了这两种部署的差别。

（2）入侵响应能力的区别：入侵响应是入侵防御系统与入侵检测系统的最大区别。入侵检测系统在响应攻击时只能记录在数据库中并进行告警，响应模式单一，针对攻击时束手无策，无法拦截攻击。入侵检测系统不仅能够检测出攻击，还能够积极主动地防御攻击，入侵防御系统可以通过丢弃攻击数据包、阻断会话、发送 ICMP 不可达数据包、记录日志、动态生成拦截规则等多种手段进行防御响应。

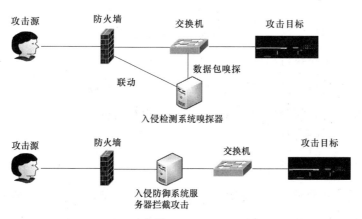

图 5-25　入侵防御系统与入侵检测系统在部署上的不同

5.2.3 入侵防御系统的工作原理

典型的入侵防御系统由嗅探器、检测分析组件、策略执行组件、日志系统和管理控制台五部分组成。入侵防御系统的体系结构如图 5-26 所示。

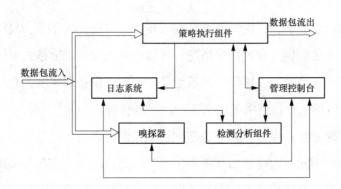

图 5-26 入侵防御系统体系结构

各部分的作用如下：

（1）嗅探器。入侵防御系统采用串联方式接入网络，数据包到达入侵防御防御系统后，会首先被嗅探器和策略执行组件接收。嗅探器是接收所有流经的数据包的部件。嗅探器对数据包进行初步的处理，即对其协议类型进行解析，将数据包按协议类型分类，并交给检测分析组件处理。

（2）检测分析组件。检测分析组件接收嗅探器发送的数据包，利用各种技术，结合日志系统的汇总信息对数据包进行检测。这些技术包括协议分析、特征匹配、流量分析等。经过分析之后，将结果交给策略执行组件，这个结果是检测分析组件根据分析形成的策略。检测分析组件还会将分析的结果交给日志系统以便分析新的数据，将报警信息交给管理控制台。

（3）策略执行组件。策略执行组件是入侵防御系统中的核心部件，所有的数据包都要经过该组件。在策略执行组件中有一些模块，这些模块各司其职，有针对端口的和针对流量的等。策略执行组件将根据检测分析组件提交的策略和自身模块产生的策略进行具体的防御响应，并且将策略和采取的防御措施提交给日志系统，将工作状态信息提交给管理控制台。

（4）日志系统。日志系统对整个系统的工作过程进行记录、统计和分析。日志系统的信息来源包括检测分析组件、策略分析组件和管理控制台。由于入侵防御系统工作在网络中，因此其可能会产生大量的日志信息，因此日志系统的设计显得尤为重要。根据日志信息不仅可以使入侵防御系统采取相应的防御措施，也给管理员提供了分析数据，管理员可以根据日志信息及时调整配置策略。

（5）管理控制台。管理控制台与各个组件均有联系，它的作用主要是提供人机交互接口。由入侵防御系统体系结构可以看出，嗅探器、检测分析组件、策略执行组件以及日志系统都会将信息提交给管理控制台，管理员可以通过它了解系统中的状态以及可能存在的入侵行为。此外，管理员可以通过它改变防御策略，将新的信息反馈给各个组件。

5.3 漏洞扫描技术

5.3.1 漏洞的概念、危害及分类

随着全球信息化的迅猛发展，信息技术在为人们的生活提供便利的同时，其安全问题也日益突出。漏洞是安全问题的根源之一。随着信息技术系统的广泛应用，漏洞的数量快速增长，针对漏洞的攻击也越来越多，利用漏洞进行信息窃取、网络诈骗和危害系统运行等犯罪活动呈快速上升趋势，对国民经济、社会稳定等产生重大威胁。因此，对漏洞的研究和防护日益受到重视。

5.3.1.1 漏洞的概念

漏洞也称为脆弱性，是指计算机系统的硬件、软件、协议在系统设计、具体实现、系统配置或安全策略上存在的缺陷和不足。漏洞是一个抽象的概念，具有如下特征：

（1）漏洞是一种状态或条件，表现为不足或者缺陷。漏洞的存在并不会直接对系统造成损害，但是它可以被攻击者利用，从而造成对系统安全的威胁、破坏，影响计算机系统的正常运行，甚至造成损害。

（2）漏洞不是全部能进行自动检测的。漏洞自动检测技术能够低成本、高效率地发现信息系统的安全漏洞，但并不是所有漏洞都能够进行自动检测，需要依靠人工挖掘。

（3）漏洞与时间紧密相关。一个系统从发布时起，随着用户的深入使用，系统中存在的漏洞会不断地被发现。

（4）漏洞通常由不正确的系统设计或错误逻辑造成。在所有的漏洞类型中，逻辑错误所占的比例最高。

（5）漏洞会影响大范围的软硬件设备。在操作系统、应用软件、计算机和网络设备等不同的软硬件设备中都可能存在着不同的安全漏洞问题。

5.3.1.2　漏洞的危害

通常从以下 5 个方面评估漏洞对系统安全特性造成的危害。

（1）系统的完整性。攻击者可以利用漏洞入侵系统，能够在未经授权的情况下对存储或传输过程中的信息进行删除、修改、伪造、乱序、重放、插入等破坏操作，从而破坏计算机系统的完整性。

（2）系统的可用性。攻击者利用漏洞破坏系统或者阻止网络正常运行，导致信息或网络服务不可用，合法用户的正常服务要求得不到满足，从而破坏了系统的可用性。

（3）系统的机密性。攻击者利用漏洞给非授权的个人和实体泄露受保护的信息。

（4）系统的可控性。攻击者利用漏洞，使系统对于合法用户而言处在"失控"状态，从而破坏系统对信息的控制能力。

（5）系统的可靠性。攻击者利用漏洞对用户认可的质量特性（信息传递的迅速性、准确性以及连续地转移等）造成危害，系统无法在规定的条件和时间完成规定的内容。

5.3.1.3　漏洞的分类：

根据信息系统安全漏洞出现的原因，可以把漏洞主要分为设计型漏洞、开发型漏洞和运行型漏洞。

（1）设计型漏洞。这种类型漏洞不以存在的形式为限制，只要是实现了某种协议、算法、模型或设计，这种安全问题就会存在，不因其他因素而变化。例如无论是哪种 Web 服务器，肯定存在 HTTP 协议中的安全问题。

（2）开发型漏洞。这种类型漏洞是被广泛传播和利用的，是由于产品的开发人员在实现过程中的有意或者无意引入的缺陷，这种缺陷会在一定的条件下被攻击者利用，从而绕过系统的安全机制，造成安全事件的发生，这种漏洞包含在国际上广泛发布的漏洞库中。

（3）运行型漏洞。这种类型漏洞出现的原因是信息系统的组件、部件、产品或者终端存在相互关联性和配置、结构等原因，在特定的环境运行时，可以导致违背安全策略的情况发生。这种安全问题一般涉及不同的部分，是一种系统性的安全问题。

根据漏洞的作用方式，可以分为本地提权漏洞、远程代码执行漏洞和拒绝服务漏洞。

（1）本地提权漏洞，是指可以实现非法提升程序或用户的系统权限，从而实现越权操作的安全漏洞。利用此类漏洞，恶意程序可以非法访问某些系统资源，进而实现盗窃信息或系统破坏。

（2）远程代码执行漏洞，现代计算机系统大多可以远程登录或访问，但必须在设备开启远程访问功能并且访问者的登录账号拥有远程访问权限的情况下才行。远程代码执行漏洞，就是无须验证账号的合法性，就可以实现远程登录访问的安全漏洞。远程代码执行漏洞也是最危险的一类安全漏洞，对于存在此类漏洞的计算机和设备，只要连接在互联网上，就存在着被利用的危险，因为攻击者的攻击完全不需要使用者的配合，不需要使用者有任何不当的联网操作。

（3）拒绝服务漏洞，是指可以导致目标应用或系统暂时或永远性失去响应正常服务的能力，影响系统的可用性的漏洞。拒绝服务漏洞又可细分为远程拒绝服务漏洞和本地拒绝服务漏洞。前者大多被攻击者用于向服务器发动攻击，后者则大多被用于对本地系统和程序的攻击。

根据漏洞的表现形式可以将漏洞分为以下五种：

（1）操作系统漏洞。操作系统漏洞是指操作系统或操作系统自带应用软件在逻辑设计上出现的缺陷或编写时产生的错误。这些缺陷或错误可以被不法者利用，通过网络植入木马、病毒等方式攻击或控制整个计算机，窃取计算机中的重要资料和信息，甚至破坏计算机系统。Windows、Linux、Unix 和 MacOS 等不同类型的操作系统不可避免地存在漏洞。

（2）数据库漏洞。数据库被广泛使用在各种应用场景中，在某些场景下面临的安全威胁是数据库现有安全机制无法防护的。数据库漏洞主要有数据库特权提升、数据库敏感数据未加密和数据库的错误配置。

（3）网络设备漏洞。由于网络设备隐藏后端不可见的特点，导致人们对其安全性的认识不足，从而出现各种漏洞利用和攻击行为。攻击者一旦控制网络设备，其连接的各种终端设备都将暴露在攻击者的面前，导致重要数据泄露，造成严重的网络安全事件。网络设备的漏洞多为网络协议的漏洞，而网络协议的漏洞多为内存破坏的漏洞，内存破坏的漏洞大都归类于拒绝服务。

（4）Web 漏洞。Web 安全漏洞包括 Web 平台的安全漏洞和 Web 应用自身的安全漏洞。为用户浏览器提供 Web 页面的 Web 服务器和应用服务器都有一系列安全漏洞。Web 应用自身的安全漏洞，即 Web 站点中的编程错误引起的暴露用户的详细息、允许恶意用户执行任意的数据库查询，甚至允许通过远程命令行访问服务等。常见的 Web 漏洞有：SQL 注入漏洞、XSS 跨站脚本攻击、目录遍历、CSRF 跨站请求伪造攻击和界面操作劫持等。

（5）弱口令。弱口令漏洞指系统口令的长度太短或者复杂度不够，如仅包含数字或字母等，容易通过简单及平常的思维方式猜测到或被破解工具轻易破解。

5.3.2 漏洞扫描的原理、方法及策略

5.3.2.1 漏洞扫描的原理

漏洞扫描是指基于漏洞数据库，通过扫描等手段对指定的远程或者本地计算机系统的安全脆弱性进行检测，发现可利用漏洞的一种安全检测（渗透攻击）行为。漏洞扫描系统（也称漏洞扫描器）利用漏洞扫描与检测技术，能够快速发现网络资产、识别资产属性、全面扫描安全漏洞，清晰定性安全风险，给出修复建议和预防措施。漏洞扫描主要是基于特征匹配原理，将待测设备和系统的反应与漏洞库进行比较，若满足匹配条件，则认为存在安全漏洞。漏洞扫描的基本原理如图 5-27 所示。

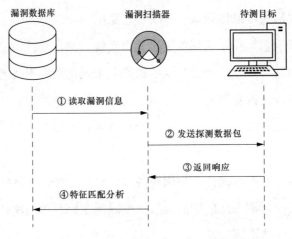

图 5-27 漏洞扫描的基本原理

进行漏洞扫描的过程为：①探测目标系统的存活主机，对存活主机进行端口扫描，确定系统开放的端口，同时根据协议指纹技术识别出主机的操作系统类型；②根据目标操作系统类型、系统运行的平台和提供的网络服务，按漏洞库中已知的各种漏洞类型发送对应的探测数据包，对它们进行逐一检测；③通过对探测相应数据包的分析，判断是否存在漏洞。若探测和相应的数据包符合对应漏洞的特征，则表示目标存在漏洞。所以，在漏洞扫描中，漏洞库的定义精确与否直接影响到最后的扫描结果以及漏洞扫描的性能。

5.3.2.2 漏洞扫描的方法

漏洞的扫描的方法主要有扫描和模拟攻击两类。

（1）扫描。对目标系统进行扫描，就是通过与目标主建立连接并请求某些服务（如 FTP、HTTP 等），记录目标主机的应答，收集目标系统的相关信息（如各种端口的分配、提供的服务、软件的版本、系统的配置、匿名用户是否可以登录等），从而发现目标系

统潜在的安全漏洞。

1）传统扫描技术：主机扫描的目的是确定在目标网络上的主机是否可达。这是信息收集的初级阶段，其效果直接影响到后续的扫描。常用的传统扫描技术主要是利用ICMP协议进行的。这些控制消息能够让通信发起方获取网络的大量信息，因此也成为了传统扫描所采用的主要技术。ICMP扫描类型有ICMPEcho直接扫描、BroadeastICMP扫描、ICMPTimestamp扫描、ICMPAddressMaskRequest扫描、ICMPTimeExceeded扫描等方式

2）端口扫描技术：端口扫描的基本原理是通过向目标系统的TCP或UDP端口发送连接请求，分析目标系统的响应信息，从而确定端口的开放状态和所提供的服务等信息。一般将端口扫描分为开放扫描、隐蔽扫描和半开放扫描三种类型。

（2）模拟攻击。模拟攻击就是用基本的扫描方法取得目标系统的信息后，对目标系统实施模拟攻击，逐项检查系统的安全漏洞，从而发现系统的安全漏洞所在。常用的模拟攻击方法有IP欺骗、缓冲区溢出、分布式拒绝服务攻击（DDOS）、口令猜解等。

5.3.2.3 漏洞扫描策略

当前主流的漏洞扫描策略分为基于主机的漏洞扫描和基于网络的漏洞扫描两种。

（1）基于主机的漏洞扫描。基于主机的漏洞扫描采用被动的、非破坏性的手段对系统进行检测。这种扫描方式涉及系统的内核、文件的属性、操作系统的补丁等问题，可以非常准确地定位系统的问题，及时发现系统的漏洞。基于主机的漏洞扫描系统一般基于客户端/服务器模式，由漏洞扫描器控制台（Controller）、漏洞扫描管理器（Center）、和漏洞扫描代理（Agent）三部分组成，其体系结构如图5-28所示。

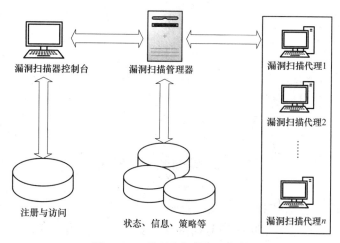

图 5-28　基于主机的漏洞扫描

漏洞扫描管理器直接安装在网络中，负责整个漏洞扫描流程；漏洞扫描器控制台安装在指定的计算机中，负责展示漏洞扫描报告；漏洞扫描代理则安装在目标系统中，负责执行漏洞扫描任务，其具体流程如下：

1）洞扫描管理器向漏洞扫描代理发送扫描任务。

2）漏洞扫描代理分别执行各自的扫描任务。

3）漏洞代理将漏洞扫描结果发送给漏洞扫描管理器。

4）漏洞扫描器控制台展示漏洞扫描报告。

（2）基于网络的漏洞扫描。基于网络的漏洞扫描采用主动的、非破坏性的办法对系统进行检测。这种扫描方式采用特定的脚本对系统进行模拟攻击，并分析攻击的结果，从而判断系统是否存在崩溃的可能性。同时，这种扫描方式还针对已知的网络漏洞进行检验。因此，这种扫描通常用于进行穿透实验和安全审计。基于网络的漏洞扫描系统一般是由漏洞数据库、用户配置控制台、扫描引擎、当前活动的扫描知识库、扫描结果存储和报告生成工具组成，其体系结构如图 5-29 所示。

扫描引擎是基于网络的漏洞扫描系统的关键模块，负责控制和管理整个扫描过程。其具体流程如下：

1）用户配置控制台向扫描引擎发送扫描请求。

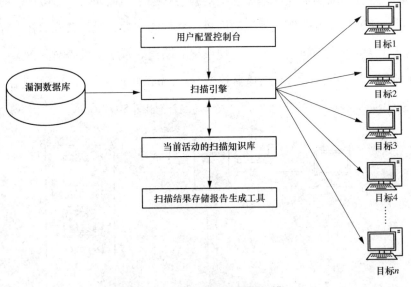

图 5-29　基于网络的漏洞扫描

2）扫描引擎启动相应的子功能模块来扫描目标主机。

3）扫描引擎接收目标主机的回复信息并将其与存储在当前活动的扫描知识库中的

扫描结果做比对。

 4）报告生成工具自动生成扫描报告。

 5）用户配置控制台展示扫描结果。

5.4 数字证书系统

5.4.1 数字证书技术

 数字证书是一段包含用户身份信息、用户公钥信息以及身份验证机构数字签名的数据。身份验证机构的数字签名可以确保证书信息的真实性，用户公钥信息可以保证数字信息传输的完整性，用户的数字签名可以保证数字信息的不可否认性。

 认证中心（Certificate Authority CA）作为权威的、可信赖的、公正的第三方机构，专门负责为各种认证需求提供数字证书服务。认证中心颁发的数字证书均遵循 X.509 V3 标准。X.509 标准在编排公共密钥密码格式方面已被广为接受。X.509 证书已应用于许多网络安全，包括 IPSec（IP 安全）、SSL、SET、S/MIME。一个标准的 X.509 格式的证书包括如下数据：

 （1）版本 (Version)：X.509 的版本号，如 V1、V2、V3。

 （2）序列号 (Serial Number)：一个证书在证书认证中心的唯一编号。

 （3）签名算法标识 (Signature Algorithm Identifier)：签署证书的签名算法。

 （4）发行者姓名（Issuer Name）：颁发证书的实体，包括认证中心的所有信息。

 （5）有效期（Validity Period）：证书的有效期间，通常为一年。

 （6）主题（Subject Name）：证书所鉴别的公钥的实体名，包括实体的所有信息。

 （7）主题公钥信息（Subject Public Key Information）：包括主题的公钥、可选参数及公钥算法的标识符。

 数字证书采用公钥体制，即利用一对互相匹配的密钥进行加密、解密。每个用户自己设定一把特定的仅为本人所知的私有密钥（私钥），用它进行解密和签名；同时设定一把公共密钥（公钥）并由本人公开，为一组用户所共享，用于加密和验证签名。

 通过数字的手段保证加密过程是一个不可逆过程，即只有用私有密钥才能解密。在公开密钥密码体制中，已知明文、密文和加密密钥（公开密钥），想要推导出解密密钥（私密密钥），在计算上是不可能的。

当发送一份保密文件时，发送方使用接收方的公钥对数据加密，而接收方则使用自己的私钥解密，这样信息就可以安全无误地到达目的地。通过数字的手段保证加密过程是一个不可逆过程，即只有用私有密钥才能解密。用户也可以采用自己的私钥对信息加以处理，由于密钥仅为本人所有，这样就产生了别人无法生成的文件，也就形成了数字签名。采用数字签名，能够确认以下两点：①保证信息是由签名者自己签名发送的，签名者不能否认或难以否认；②保证信息自签发后到收到为止未曾作过任何修改，签发的文件是真实文件。

数字签名具体使用过程为：

（1）将报文按双方约定的 HASH 算法计算得到一个固定位数的报文摘要。只要改动报文中任何一位，重新计算出的报文摘要值就会与原先的值不相符。这样就保证了报文的不可更改性。

（2）将该报文摘要值用发送者的私人密钥加密，然后连同原报文一起发送给接收者，而产生的报文即称数字签名。

（3）接收方收到数字签名后，用同样的 HASII 算法对报文计算摘要值，然后与用发送者的公开密钥进行解密解开的报文摘要值相比较，如相等则说明报文确实来自所称的发送者。

通过使用数字证书系统签发的数字证书可以保证信息（数据）的保密性、信息（数据）的不可否认性和信息（数据）的完整性。

请扫描左侧二维码观看关于加密算法及数字证书的更多介绍。

5.4.2 电力调度数字证书系统认证体系

电力调度数字证书系统是基于公钥技术的分布式的数字证书系统，主要用于生产控制大区，为电力监控系统及电力调度数据网上的关键应用、关键用户和关键设备提供数字证书服务，实现高强度的身份认证、安全的数据传输以及可靠的行为审计。

电力调度数字证书系统不同于传统的公钥基础设施（Public Key Infrastructure，PKI），传统的 PKI 建设涉及内容众多，需要部署 CA 服务器、注册审批机构（Registration Authority，RA）服务器、证书发布服务器等，并且对于系统建设要求极为严格、系统管理复杂，这种传统 PKI 的建设适合用户众多的公用系统。电力调度数字证书系统的用户数量有限，传统 PKI 的建设过于复杂，投资较大。调度数字证书系统优化传统 PKI 的建设模式，将 PKI 需要的功能完全集成在一台设备中，可以为人员和安全设备提供证书管理服务。电力调度数字证书系统将需要的功能完全集成在一台设备中，通过单级、离线工作方式，实现 CA 认证中心的所有功能。证书管理及配置操作均以本机访问模式进行，不得以任何方式接入任何网络。

电力调度数字证书系统的建设运行应当符合如下要求：

（1）统一规划数字证书的信任体系，各级电力调度数字证书系统用于颁发本调度中心及调度对象相关人员、程序和设备证书。上下级电力调度数字证书系统通过信任链构成认证体系。

（2）采用统一的数字证书格式，采用满足国家有关要求的加密算法。

（3）提供规范的应用接口，支持相关应用系统和安全专用设备嵌入电力调度数字证书服务。

（4）电力调度数字证书的生成、发放、管理以及密钥的生成、管理应当脱离网络，独立运行。

电力调度数字证书的认证模型如图 5-30 所示。

图 5-30 电力调度数字证书系统认证模型

电力调度数字证书系统为三级结构：

第一级是自签名的国调总根 CA，也是调度一级 CA，该 CA 在国家电网有限公司认证体系内具有最高认证级别。

第二级是由国调总根 CA 签发的二级调度 CA，该级别 CA 应用于网省级单位。

第三级是由二级调度 CA 签发的三级调度 CA，该级别 CA 应用于地市级单位，是三级认证体系总最低级别 CA。

目前在调度系统中证书链最大长度为 4，分别是国调总根证书→网省调根证书→地调根证书→应用证书。从最低层向上逐级验证：证书吊销列表、证书有效期、证书颁发者标识符和证书签名域。

电力调度数字证书系统的部署方式如图 5-31 所示，采用本地部署方式，部署于安全的系统环境中，其组成部分包括证书系统、数据库、硬件加密卡及用户 USB Key。系统各管理员及操作员使用其 USB Key 可安全登录证书系统，履行各自职责。

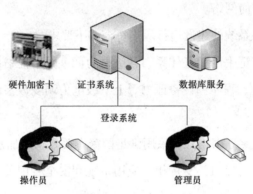

硬件加密卡　证书系统　　　　数据库服务

登录系统

操作员　　　　　　　　管理员

图 5-31　电力调度数字证书系统的部署方式

依靠已建立的电力调度证书系统，对智能调度技术支持系统中所有应用（服务请求者）和服务（服务提供者）分配安全标识，形成安全标签。在全国调度系统范围内建立统一的身份角色管理制度，实现服务提供者对请求者的粗粒度的基于角色的安全访问控制。安全标签是对当地的服务主体、客体进行安全管理的标识数据。安全标签具有规定的格式定义、编码定义、标识定义以及存储方法。

安全标签中应包含：

（1）32 Byte 身份标签：包含行政编码、角色编码、应用编码和保留位。

（2）16 Byte 证书序列号：符合调度证书服务系统签发的证书序列号编制。

（3）8 Byte 有效期：表示安全标签的有效终止日期，应小于等于所对应数字证书的有效期。

（4）128 Byte 签名：1024 位 RSA 算法签名和 256 位 SM2 算法签名。

5.4.3　电力调度数字证书系统的功能

电力调度数字证书系统提供密码的管理，证书的管理，操作员的管理以及日志的管理等功能。

5.4.3.1　密码管理

（1）加密卡的密码管理。

1）加密卡的使用口令在操作涉及使用硬件加密卡的时候使用。涉及的操作员包括系统证书管理员、系统管理员、系统签发操作员，其中系统证书管理员和系统管理员可以修改加密卡的使用口令，而系统签发操作员只能使用此口令，不能修改。

2）加密卡的保护口令是在操作涉及修改加密卡内的密钥的时候使用。涉及的操作员只有系统证书管理员，系统证书管理员可以修改此口令。

（2）本地数据库的密码管理。调度数字证书系统使用了文件方式序列化数据存储技术。系统将所有的配置信息、证书信息、日志信息等以文件形式保存在本地，出于安全考虑，又将所有本地数据文件进行了加密保护。

本地数据库的保护口令在每次涉及本地数据文件的读取、写入操作的时候使用，但是用户不必每次操作都输入此口令，它由系统自己维护。涉及的操作员只有系统证书管理员，系统证书管理员可以修改此口令。

5.4.3.2　证书的管理

电力调度数字证书系统的数字证书可分为人员证书、设备证书、程序证书和系统证书四类。这四类证书分别发给工作人员、网络安全设备、应用程序和调度数字证书系统。其中，人员证书和调度数字证书系统自身操作员的公私钥对由智能卡生成，签发X.509 V3格式的数字证书；设备证书的公私钥对由设备生成，其中的公钥再以证书请求的形式以离线方式导入调度数字证书系统，签发 X.509 V3格式的数字证书；程序证书的公私钥对由调度数字证书系统生成，签发成 #PKCS12格式的证书发放给应用程序；系统证书的公私钥对由调度数字证书系统的硬件加密卡生成，签发 X.509 V3格式的数字证书。

数字证书中存储证书拥有者的身份信息、证书的描述信息和与业务相关的一些通用信息。证书编码采用 DER 编码或 PEM 编码。

（1）证书的存储。电力调度数字证书系统对数字证书提供了智能卡和证书文件两种存放方式：

1）智能卡（电子钥匙）。智能卡是存放证书的一种最佳解决方案。这种方式可以保证用户的私钥不出卡，即用户的公私钥对由智能卡生成，私钥被直接保存在智能卡内，只有公钥被导出到调度数字证书系统进行审核，审核通过后系统签发数字证书，数字证书再被直接写回智能卡内，保证了私钥的绝对安全。同时，智能卡还为证书和私钥的存储安全提供了额外的保护。只有正确地输入了智能卡的口令才能对智能卡中的证书和私钥进行操作，并且根据口令可以设定不同的读、写和执行权限，只有满足特定的权限的用户才能进行特定的操作。

当连续若干次（可设定次数）输入错误的口令，智能卡会自动锁定，无法再对智能卡进行任何的操作，因此对智能卡内的数据又多了一层保护。

2）证书文件。证书申请者的申请信息在通过审核后，调度数字证书系统完成对申请者证书的签发工作。对设备和程序证书，调度数字证书系统将把它们的证书存放在本地，然后用其他的安全介质把证书分发到证书申请者那里。

对于设备证书，设备的公私钥对是由设备自己生成的，在申请证书时，设备的私钥安全的保存在设备中，公钥被传递到调度数字证书系统进行签发，签发得到的数字证书可以采用 DER 或 PEM 的编码格式。

对于程序证书，由于程序本身不具备生成公私钥对的能力，因而调度数字证书系统在为其签发证书的时候，必须为其生成公私钥对和 8 位随机密码，签发的证书以 PKCS12 格式分发到证书申请者那里，PKCS12 证书使用这个 8 位随机密码来保护私钥的安全。

（2）证书的签发。

1）证书的申请。证书的申请也称注册，按照分类制订不同的申请条件，只有所有申请条件都满足时才能进行证书申请。根据相关管理要求，所有的证书申请都采取离线申请的方式。离线申请方式是指申请者提供相关的申请信息，然后系统录入操作员以手工方式将申请信息录入到调度数字证书系统中。申请者需要填写的内容分为两大部分：①申请者的基本信息，包括申请人的名称、地址、邮编、电话、手机、单位名称、单位地址、单位电话和单位传真；②申请者在证书中的信息，如证书申请者的所在国家代码、组织机构代码、所在地代码、证书的名称、证书的签名算法名称。

2）证书申请的审核。证书申请者提交的证书申请，须经过调度数字证书系统的系统审核操作员进行审核，以确定申请者提供的信息是否属实并符合要求。

3）证书的签发。证书申请审核通过后，由调度数字证书系统的系统签发操作员进行签发数字证书。数字证书以离线方式发放到证书申请者手上。

（3）证书的归档。调度数字证书系统对证书所有者的信息、公钥和与证书有关的所有数据信息、证书撤销列表、证书申请和审核记录等进行归档，存放到相应的数据库中，以备查询。出于安全考虑，调度数字证书系统不对已签发的证书进行重发操作，而是要求用户重新申请。

（4）证书的作废。证书作废的流程：①由系统录入操作员选择需要注销作废的数字证书，提交证书注销作废申请；②由系统审核操作员对证书注销作废申请进行审核；③由系统签发操作员对审核通过的证书注销作废申请进行确认操作。如果确认通过，那么证书正式作废；否则不允许通过，不批准证书作废。

证书作废一般基于以下原因：①证书所有者已改变状态，无权使用证书；②证书所有者的密钥已经遭到破坏或遗失；③证书所有者本人不想再使用证书；④签发证书所用的密钥遭到破坏或遗失或到期失效；⑤用户的证书到期；⑥证书吊销列表的发布。

证书吊销列表可以由调度数字证书系统的系统签发操作员手动生成。证书吊销列表文件以离线方式发放给所有的证书所有者。

5.4.3.3 操作员管理

电力调度数字证书系统实行分权限管理，系统按照权限划分为系统证书管理员、系统管理员、系统录入操作员、系统审核操作员、系统签发操作员五类。

（1）系统证书管理员。系统证书管理员主要完成调度数字证书系统的初始化工作。此操作员可使用如下功能：修改自己的登录密码、修改密码机的使用口令、修改密码机的保护口令、申请系统证书、导入系统证书、签发管理员、注销管理员、查看系统日志。

（2）系统管理员。系统管理员主要完成调度数字证书系统的维护工作。此操作员可使用如下功能：修改自己的登录密码、修改密码机的使用口令、修改数据库的加密密码、按照证书类型导出证书信息、导出本机的系统证书、签发操作员（包括系统录入操作员、系统审核操作员、系统签发操作员）、注销操作员、查看系统日志、清理系统日志。

（3）系统录入操作员。系统录入操作员主要完成证书申请和证书注销申请的工作。此操作员可使用如下功能：修改自己的登录密码、申请证书（人员证书、设备证书、程序证书、系统证书）、注销证书申请、查看申请结果、查看日志（只能查看符合自身权限的日志）。

（4）系统审核操作员。系统审核操作员主要完成证书申请的审核和证书注销申请的审核工作。此操作员可使用如下功能：修改自己的登录密码、审核证书申请、审核证书注销申请、查看日志（只能查看符合自身权限的日志）。

（5）系统签发操作员。系统签发操作员主要完成证书签发和发布证书吊销列表的工作。此操作员可使用如下功能：修改自己的登录密码、签发证书、导出证书、注销证书、发布证书吊销列表、查看日志（只能查看符合自身权限的日志）。

5.4.3.4 日志管理

电力调度数字证书系统的操作员进行操作时，系统对操作员的动作进行相应的记录。系统管理员负责对操作日志进行安全审查、维护工作。电力调度数字证书系统提供了对日志的查看和清理功能，系统管理员可以按照不同的身份权限查看日志，按照日志的时间范围来清理日志。

电力调度数字证书系统的五类操作员都可以查看日志，但是系统录入操作员、系统审核操作员、系统签发操作员只能查看符合自身权限的日志，系统证书管理员和系统管理员没有限制，可以查看所有身份权限的日志。

5.5　其他通用安全技术

5.5.1　日志审计技术

5.5.1.1　日志审计系统概念

日志文件为服务器、工作站、防火墙和应用软件等信息技术资源相关活动记录必要的、有价值的信息，对系统监控、查询、报表和安全审计十分重要。日志文件中的记录可提供监控系统资源，审计用户行为，对可疑行为进行告警，确定入侵行为的范围，为恢复系统提供帮助，生成调查报告，为打击计算机犯罪提供证据来源。通过对日志进行过滤、归并和告警分析处理，可以定义日志筛选规则和策略，准确定位系统及网络故障并提前识别安全威胁，从而保障系统及网络安全。

日志审计通过集中收集并监控信息系统中的系统日志、设备日志、应用日志、用户访问行为、系统运行状态等各类信息，进行过滤、归并和告警分析处理，建立一套面向整个系统日志的安全监控管理体系，将信息系统的安全状态以最直观的方式呈现给管理者，既能提高安全审计的效率与准确率，也有助于及时发现安全隐患、快速定位故障、追查事故责任，并能够满足各项标准、法规的合规性管理要求。

日志审计系统作为一个日志信息的综合性管理平台，能够实时收集日志信息并对收集到的日志进行格式标准化处理，实施全面的日志分析，及时发现各类具有安全威胁和异常行为的时间并发出相应的告警信息。为了及时反映安全状态，日志审计系统需要实时收集日志记载的用户访问操作、系统状态变更等信息，然后对这些日志信息进行收集和分析，并进行规范化和报警分析，形成相应的审计报告。

日志审计系统可以实时展现系统的整体运行情况以及各个设备的运行状况，并能够及时发现系统中已发生或者正在发生的危险事件，甚至可以预测可能发生的风险。此外，通过离线分析，安全运维人员可以便捷地对系统进行有针对性的安全审计并得到专业报表。遇到安全事件和系统故障时，日志审计系统可以帮助安全运维人员快速定位故障位置和状况。

（1）日志审计系统的组成。日志审计系统包括四个部分：日志获取、日志筛选、日志整合以及日志分析。

1）日志获取对象一般为操作系统、网络设备、安全设备和数据库等。

2）日志筛选的目的是找出恶意行为或可能是恶意行为的事件，并作为日志组合的基础通过比对恶意行为特征及对应的日志属性，确认可能的恶意行为事件。

3）日志整合是将同一路径各种设备的同一事件关联表达出来。通过确认行为、行为方向以及数据流是否一致确定日志是否为同一路径。

4）日志分析是系统的核心，主要涉及系统的关联规则和联动机制。关联分析技术将不同分析器上产生的报警进行融合与关联，即对一段时间内各事件间及事件中的关系进行识别，找出事件的根源，最终形成审计分析报告。

（2）日志审计系统实现方法。日志审计系统的实现方法主要有两种：

1）基于规则库。具体方法是对已知攻击的特征进行分析，并从中提取规则，进而由各种规则组合成为规则库，系统在运行过程中匹配这些规则库中的规则信息，从而生成告警，例如非法外联、文件被修改等；

2）数理统计方法，此方法是对网络流量、中央处理器占用率等相关数据设置阈值，当超过这个阈值就发出告警，例如 CPU 占用率越限、TCP 连接数越限等。

（3）日志审计系统采集对象。日志审计系统采集的日志对象包括操作系统、网络设备、安全设备、应用系统、数据库等。日志审计系统的日志收集方式包括 syslog 协议、SNMP trap 协议、JDBC/ODBC、FTP 协议、文本以及 Web Service 等。

5.5.1.2 日志审计系统功能

日志审计系统主要包含资源管理、入侵检测、故障排除、取证和审计四类功能。

（1）资源管理。日志审计系统可以按照设备资产重要程度和管理域的方式组织资产设备，提供便捷的添加、修改、删除、查询和统计功能，支持接入资产信息的批量导入和导出，便于安全管理和系统管理人员方便地查找所需设备资产的信息，并对资产进行关键度赋值。

（2）入侵检测。通过观察主机日志，可以实现不同于网络入侵检测系统的入侵检测功能。入侵检测能够告诉管理员针对主机发生了一次攻击，但是不能表明攻击是否成功。但是，如果配置了主机日志，就可以查看系统上发生情况的细节。此外，用户行为也包含在系统日志之中，当一个用户登录、注销或远程登录等情况发生时，系统日志就会保存用户行为信息，为入侵检测及入侵事后处置提供帮助。

（3）故障排除。当前故障检测系统，基本上都有依赖于监听通告，对系统中的故障诊断依赖于网络状态所设置的参数，当系统中的某一个或多个状态达到网络参数的阈值时，会进行相应的故障定位和通告，但是这样并不能在用户感知到故障前就进行定位止损，而且随着网络日益复杂和多元化，对网络故障的预测显得尤为重要。网络故障预测是指在历史日志数据的基础上，通过网络的事实状态选择合理的模型或算法实时监控网络的健康状况，在用户感知到故障发生之前，对未来的网络状态进行故障的预测，判定故障是否会发生，从而为网络操作者提供帮助，使其及时运用操作策略对网络的健康进行维护。

（4）取证和审计。取证是重建"发生了什么"的过程，它基于的是不完整的信息，因此信息可信度是非常重要的，日志是取证过程中至关重要的组成部分。日志是一种"永久性"的事件记录，它不会因为系统的变化而更改。因此，日志可以为系统中被篡改或破坏的数据提供详细的证据。

5.5.2　恶意代码防范技术

在 Internet 安全事件中，恶意代码（Malicious Code）造成的经济损失占比最大。恶意代码主要包括计算机病毒（Viurs）、蠕虫（Worm）、木马程序（Trojan Horse）、后门程序（Backdoor）、逻辑炸弹（Logic Bomb）等。与此同时，恶意代码是信息战、网络战的重要手段。日益严重的恶意代码问题，不仅使企业及用户蒙受了巨大经济损失，还使国家的安全面临着严重威胁。

恶意代码的定义为：恶意代码是在未授权的情况下，以破坏软硬件设备、窃取用户信息、扰乱用户心理、干扰用户正常使用为目的而编制的软件或恶意代码片段。这个定义涵盖的范围非常广泛，它包含了所有带有敌意、插入、干扰正常使用、令人讨厌的程序或源代码。一个程序被看作恶意代码的主要依据是创作者的意图，而不是恶意代码本身的特征。

恶意代码的传播是精确并可能演化复制给其他程序或系统的过程。恶意代码的感染是将自身程序代码传播给其他程序或系统并使之感染的过程。恶意代码的主要特征是针对性（针对特定的脆弱点），这种针对性充分说明了恶意代码是利用软件的脆弱性实现其恶意目的的。尽管人们为保证系统和网络基础设施的安全做了诸多努力，但系统的脆弱性不可避免。各种安全措施只能减少但不能杜绝系统的脆弱性；而测试手段也只能证明系统存在脆弱性，却无法证明系统不存在脆弱性。而且，为满足实际需求，信息系统的规模越来越大，安全脆弱性的问题会越来越突出。随着这些脆弱性逐渐被发现会不断有针对这些脆弱性的新的恶意代码出现。

5.5.2.1 恶意代码分类

恶意代码是一种程序，它把代码在不被察觉的情况下镶嵌到另一段程序中，从而达到破坏被感染电脑数据、运行具有入侵性或破坏性的程序、破坏被感染电脑数据的安全性和完整性的目的。根据不同特点，恶意代码可以有多种分类方法。按照传播方式分类，恶意代码可以分为网络传播型病毒、文件传播型病毒等；按照工作机制分类，恶意代码可以分为蠕虫病毒、木马、流氓软件等。

现根据恶意代码是否需要宿主和能否自我复制来分类。需要宿主的恶意代码具有依附性，不能脱离宿主而独立运行；不需要宿主的恶意代码具有独立性，可不依赖宿主而独立运行。不能自我复制的恶意代码不具有传染性；能够自我复制的恶意代码是可传染的。因此，可以把恶意代码分为以下四大类。

（1）不感染的独立型恶意代码。不感染的独立型恶意代码是一种程序，自身可执行，无须依托其他程序，也不具备传染性，如特洛伊木马、rootkit 等。

特洛伊木马程序分为两个内容：安装并控制主机内实现监控和控制的用户端程序文件和嵌入目标电脑中的执行程序文件服务器的远程端程序，需要这两个相互配合木马才能有效地发挥作用，尤为重要的是服务器程序一定要感染目标 PC 端。

木马发展到现在，其程序数量不计其数。虽然所有木马都使用了不同编程类语言，执行的环境各有不同，运行的目标和后果各有不同，但木马依然有着很多共性：例如所有木马程序对 PC 端的嵌入权是在没有系统用户认可的前提下获取的；木马程序占用较少系统资源及微小程式文件存在于目标 PC 端中，能够非常隐秘地生存并发挥其作用，通常可以自动更改文件名从而起到隐秘性能，系统用户没有安装杀毒软件的情况下是很难察觉；一旦有机会被执行，木马程序会自动加载到 Windows 启动区以获得启动自动运行的权力，以防范用户发现后终止其运行。

（2）不感染的依附型恶意代码。不感染的依附型恶意代码本身不具有传染性，也无法单独执行，如逻辑炸弹、后门等。逻辑炸弹是一段具有破坏性的代码，通常被嵌入到计算机系统程序当中，并以指定的特殊数据或时间为触发条件，试图完成一定破坏功能。逻辑炸弹往往被怀有报复心理的人使用，通过启动逻辑炸弹来损害对方利益。一旦逻辑炸弹被触发，就会造成数据及文件的改变或删除、计算机死机等。逻辑炸弹行为是有特殊性的，最有代表的意义的是著名的实例"千年虫"。

后门是进入系统或程序的一个秘密入口，它能够通过识别某种特定的输入序列或特定账号，使访问者绕过安全检查，直接获得高于普通用户的权限。在软件开发阶段，部分程序员基于调试和测试程序的目的，或其他恶意目的，可能在系统中进行某种特殊的设置，为特定账号提供较高的权限或用某个账号可以直接登录并且给予较高的权限，且这个账号不显示在系统或软件用户列表中。如果这些后门被其他人知道，那么它就成了安全风险，容易被黑客当成漏洞进行攻击。

（3）可感染的独立型恶意代码。蠕虫是一种通过计算机网络自我复制和扩散的程序，属于典型的可感染的独立型恶意代码。蠕虫与传统计算机病毒的区别在于它是独立的可执行程序，不需要宿主，不会与其他特定程序混合。蠕虫的传播不需要借助被感染主机中的其他程序。蠕虫的自我复制不像其他的病毒，它可以自动创建与它的功能完全相同的副本，并在没人干涉的情况下自动运行。蠕虫是通过系统存在的漏洞和设置的不安全性（例如设置共享）来入侵的。它的自身特性可以使它以极快的速度传输（在几秒中内从地球的一端传送到另一端）。蠕虫中比较典型的有 Blaster 和 SQL Slammer。

（4）可感染的依附型恶意代码。这种类型的恶意代码既具有依附性，又具有感染性。传统的计算机病毒，如 DIR2、CIH 等，是一段附着在其他程序上的可以进行自我繁殖的代码，这些计算病毒不能独立执行，必须通过感染的可执行程序才能执行。传统病毒一般都具有自我复制的功能，同时它们还可以把自己的副本分发到其他文件、程序或电脑中去。病毒一般镶嵌在主机的程序中，当被感染文件执行操作的时候，病毒就会自我繁殖。

5.5.2.2　恶意代码特征

恶意代码的特征有可执行性、传染性、破坏性、潜伏性、隐蔽性、针对性和可触发性。

（1）可执行性。计算机恶意代码与其他合法程序一样，是一段可执行程序，但是它不是一个完整的程序，而是寄生在其他可执行程序上，因此它享有一切程序所能得到的权力。恶意代码在运行时与合法程序争夺系统的控制权。计算机恶意代码只有在计算机内得以运行时才具有传染性和破坏性。

（2）传染性。传染性是生物恶意代码的基本特征。同样，计算机恶意代码也会通过各种渠道从已被感染的计算机扩散至未被感染的计算机，在某些情况下造成被感染的计算机工作失常甚至瘫痪。与生物恶意代码不同的是，计算机恶意代码是一段人为编制的计算机程序代码，这段程序代码一旦计入计算机并得以执行，就会搜寻其他符合其传染条件的程序或存储介质，确定目标后再将自身代码插入其中，达到自我繁殖的目的。一

台计算机染毒，如不及时处理，那么恶意代码会在这台计算机上迅速扩散，其中的大量文件（一般是可执行文件）会被感染。而被感染的文件又成了新的传染源，与其他计算机进行数据交换或通过网络接触，恶意代码会继续传染。

（3）破坏性。所有的计算机恶意代码都是一种可执行程序，而这一可执行程序又必然要运行，所以对系统来讲，所有的计算机恶意代码都存在同一个危害，即降低计算机系统的工作效率，占用系统资源，其具体情况取决于入侵系统的恶意代码程序。同时计算机恶意代码的破坏性主要取决于计算机恶意代码设计者的目的，如果恶意代码设计者的目的是彻底破坏系统的正常运行，那么这种恶意代码针对计算机系统进行攻击造成的后果是难以设想的，它可以毁掉系统的部分数据，也可以破坏全部数据并使之无法恢复。

（4）潜伏性。一个编制精巧的计算机恶意代码程序进入系统之后一般不会马上发作，可以在几周、几个月甚至几年内隐藏在合法文件中，对其他系统进行感染却不会被人发现。潜伏性越好，在系统中的存在时间越长，恶意代码的传染范围越大。潜伏性的第一种表现是恶意代码程序不用专用检测程序是检查不出来的。潜伏性的第二种表现是计算机恶意代码的内部往往有一种触发机制，不满足触发条件时，计算机恶意代码除了传染外不做什么破坏；触发条件一旦满足，恶意代码会在屏幕上显示信息、图形、特殊标识，或者则执行破坏系统的操作。

（5）隐蔽性。恶意代码一般是具有很高编程技巧、短小精悍的程序，通常附在正常程序中或磁盘较隐蔽的地方，也有个别的以隐含文件形式出现，其目的是不让用户发现它的存在。如果不经过代码分析，恶意代码程序与正常程序是不容易区别开来的。一般在没有防护措施的情况下，计算机恶意代码程序取的控制权后，可以在很短时间里传染大量程序，而且受到感染后，计算机系统通常仍能正常运行，用户不会感到任何异常。正是由于具有隐蔽性，恶意代码在用户没有察觉的情况下扩散并游荡于世界上百万台计算中。大部分恶意代码的代码设计的非常短小，也是为了隐蔽。恶意代码一般只有几百或一千字节，所以恶意代码转瞬之间便可将短短的几百字节附着在正常程序之中，使人不易察觉。

（6）针对性。恶意代码一般都是特定的操作系统，例如微软公司的 Windows 操作系统。还有针对特定的应用程序的恶意代码，比较典型的是针对微软公司的 Outlook、IE、服务器的恶意代码，称为 CQ 蠕虫，通过感染数据库服务器进行传播，具有非常强的针对性，其针对一个特定的应用程序或者针对操作系统进行攻击，一旦攻击成功，它就会发作。这种针对性有两个特点：①如果对方就是它要攻击的机器，它能完全获得对方操作系统的管理权限，可以肆意妄为；②如果对方不是它针对的操作系统，例如对方用的不是微软公司的 Windows，用的可能是 UNIX，这种恶意代码就会失效。

（7）可触发性。因某个事件或数值的出现，诱使恶意代码实施感染或进行攻击的特性称为可触发性。为了隐蔽自己，恶意代码必须潜伏，少做动作。如果完全不动，一直潜伏，恶意代码既不能感染，也不能进行破坏，便失去了杀伤力。恶意代码既要隐蔽又要维持杀伤力，就必须具有可触发性。恶意代码的触发机制就是用来控制感染和破坏动作的频率。恶意代码具有预定的触发条件，这些条件可能是时间、日期、文件类型或特定的数据等。恶意代码运行时，触发机制检查预定条件是否满足。如果满足，启动感染或破坏动作，使恶意代码进行感染或攻击；如果不满足，则恶意代码继续潜伏。

5.5.2.3 恶意代码传播方式

在当前的信息社会，信息共享是不可阻挡的发展趋势，而信息共享引起的信息流动是恶意代码入侵最常见的途径。恶意代码的入侵途径很多，如从 Internet 上下载的程序本身就可能含有恶意代码；接收已经感染恶意代码的电子邮件；从光盘或者软盘上安装携带恶意代码的软件；黑客或者攻击者故意将恶意代码植入系统等。常见的恶意代码传播方式有：①移动存储器的使用；②网页脚本文件和插件；③电子邮件或电子邮件附件；④通过文件传送的网络传播；⑤通过软件下载安装；⑥网络攻击。

总之，恶意代码感染就是通过用户执行该恶意代码或已经感染恶意代码的可执行代码，使得恶意代码得以执行，进而将自身或者是自身的变体植入其他可执行程序。被执行的恶意代码在完成自身传播的同时，在满足一定的条件并具有足够的权限时，会发作并进行破坏活动，造成信息丢失或者泄密等严重后果。恶意代码的入侵和发作都必须盗用系统或应用进程的合法权限才能完成自身的非法目的。随着 Internet 的开放性以及方便地信息共享和交流能力的进一步增强，恶意代码编写者的水平也越来越高，恶意代码可以利用的系统和网络的脆弱性也越来越多，恶意代码的欺骗性和隐蔽性也越来越强。

5.5.2.4 恶意代码发现技术

（1）特征码的扫描。病毒程序的编制者利用病毒的特征码作为其识别自己编程的唯一标记，所以，要检验病毒程序、防止病毒程序传染可以利用其特征码。特征码的扫描技术是基于该原理的成熟的恶意代检测技术，它很早就被广泛地运用到杀毒软件中，还是一种既简单、有效，性能又非常高的检测技术，可以检测出非常多的已知恶意代码。

特征码的扫描方法与实现步骤：

1）收集已知的病毒样本；

2）在病毒的样本里，抽取病毒的特征码；

3）在病毒的数据库里放入采集到的特征码；

4）检查文件。

打开需要被检验文件同时对其进行搜索，如果能够发现文件中包含数据库中里的病毒的特征代码，根据病毒与对应和特征代码之间的关系就可以推断出是什么样的病毒感染了所查文件。

（2）比较检测法。利用原始数据备份同被检测的扇区或者被检文件而进行对比检测的方法叫作比较法。比较检测可以利用程序代码通过工具来进行比较，也可以凭借人工打印出代码的清单来进行比较。通过工具软件的对比只需要软件自身即可以完成，不需要依赖于某种专业的恶意代码的检测程序，所以比较法能够检测出已知恶意代码的检测工具尚无法分辨出来的新型恶意代码。新型的恶意代码层出不穷而且传播速度特别快，这使得恶意代码的发展速度比检测代码技术的更新速度快，到现在为止，还没有一种恶意代码的检测程序能够有效地将所有新出现的恶意程序检测出来，所以最常见的检测恶意代码的手段是把分析和比较的方法结合起来。

比较检测法虽然简单、方便，无需使用专用的软件，但也有很明显的缺陷：它只能发现病毒，却无法判断病毒的种类及名称；依赖于原始的备份，假如备份已不存在，比较检测法将无法使用。

（3）完整性的检测。完整性的检测主要是针对的是文件感染型的恶意代码，它利用HASH 算法来计算尚未感染的恶意代码的文件的 HASH 值，同时存入确认没有问题的数据库中，检测时再次计算 HASH 值并且与数据库中的数据比较，如果两次的值不同，就说明文件已被改过，是存在风险的。CRC32 和 MD5 这两种 HASH 值的算法在完整性检测之中是较为常见的。

（4）行为的检测法。病毒运行时通常会伴随着很多病毒特有的行为特征，在正常程序中这些行为特征是很罕见的，换句话说正常的程序压根就不会具有这类行为特征，所以人们把这类特有行为称之为病毒行为，程序一旦运行，即可判断为病毒。行为检测法由此而来。

程序在被恶意代码感染之后，它们运行后的执行优先权一般都会被恶意代码占有，即要先完成恶意代码的执行过程，才能继续执行宿主的程序。因此可得出结论：多数跳转指令的特征行为都会出现于恶意代码的执行和宿主程序变换的过程中。

（5）虚拟机的检测。最常用的检测技术是虚拟机的检测技术，即虚拟 CPU 技术，它通过程序对 CPU 执行的过程来进行模拟。它的工作过程不但与真实 CPU 一样，还可以在真正的 CPU 上模拟执行的结果。虚拟机工作的过程是：从机器码序列中选取操作码，判断操作码类别和寻址方式，确定指令长度，指令执行，根据得到的结果来指出下一个指令的位置，反复执行这个过程，直到出现某个特定的情况，才能结束工作。

虚拟机一般通过下面五个步骤来完成其自动执行的过程：①启动虚拟机，运行操作系统的实例；②复制某样本到虚拟机中；③执行监控程序，加载样本；④获得行为分析报告，取出报告；⑤虚拟机回滚到初始状态，主机将放入另外一个样本。

5.5.2.5 恶意代码防范措施

单纯依靠技术手段不可能十分有效地杜绝和防止恶意代码蔓延，只有把技术手段和管理机制紧密结合起来，才有可能从根本上保护网络系统的安全运行。网络管理应该积极主动，从硬件设备和软件系统的使用、维护、管理、服务等各个环节制定出严格的规章制度，对网络系统的管理员及用户加强法制教育和职业道德教育，规范工作程序和操作规程，建立、防杀结合、以防为主、以杀为辅、软硬互补、标本兼治的最佳安全模式。

电力监控系统不但在建设边界防护方面开展了大量的工作，在内部恶意代码防范方面也做了充分的考虑，在生产控制大区设置了恶意代码防范措施，在恶意代码防范产品的规则库及特征码更新方面，同样采取了谨慎的更新策略，既需要保持特征码的及时更新，又需要对特征码更新进行充分的测试，同时禁止直接通过 Internet 进行在线更新。需要注意的是生产控制大区与管理信息大区不能共用一套防恶意代码管理服务器。

（1）恶意代码终端防范。

1）创建紧急引导盘和最新紧急修复盘。紧急引导盘就是常说的启动盘，当电脑无法进入操作系统时，可以用它引导系统，进入 DOS 状态，然后对系统进行各种修复。计算机病毒的防治措施中创建的紧急修复盘是对当前计算机的分区表、引导区信息等重要信息进行备份，当计算机的这些信息被病毒破坏后，可以通过这张盘进行恢复，尽量减少损失。

2）使用正版防恶意代码软件。正版防恶意代码软件非常稳定，不会出现各种未知问题，如病毒库不能及时更新等；遇到疑问时可获取杀毒软件官方客服支持，以便及时解决问题；能及时地更新病毒库和正版防恶意代码软件版本，更为有效地防范网络威胁；可避免因在不可靠的网站寻找破解等信息时候中毒或错将防恶意软件当作破解补丁下载。

3）系统软件及时安装并升级补丁程序。系统必须打补丁，这是一个安全常识，现在的恶意代码最经常做的事情就是利用系统漏洞攻击用户的电脑。对于终端系统来说绝大多数时候就算安装了多余的补丁，也不会引起系统崩溃。

（2）恶意代码服务器端防范。

1）建立有效的恶意代码防护体系。有效的计算机恶意代码防护体系应包括多个防护层：①访问控制层；②病毒检测层；③病毒遏制层；④病毒清除层；⑤系统恢复层；⑥应急计划层。这六层计算机防护体系必须有有效的硬件和软件技术的支持，如防火墙技术、网络安全设计、身份验证技术等。

2）服务器恶意代码防范措施。关停服务器上不使用的端口、关停服务器上的共享端口、关闭自动播放功能、不使用来历不明的软件及闪盘、安装服务器端防病毒系统并及时更新软件病毒库，这些方式都能够有效抵御服务器感染病毒或切断病毒传播的途径。

（3）恶意代码网络防范。

1）安装和设置防火墙及防病毒软件。在逻辑上，防火墙是分离器、限制器，也是分析器，它可以有效地监控内部和外部的任何活动，保证了内部网络的安全。防病毒软件对传统已知的恶意代码防御效果较好，但是对木马、蠕虫、脚本病毒和未知恶意代码的防御效果差。防火墙技术对蠕虫和木马防御效果较好。因此可考虑在重要服务器区域前端部署使用防病毒软件及防火墙，建立立体的病毒防护体系，一旦遭受病毒攻击，立即采取隔离措施。因此应安装优秀的防病毒软件和防火墙，并且及时在线升级、更新病毒库，在线实时监控，及时防范。

2）禁用无用网络端口。电力监控系统网络中在交换机上禁用无用的网络端口，通过网络设置切断恶意代码传播的途径，如交换机上禁止 135、137、138、139、445 端口，隔绝内部高危端口互通。

5.5.3　安全运维堡垒机

5.5.3.1　堡垒机原理

（1）堡垒机分类。堡垒机又称为堡垒主机，是一个主机系统，其自身经过一定的加固，具有较高的安全性，可抵御一定攻击，其作用主要是将需要保护的信息系统资源与安全威胁的来源进行隔离，并且在抵御威胁的同时不影响普通用户对资源的正常访问。基于其应用场景，堡垒机可分为两种类型：

1）网关型堡垒机。网关型堡垒机被部署在外部网络和内部网络之间，其本身不直接向外部提供服务，而是作为进入内部网络的一个检查点，用于提供对内部网络特定资源的安全访问控制。这类堡垒机不提供路由功能，而是内外网从网络层隔离开来，因此除未授权访问外还可以过滤掉一些针对内网的来自应用层以下的攻击，为内部网络资源提供了一道安全屏障。但由于此类堡垒机需要处理应用层的数据内容，性能消耗很大，所以随着网络进出口处流量越来越大，部署在网关位置的堡垒机逐渐成为了性能瓶颈，因此网关型的堡垒机逐渐被日趋成熟的防火墙、UTM、IPS、网闸等安全产品所取代。

2）运维审计型堡垒机。运维审计型堡垒机也被称作内控堡垒机，这种类型的堡垒机也是当前应用最为普遍的一种。运维审计型堡垒机的原理与网关型堡垒机类似，但其部署位置与应用场景不同且更为复杂。运维审计型堡垒机被部署在内网中的服务器和网络设备等核心资源的前面，对运维人员的操作权限进行控制和操作行为审计，既解决了运维人员权限混乱、难以控制，又可对违规操作行为进行控制和审计，而且由于运维操作本身不会产生大规模的流量，堡垒机不会成为性能瓶颈，所以堡垒机作为运维操作审计的手段得到了快速发展。

最早将堡垒机用于运维操作审计的是金融、运营商等高端行业的用户，由于这些用户的信息化水平相对较高发展也比较快，随着信息系统安全建设发展，其对运维操作审计的需求表现也更为突出，而且这些用户更容易受到信息系统等级保护、萨班斯法案等法规政策的约束，因此这些高端行业用户率先将堡垒机应用于运维操作审计。

（2）运维审计型堡垒机的工作原理。堡垒机必须能够截获运维人员的操作，并能够分析出其操作的内容，以实现权限控制和行为审计。此外，堡垒机还采用了应用代理的技术。运维审计型堡垒机对于运维操作人员相当于一台代理服务器，其工作流程如图5-32所示。

运维人员在操作过程中首先连接到堡垒机，然后向堡垒机提交操作请求，该请求通过堡垒机的权限检查后，堡垒机的应用代理模块将代替用户连接到目标设备完成该操作，之后目标设备将操作结果返回给堡垒机，最后堡垒机再将操作结果返回给运维操作人员。

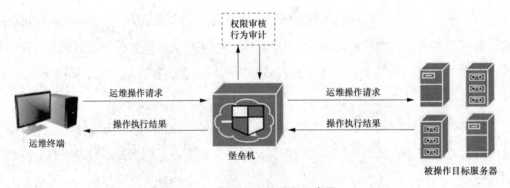

图 5-32　堡垒机工作流程示意图

通过这种方式，堡垒机逻辑上将运维人员与目标设备隔离开来，建立了运维人员→堡垒机用户账号→授权→目标设备账号→目标设备的管理模式，在解决操作权限控制和行为审计问题的同时，也解决了加密协议和图形协议等无法通过协议还原进行审计的问题，其工作原理示意图如图 5-33 所示。

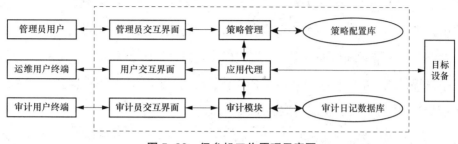

图 5-33　堡垒机工作原理示意图

在实际使用场景中堡垒机的使用人员通常可分为管理人员、运维操作人员、审计人员三类用户。

管理人员最重要的职责是根据相应的安全策略和运维操作人员应有的操作权限来配置堡垒机的安全策略。堡垒机管理人员登录堡垒机后，在堡垒机内部，策略管理组件负责与管理人员进行交互，并将管理人员输入的安全策略存储到堡垒机内部的策略配置库中。

应用代理组件收到运维操作人员的操作请求后调用策略管理组件对该操作行为进行核查，核查依据是管理人员已经配置好的策略配置库，如此次操作不符合安全策略，应用代理组件将拒绝该操作行为的执行。

运维操作人员的操作行为通过策略管理组件的核查之后，应用代理组件则代替运维操作人员连接目标设备完成相应操作，并将操作返回结果返回给对应的运维操作人员；同时此次操作过程被提交给堡垒机内部的审计模块，然后此次操作过程被记录到审计日志数据库中。最后当需要调查运维操作人员的历史操作记录时，由审计人员登录堡垒机进行查询，然后审计模块从审计日志数据库中读取相应日志记录并展示在审计人员交互界面上。

5.5.3.2　堡垒机功能介绍

堡垒机可对主机、服务器、网络设备、安全设备等的运维管理行为进行安全、有效、直观的操作审计，所有对网络设备和操作系统的操作请求都要经过堡垒机审核，对策略配置、系统维护、内部访问等行为进行详细记录，提供细粒度的审计，并支持操作过程的录屏及回放功能，因此堡垒机能够拦截非法访问和恶意攻击，对不合法命令进行阻断，过滤对目标设备的非法访问行为，实现运维全过程的"事前预防、事中控制、事后追溯"，在简化运维操作的同时，全面解决各种复杂环境下的运维安全问题，提升运维管理水平。

（1）集中管理功能。堡垒机提供单点登录功能，操作人员只需登录堡垒机进行身份认证，即可实现对其权限内所有资源的访问。

堡垒机支持统一账户管理策略，能够实现对所有服务器、网络设备、安全设备等账号的集中管理，完成对账号整个生命周期的监控，还可以对设备进行特殊角色设置，如对审计管理员、运维管理员等自定义设置，以满足审计需求。

堡垒机提供统一的认证接口。对用户进行认证时，可以选择密码认证、LDAP 认证、RADIUS 认证等多种方式，也支持双因子认证方式。

（2）访问控制及权限控制功能。堡垒机提供基于用户、目标设备、时间、协议类型、IP 地址、行为等要素实现细粒度的操作授权，最大限度保护用户资源的安全，堡垒机可针对用户身份和角色进行细粒度的授权控制，系统为不同的角色分配不同的操作权限，甚至可将权限控制到命令级，如 Telnet、SSH、FTP、SFTP 等，系统提供基于告警规则名的授权设置，每个告警规则下可以绑定多个用户、用户组、设备、设备组、命令规则，每条授权规则可以设置为启用或禁用。

（3）实时监控、告警及阻断功能。堡垒机可以实时监控正在运维的会话，监控信息包括运维用户、运维客户端地址、目标地址、协议、开始时间等。对违反告警规则的违规操作行为，根据告警规则进行告警或阻断，并通过平台系统提示相关告警或阻断信息。

（4）运维行为审计功能。堡垒机可提供包括字符会话审计、图形操作审计、数据库运维审计、文件传输审计等多种形式的审计功能。审计记录可以通过回放视频、生成报表等形式进行查询。

6 网络安全管理平台

电力监控系统网络安全管理平台具有安全核查、安全监视、安全告警、安全审计、安全分析等功能，能够对电力监控系统的安全风险和安全事件进行实时监视和在线管控，严格管控外部网络访问、外部设备接入、用户登录、人员操作等各类网络事件，实现外部侵入有效阻断、外力干扰有效隔离、内部介入有效遏制、安全风险有效管控的安全防控目标。本章详细介绍了南瑞 NS5000 网络安全管理平台、科东 PSSMP-2000 网络安全管理平台的操作与使用。

6.1　总体结构

6.1.1　体系构架

电力监控系统网络安全管理系统包含主站端的网络安全管理平台和厂站端的网络安全监测装置两部分，平台部署于地级及以上调度，装置部署于变电站、电厂。系统按照设备自身感知、监测装置分布采集、管理平台统一管控的原则，构建感知、采集、管控三层架构的网络安全监管系统技术体系，如图 6-1 所示。

网络安全管理平台实现网络安全在线实时监视、告警、分析、审计、核查等功能；监测装置实现对调控机构、厂站、配电等监控系统相关设备网络安全数据的采集；操作系统、网络设备、安全防护设备、电力调度监控软件和数据库等监测对象完成设备自身可信计算和网络安全数据的感知及上报。

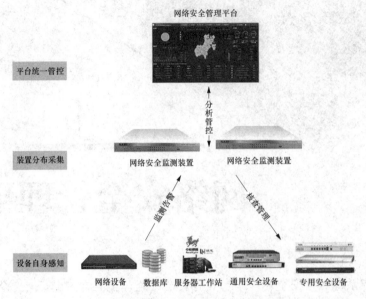

图 6-1　电力监控系统网络安全管理系统架构

6.1.2　部署方式

网络安全管理平台采用独立组网的形式进行网络部署，如图 6-2 所示。平台运行硬件按功能划分为网络安全监测装置、网关机（数据网关机、服务网关机）、应用服务器（数据库、审计分析、监视告警）、人机工作站四类。网络安全监测装置部署于业务系统网络内部及厂站站控层，主要实现对调度自动化系统及厂站监控系统的末端数据采集；

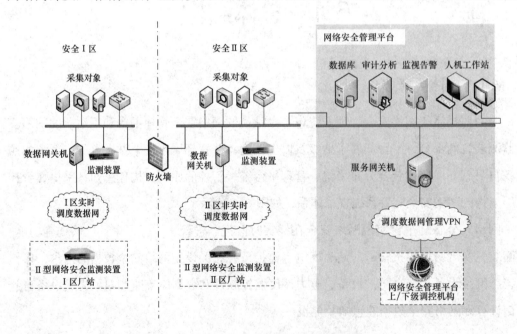

图 6-2　网络安全管理平台硬件架构

网关机置于网络安全管理平台边界，主要为安全数据采集汇总、上下级平台间数据交换等功能提供支撑；应用服务器置于网络安全管理平台内网，主要为数据存储、平台支撑、安全应用等功能提供支撑；人机工作站置于网络安全管理平台内网，主要为人机界面展示提供支撑。

6.2　主要功能

网络安全管理平台软件构架主要有五类安全应用和四个平台支撑模块，如图6-3所示。

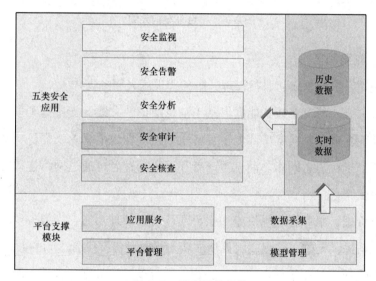

图6-3　平台软件架构

6.2.1　平台支撑模块

6.2.1.1　数据采集

数据采集为平台各类安全应用提供数据支撑，所有需要采集的信息均由设备或系统自身感知产生，包括操作系统、网络设备、安全防护设备、电力调度监控软件、数据库等安全事件信息，通过调度主站和厂站侧的网络安全监测装置汇总处理后提交给网络安全管理平台，如图6-4所示。

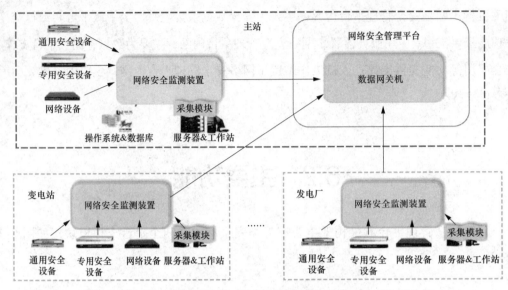

图 6-4 平台采集构架图

6.2.1.2 应用服务

应用服务提供消息总线、服务管理、服务代理三大服务支撑。

（1）消息总线。消息总线功能提供基于消息通信的总线，支持基于事件的实时消息发布、订阅功能。消息总线支持部署于多台服务器上构成消息总线集群，各集群节点之间通过网络通信进行消息同步。消息生产者和消息消费者可通过网络连接方式与消息总线进行数据交互。

（2）服务管理。服务管理提供应用服务的注册、管理功能，为服务使用者获取服务提供者的信息来提供支撑，并完成服务请求者与远端服务提供者之间的数据交换。

（3）服务代理。服务代理实现对下级管理平台信息的数据、画面、服务的远程调阅及访问功能，实现对厂站装置信息的数据、服务的远程调阅及访问功能。

6.2.1.3 平台管理

平台管理功能提供平台管理自身及相关应用的配置管理功能，用来维护平台的完整性和可用性，提高平台的运行效率，包含各种参数的配置功能和对平台操作记录的查询功能等。依据功能的不同，分为人员管理、参数管理、日志管理、业务管理、运维管理、知识库管理、全部核查项管理等模块。平台遵照三权分立的原则，设置系统管理员、安全管理员和审计管理员三种角色。

6.2.1.4 模型管理

模型管理从设备、区域、厂商三种维度来展示和管理平台相关模型，支持对设备所属的区域和厂商名称进行配置，配置区域时支持设置区域节点的属性来决定该区域是否关联资产，配置生产厂商时需要关联到某一具体的设备类型。每个维度可以单独进行配置，三种维度既相互独立，又密切相关。

6.2.2　五类安全应用

网络安全管理平台主要提供安全监视、安全告警、安全分析、安全审计、安全核查五类应用功能。安全核查针对事前，安全监视、安全告警针对事中，安全分析、安全审计针对事后，实现网络安全实时监视告警、分析定位、追踪处置、审计溯源、风险核查和协同管控等功能的集成。

6.2.2.1　安全监视功能

安全监视是实时监视主机、网络等设备的操作事件和网络事件，识别攻击行为和不安全行为，对异常事件和行为进行统计和跟踪，实现对外部网络侵入、外部设备接入、违规操作等行为的监视，并支撑相应的处置，包括安全概览、拓扑监视、设备监视、行为监视、威胁监视、告警监视、厂站监视。

6.2.2.2　安全核查功能

安全核查模块分为设备核查和任务核查两个功能模块，对应核查功能可分为安全配置核查和安全风险评估两项。设备核查模块以单个设备为维度对主机的配置信息、安全漏洞及口令设置进行全面核查，能够清晰直接的显示对应设备的安全信息。任务核查模块以核查任务为维度，可在一次核查任务中分别对多个设备进行安全配置核查或安全风险评估，同时可以有针对性地对设备进行单个配置项的配置信息核查。

6.2.2.3　安全审计功能

安全审计是在发现安全问题时追溯问题来源的手段。数据采集模块将数据发送到消息总线中，数据处理模块消费消息总线中的相应消息并对其进行处理，将处理后的数据写入历史数据库中，数据分析模块会读取历史数据库中的相关数据并对其进行安全分析，数据分析模块会作为服务注册在服务总线中，人机界面会通过服务总线发现数据分析服务进行相应的查询。

6.2.2.4　安全告警功能

如表 6-1 所示，平台遵循 GB/T 31992—2015《电力系统通用告警格式》定义的安全告警级别及处置方式，将安全事件划分为紧急、重要、一般三个等级，并以文字、声音、动画、短信等方式对网络安全事件进行告警。平台提供实时告警和历史告警两种告警展示，根据告警产生的类型采取多种监视方式，实时监控告警情况。

表 6-1 安全告警级别定义

级别	定义	风险程度	举例	处理原则
紧急告警	对电力监控系统安全具有重大影响的安全事件，需要立即处理	已构成安全威胁	非法外链；网络入侵；病毒攻击；未知程序运行；已知程序篡改等	逐级上报，直至国调
重要告警	对电力监控系统安全具有较大影响的安全事件，需要在规定时间内进行处理	具有一定安全风险	主机执行危险操作；不符合安全策略的访问；U盘外设接入等	上报上级调控机构
一般告警	对电力监控系统安全具有一定影响的安全事件，对于多次发生的需要在规定时间内进行处理	不构成事实安全威胁	登录主机失败；违反强制执行控制策略；无版本签名程序运行；纵向设备隧道建立错误；CPU利用率超出阈值等	本地处理

6.2.2.5　安全分析功能

安全分析功能是使用各种综合分析手段，通过对设备安全监视与安全告警数据进行不同维度的分析与挖掘，提供多视角、多层次的分析结果，展示整体安全运行情况。安全分析功能便于用户的管理工作，也为考核工作提供基础支撑数据，包括运行分析、统计报表、对比分析。

6.3　南瑞 NS5000 网络安全管理平台

本节以南瑞信息 NS5000 为例，介绍网络安全管理平台的操作与使用。

平台启动时，首先进入登录界面，登录界面为整个平台的入口，支持用户名、密码以及验证码的校验，如图 6-5 所示。输入的用户名或密码不正确时会有错误提示，登录成功后将进入管理平台管理界面。

导航条方便用户对系统常用功能操作提供快捷方式，由六个部分组成：安全监视、安全审计、安全分析、安全核查、平台管理、模型管理，如图 6-6 所示。鼠标悬浮在各功能模块上，会弹出二级导航。

现从电力监控系统网络安全日常运维角度出发，主要介绍平台部分常用的应用功能。

图 6-5　登录界面

图 6-6　平台导航条

6.3.1　人员管理

人员管理模块可以管理平台所有的用户，登录成功后能确定用户的身份信息，并根据用户角色赋予相应的权限来监控和管理平台。该模块包括角色管理、用户管理和安全登录三个部分。

6.3.1.1　角色管理

平台遵照三权分立的原则，设置系统管理员、安全管理员和审计管理员三种角色。针对不同角色用户，可支持对同一个平台不同维度管理，以保证平台运维的安全性。

在平台管理界面点击人员管理，选择角色管理，该页面支持角色信息的添加、编辑、删除等功能，如图 6-7 所示。

图 6-7　角色管理

6.3.1.2　用户管理

在平台管理界面点击人员管理，选择用户管理，该页面支持对平台用户进行管理，可以新增用户、修改用户、删除用户；新增或者修改用户信息时，可与角色、地域进行绑定，实现不同用户不同权限，如图 6-8 所示。

图 6-8　用户管理

6.3.1.3　安全登录

新增用户需在平台管理界面点击人员管理，选择安全登录，该页面配置相应的 IP 和用户名后才允许登录系统，如图 6-9 所示。

图 6-9　安全登录

6.3.2　基础配置

基础配置为平台资产接入提供基础数据支撑，包括采集机配置、地域配置、厂商配置功能。

6.3.2.1　采集机配置

平台的采集机即数据网关机或Ⅰ型网络安全监测装置，数据网关机部署在调度数据网边界，用于采集变电站侧的Ⅱ型网络安全监测装置和纵向加密认证装置的信息，并实现对Ⅱ型网络安全监测装置的远程调阅和纵向加密装置的管控。

Ⅰ型网络安全监测装置属于主站内网，用于采集主站网络设备、安防设备、主机等资产信息。

在平台管理界面点击运维管理，选择采集机配置，该页面显示所有采集机信息，如图 6-10 所示。

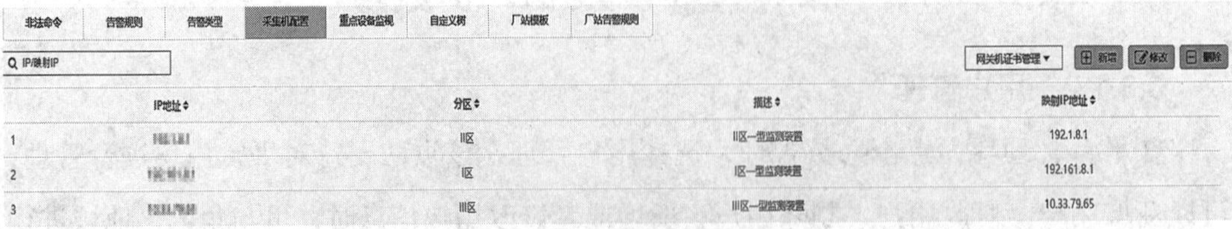

	IP地址 ◆	分区 ◆	描述 ◆	映射IP地址 ◆
1		Ⅱ区	Ⅱ区一型监测装置	192.1.8.1
2		Ⅰ区	Ⅰ区一型监测装置	192.161.8.1
3		Ⅲ区	Ⅲ区一型监测装置	10.33.79.65

图 6-10　采集机配置界面

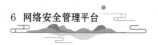

以添加网络安全管理平台Ⅱ区数据网关机为例，点击“新增”，弹出采集机添加配置界面，如图 6–11 所示。

新增
×
IP地址:
限制15个字符
区域:
—请选择—
描述:
限制15个字符
映射IP地址:
限制15个字符
是否含加密卡:
—请选择—
保存

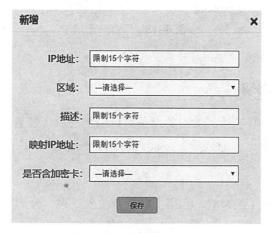

图 6–11　采集机添加配置

图 6–11 中：填写如下必要信息，点击“保存”后即完成采集机添加。

IP 地址：根据实际情况填写数据网关机 IP 地址。

区域：选择Ⅱ区。

映射 IP 地址：同数据网关机 IP 地址。

是否含加密卡：是（根据实际采集机是否装有加密卡进行选择）。

6.3.2.2　地域配置

在模型管理页面点击地域配置，根据地域号来配置资产所属地域，如图 6–12 所示。地域号为 2 位数来表示省一级地域，4 位数表示下一级地域，8 位数表示下一级的下一级地域，且下一级地域可以查看关联设备的情况。

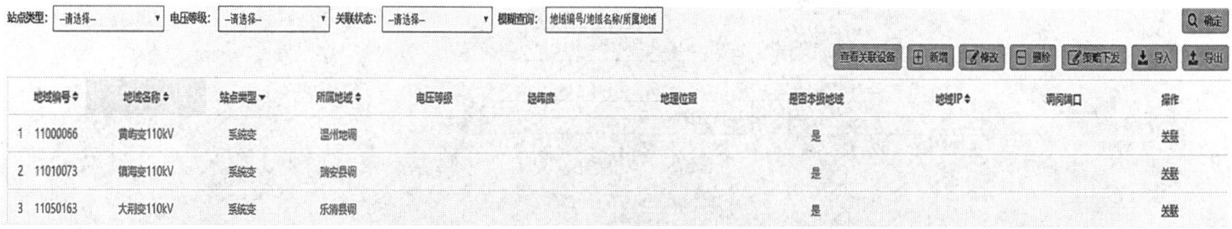

站点类型:
–请选择–
电压等级:
–请选择–
关联状态:
–请选择–
模糊查询:
地域编号/地域名称/所属地域
确定
查看关联设备
新增
修改
删除
策略下发
导入
导出
地域编号
地域名称
站点类型
所属地域
电压等级
经纬度
地理位置
是否本级地域
地域IP
调阅端口
操作
1 11000066 黄岭变110kV 系统变 温州地调 是 关联
2 11010073 镇海变110kV 系统变 瑞安县调 是 关联
3 11050163 大荆变110kV 系统变 乐清县调 是 关联

图 6–12　地域配置

6.3.2.3　厂商管理

在模型管理界面点击厂商管理，该页面提供给用户可以针对某一具体类型的设备来配置一个或多个生产厂商，还可以配置某一厂商具体的设备型号、程序版本和动态连接库名称，从而实现了设备与厂商的关联，如图 6–13 所示。

	标识	设备类型 ⇄	生产厂商 ⇄	版本信息 ⇄	代理路径 ⇄	过滤关键字 ⇄	操作
1	1	服务器	IBM				查看资产
2	2	防火墙	IBM				查看资产
3	3	监测装置	东方京海				查看资产
4	4	纵向加密认证装置	北京科东	PSTunnel			查看资产

图 6-13　厂商配置

6.3.3　资产接入

接入平台的资产类型包括：①安防设备：纵向加密认证装置、防火墙、网络安全监测装置、横向隔离装置、入侵检测；②网络设备：交换机；③主机：服务器、工作站；④数据库。

现以网络安全监测装置为例，介绍平台资产接入流程，分为三个步骤。

（1）平台资产添加。

在模型管理界面点击资产管理，点击"新增"，弹出新增资产界面，如图 6-14 所示。

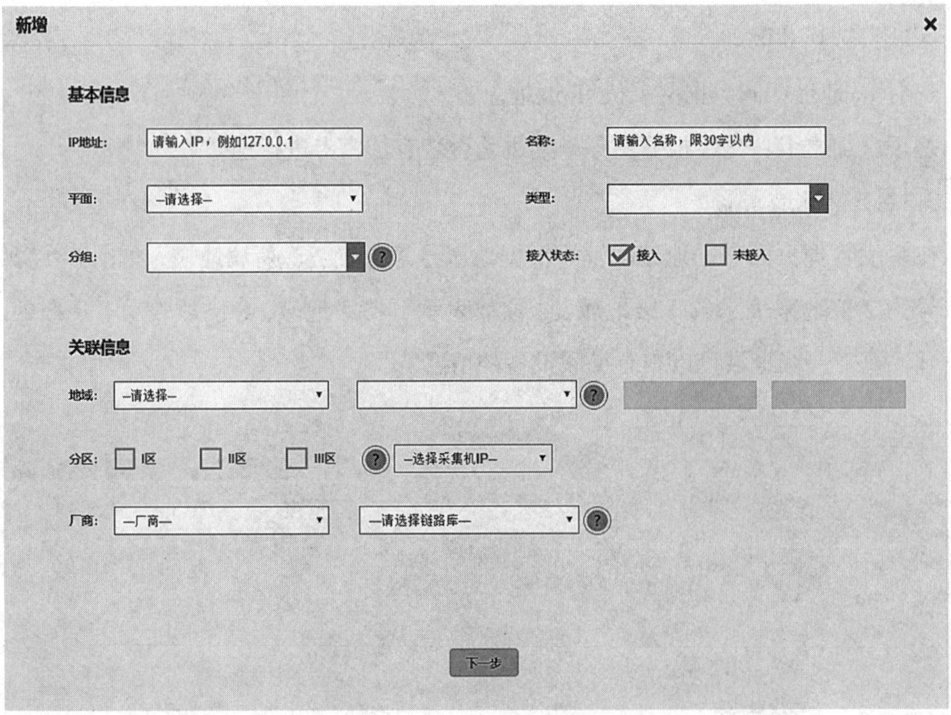

图 6-14　新增监测装置

填写必要信息，其他不带 * 的字段信息为标识性数据，平台不做合法性校验。必要信息包括以下几种：

IP 地址：根据实际情况填写监测装置上联口网络地址。

名称：如某地区某变电站监测装置。

平面：选择相应平面。

类型：Ⅱ型监测装置。

分组：根据实际情况选择分组。

接入状态：接入。

地域：如选择"××地调"和"××变电站"。

分区：勾选相应分区，并选择对应采集机。

厂商：如南瑞信息。

以上信息配置完成后，继续"下一步"，填写其他附加信息。点击"保存并提交"即完成Ⅱ型网络安全监测装置资产添加。

（2）监测装置证书导入。现场调试人员将网络安全监测装置证书请求从设备中导出后发给主站，主站证书签发系统录入管理员、审计管理员对证书请求进行录入、审计后，由签发管理员进行签发，并将签发后的证书发给平台管理员。平台管理员将签发后的监测装置证书拷贝到平台 NS5000UI 所在服务器上。

在平台管理界面选择运维管理，进入采集机配置页面，选择监测装置对应的采集机，操作栏下拉框中点击"证书导入"，弹出证书导入界面，填写相关信息并正确导入上述签发的监测装置证书，如图 6-15 所示。

图 6-15　选择导入证书

此时设备在离线状态显示为"在线"，且平台可以实现对该厂站监测装置的远程调阅功能，如图 6-16 所示。

图 6-16　监测装置在线

（3）监测装置远程调阅。

在安全监视界面选择厂站监视，进入厂站调阅页面，该页面提供对监测装置的调阅配置及远程管理功能，可进行包括采集信息调阅、上传事件调阅、基线核查、命令控制、配置管理（资产参数 / 网卡参数 / 路由参数 / 通信参数 /NTP 参数 / 事件处理参数进行添加、修改、删除等操作）、软件升级、监控对象参数（可以进行厂站监测装置白名单的查看 / 修改 / 删除等操作）管理等，如图 6-17 所示。

图 6-17　厂站调阅界面

6.3.4　安全监视

日常运维工作中，各级调度可依托网络安全管理平台开展网络安全监视工作，有效指导告警治理，平台将告警按级别分为紧急、重要、一般三种，按类别分为清朗、有序、安全三种。

6.3.4.1　告警监视

在安全监视界面选择告警监视，可以查看所有主站设备和加密装置的实时告警信息，如图 6-18 所示。

图 6-18　加密及主站设备告警监视

在安全监视界面选择厂站监视，进入厂站告警页面，可查看所有厂站监测装置上传的告警信息，如图 6-19 所示。

图 6-19　厂站告警监视

双击一条告警信息可查看告警详情，通过告警详情可以查看告警设备名称、告警类型、告警描述、处理建议等信息，及时高效开展告警处置。图 6-20 为一条安全类重要告警信息。

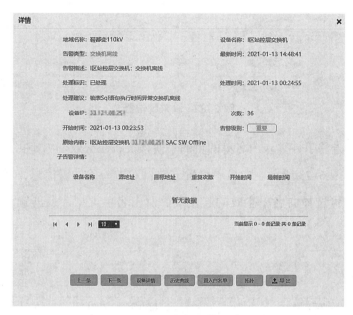

图 6-20　告警详情信息

6.3.4.2　检修牌与白名单

置检修牌的目的是在设备调试或检修期间，使其引发的告警不向上一级平台上送，只保存在本级平台，如图 6-21 所示。置检修牌方法：在模型管理界面选择资产管理，双击正在进行检修工作的资产，在详情页面点击"置检修牌"，确定后即完成检修牌设置。

图 6-21　置检修牌

在置入检修牌后，该设备在有效期内不再实时推送任何告警信息，但可通过点击安全审计，选择安全事件审计，进入缺陷牌告警页面，查看检修设备的告警信息，如图6-22所示。

图 6-22　缺陷牌告警

平台对某一告警事件置入白名单的目的是使该设备在有效期内不再对此条或此类事件产生告警，如图6-23所示。白名单设置方法：双击一条告警信息，在详情页面点击"置入白名单"，可选择白名单生效的起止事件及白名单类型，点击置入白名单即完成设置。

图 6-23　置白名单

6.3.5　安全核查

安全核查功能模块可对已接入平台的主机资产进行漏洞扫描和安全配置核查，如图6-24所示。

图 6-24　安全核查

6.3.5.1 漏洞扫描

漏扫支持对主机进行漏洞扫描，可扫出弱口令、危险端口等，如图 6-25 所示。点击安全核查，进入漏扫与核查页面，点击"漏扫作业"，填写任务名称，选择要进行漏扫的设备，可将若干设备资产建立为固定的资产模板以便同时选取多个设备执行漏扫作业，执行方式可选择立即执行、定时执行、周期执行。

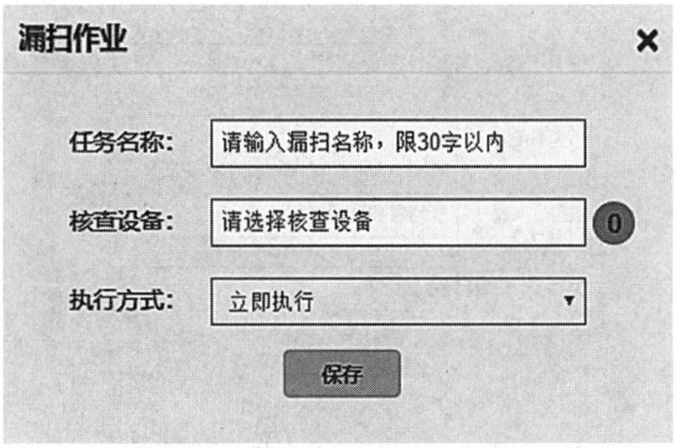

图 6-25　漏扫作业配置界面

执行结束后，可通过导出 PDF、导出 Word 形式查看详细的漏扫报告，如图 6-26 所示。

通过上述漏扫报告可以分析得出：该电量前置服务器存在高危服务漏洞 http，端口号 9090，服务名为 Web 服务，生产控制大区禁止此类高风险服务，建议关闭。

电量前置服务器 1 漏洞扫描报告

漏扫名称：电量前置服务器 1	
漏扫时间：2019-07-25 21:12:06	漏扫主机数：1
危险端口：1	弱口令：0

主机 IP 为 192.1.2.17 的漏洞扫描结果。

序号	风险	服务/端口	服务名	建议
1	高风险	http/9090	Web 服务	生产控制大区禁止此类高风险服务，建议关闭。

图 6-26　漏扫报告

6.3.5.2 安全配置核查

核查是以单个设备为维度对主机的配置信息、安全漏洞及口令设置进行全面核查，能够清晰直接地显示对应设备的不合规配置数和安全风险数。

在安全核查界面点击漏扫与核查，点击"基线核查作业"，填写任务名称，核查策略可自定义策略模板功能，选择核查设备名称，执行方式可选择立即执行、定时执行、周期执行，如图 6-27 所示。

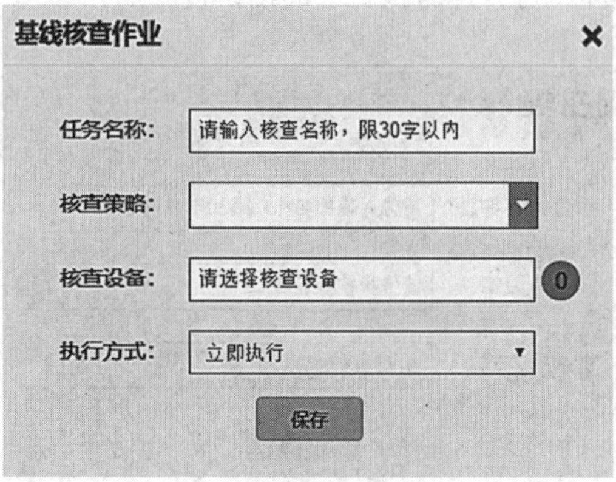

图 6-27　基线核查作业配置

执行结束后，可通过导出 PDF、导出 Word 形式查看详细的核查报告，如图 6-28 所示。

主站电量服务器基线核查报告

基线核查名称：主站电量服务器	
基线核查时间：2019-07-25 20:58:20	基线核查主机数：1
总核查项：50	不通过项：1

主机 IP 为 192.1.4.2 的基线核查结果。

序号	核查项名称	建议	核查结果
1	修改 SNMP 的默认 Community	低风险，修改 SNMP 默认口令避免非法或未授权用户获得网络信息，对系统无影响。	不通过

图 6-28　基线核查结果

通过上述核查报告可以分析得出：该服务器存在 SNMP 默认口令，建议修改默认口令避免非法或未授权用户获得网络信息。

6.3.6　安全审计

安全审计为安全事件分析提供追溯手段，包括综合审计、登录操作审计、接入行为

审计、运维审计等。

6.3.6.1 综合审计

综合审计以安全威胁事件为对象，从威胁事件关联到其所涉及的操作及告警的整体情况，进一步细化到具体的各条安全事件和告警本身，从整体到局部详细地还原威胁发生的全过程。

选择安全审计，点击综合审计，该页面展示从外部设备接入、外部网络访问、内部网路访问维度统计的审计信息，同时可根据开始时间、结束时间进行过滤，如图6-29所示。

	事件类别 ⇕	设备信息 ⇕	审计开始时间 ⇕	初始节点 ⇕	初始登录账号	述职链路信息 ⇕	告警数量 ⇕	操作数量 ⇕	事件结束时间 ⇕
1	内部网络访问	电量业务(192.1.2.235)	2021-01-12 02:19:25	root@电量应用服务器2	root	电量业务->电量应用服务器2	0	44	2021-01-12 11:08:10
2	内部网络访问	电量业务(192.1.2.235)	2021-01-05 19:56:14	root@电量应用服务器2	root	电量业务->电量应用服务器2	0	146	2021-01-05 20:45:08
3	内部网络访问	电量业务(192.1.2.235)	2021-01-12 02:19:25	root@电量应用服务器2	root	电量业务->电量应用服务器2	0	44	2021-01-12 11:08:10
4	内部网络访问	电量业务(192.1.2.235)	2021-01-05 17:19:08	root@电量应用服务器2	root	电量业务->电量应用服务器2	0	505	2021-01-05 17:19:46

开始时间: 2021-01-01 00:00:00   结束时间: 2021-01-13 15:00:12
外部设备接入 外部网络访问 内部网络访问   ⬆ 导出

图6-29 综合审计界面

双击一条审计信息，通过详情可查看本次事件过程中产生的告警信息和操作信息，如图6-30所示。

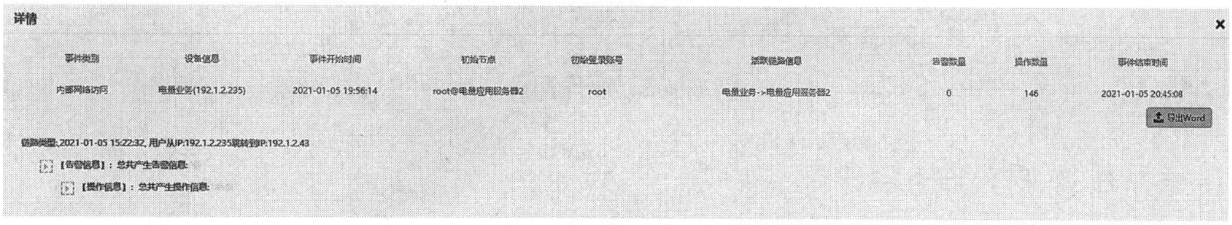

详情   ✕

事件类别	设备信息	事件开始时间	初始节点	初始登录账号	述职链路信息	告警数量	操作数量	事件结束时间
内部网络访问	电量业务(192.1.2.235)	2021-01-05 19:56:14	root@电量应用服务器2	root	电量业务->电量应用服务器2	0	146	2021-01-05 20:45:08

⬆ 导出Word

链路类型:2021-01-05 15:22:32, 用户从IP:192.1.2.235跳转到IP:192.1.2.43
▶ 【告警信息】:总共产生告警信息。
▶ 【操作信息】:总共产生操作信息。

图6-30 综合审计详情

通过上述详情可以分析得出，这是某地调一条内部网络访问的操作事件。用户root从电量Ⅱ区备用服务器（IP：192.1.2.31）以SSH方式跳转至电量前置服务器（IP：192.1.2.17），并记录在电量前置服务上的46条操作信息。点击操作信息可查看具体源端口、操作内容、操作时间等信息。

6.3.6.2 登录审计

选择安全审计，点击登录操作审计，可对设备登录信息及操作信息的历史查询，如图6-31所示。主机登录操作审计信息包括SSH登录、X11协议登录及本级登录链路信息、目标主机、链路事件、退出事件、登录用户、操作命令数等信息，支持对相关操作行为关联审计及操作路径的回溯。

图 6–31　登录审计界面

双击一条登录事件，点击右上角操作栏的"操作回放"可查看链路的操作命令及回显信息，如图 6–32 所示。

图 6–32　操作回显

6.3.6.3　接入行为审计

在安全审计中选择接入行为审计，可审计系统内外设接入、网络接入相关行为，针对不同的外设接入类型提供分类审计功能。能够追踪网络接入的详细信息，提供 6 个月内的外设设备、网络设备等接入信息的记录、分析、查询等功能，包括接入设备类型、接入时间、拔出时间、接入设备 IP、接入设备 MAC、接入时间、断开时间等信息，如图 6–33 所示。

图 6–33　接入行为审计界面

点击"事件轴"可查看主机事件图序，如图 6–34 所示。

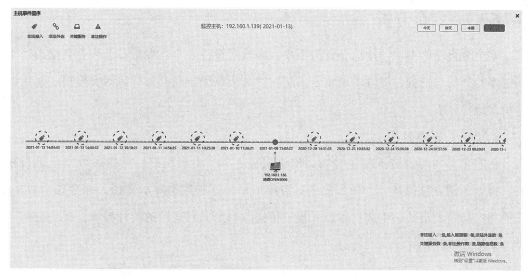

图 6-34　主机事件图序

图 6-34 为一起 USB 接入服务器事件，该设备名为 wzwh4-1，IP 地址为 192.160.1.139，共发生 10 次 USB 设备接入、拔出事件。

6.3.6.4　运维审计

通过安全审计中的运维审计可生成电力监控系统运维安全审计报告，展示某个时间段内的各种事件统计信息，如图 6-35 所示。

电力监控系统运维安全审计报告

2020 年 12 月 01 日到 12 月 31 日，网络安全管理平台对电力监控系统（含安全 I、II、III 区）的 49 台主机设备、15 台网络设备、752 台安防设备产生的网络安全事件进行了安全审计。关键行为审计共产生登录行为事件 171 次、设备接入事件 1 次、权限变更事件 5 次、配置变更事件 5 次、使用危险操作指令事件 132 次。此外，对本月开展的 0 次自动化检修工作进行了事后综合审计。

一、关键行为审计

关键行为审计可通过网络安全管理平台实现可定制化的按日自动化的审计功能，具体内容包括登录行为审计、设备接入审计、权限变更审计、配置变更审计、危险操作指令审计，具体内容如下：

（一）登录行为审计

共产生正常登录事件 171 次；主机设备 15 台，共计 163 次，其中本机登录 0 次，ssh 登录 159 次，X11 登录 4 次；网络设备 0 台、0 次；安防设备 8 台、8 次。

共产生异常登录事件 164 次；登录失败 1 次，主机登录失败 1 次，数据库登录失败 0 次，防火墙登录失败 0 次，纵向登录失败 0 次；超时登录未退出 16 次；使用 root 用户登录共计 121 次；跨区登录共计 2 次；非工作时间登录共计 24 次，其中工作日（20:00:00-08:00:00）共计 4 次，周六、周日（00:00:00-00:00:00）共计 20 次。

图 6-35　运维审计报告

6.3.7 安全分析

安全分析功能模块使用综合分析手段，通过对设备安全监视与安全告警数据进行不同维度的分析与挖掘，提供多视角、多层次的分析结果。安全分析包括安全报表、指标分析、趋势分析。

6.3.7.1 报表分析

在安全分析界面选择报表分析，提供报表工具，生成用户所需的各种安全运行报表。报表中包含数据统计、图形展示、表格展示等多种数据展示途径，综合展示数据。按照用户指定的格式，生成日报、月报、年报及自定义时间段的统计报表，提供导出功能，如图 6-36 所示。

电力监控系统网络安全报表

2020-12-01—2020-12-31

汇报单位：××省调

一、安全监管整体情况

从 2020-12-01 至 2020-12-31 ，电力监控系统网络安全管理平台情况如下：

1.监管设备总共有 1053 台。 从 2020-12-01 至 2020-12-31 ，离线设备共 263 台，其中离线小于三小时的设备有 261 台，离线大于三小时但小于十二小时的设备共 2 台，离线大于十二小时的设备有 0 台。

2.本级平台共产生告警 1415 条，涉及设备 169 台。由设备直接发出的告警 1415 条，其中：

1）本级平台紧急告警数 5 条，涉及 4 台设备，已处置 4 台设备的 5 条紧急告警，未处置 0 台设备的 0 条告警数。

2）本级平台重要告警数 988，涉及 141 台设备，已处置 141 台设备的 988 重要告警，未处置 0 台设备的 0 条告警数。

3.共产生疑似安全威胁事件 116 次，其中，外部网络访问 9 次，外部设备接入 0 次，内部网络访问 107 次，告警 2 次。

二、日志上报情况

1.下级上报数据：

地域名称	在线率(%)	安防设备在线率(%)	密通率(%)	紧急告警	重要告警	一般告警	接入率	安全指数
XX 地调	99.99%	99.98%	99.90%	3	598	217	100.00%	85

图 6-36 报表分析

6.3.7.2 指标分析

在安全分析界面选择指标分析，从统计的角度查看平台运行的告警数、资产数、在线率、密通率、接入率、安全指数等相关指标，如图 6-37 所示。

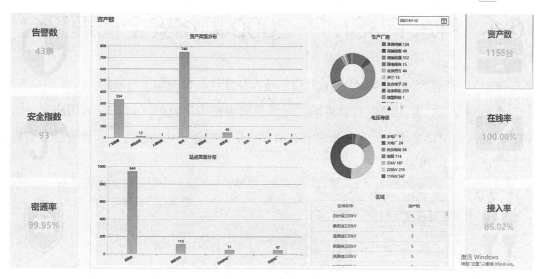

图 6-37　指标分析

6.3.7.3　趋势分析

在安全分析界面选择趋势分析，可提供按时间维度的安全告警信息及解决情况的趋势分析；可提供按时间维度的纵向加密装置密通信息的趋势分析；可提供按时间维度的接入设备数量的趋势分析；可提供按时间维度的设备在线情况的趋势分析。左侧提供按区域进行趋势分析的区域树，如图 6-38 所示。

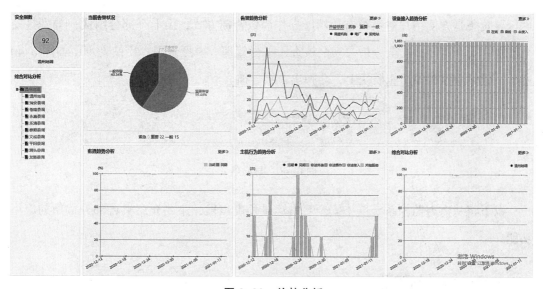

图 6-38　趋势分析

6.4 科东 PSSMP-2000 网络安全管理平台

本节以科东 PSSMP-2000 为例,介绍网络安全管理平台的操作与使用。

平台启动时,首先进入登录界面,登录界面为整个平台的入口,输入用户名、密码,当输入的用户名或密码不正确时会有错误提示,当登录成功后将进入管理平台管理界面,如图 6-39 所示。

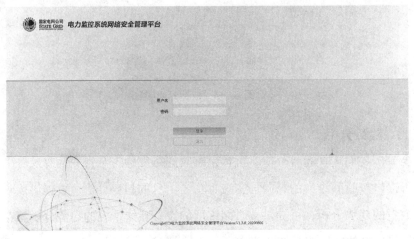

图 6-39 登录界面

导航条是方便用户对系统常用功能操作提供快捷方式,由七个部分组成,分别是安全监视、安全审计、安全分析、安全核查、平台管理、模型管理、厂站管理,如图 6-40 所示。鼠标悬浮在各功能模块上,会弹出二级导航。

图 6-40 导航条

以下将从电力监控系统网络安全日常运维角度出发,主要介绍平台部分常用的应用功能。

6.4.1 人员管理

人员管理模块可以管理平台所有的用户,登录成功后能确定用户的身份信息,并根据用户角色赋予相应的权限来监控和管理平台。

6.4.1.1 人员部门

点击平台管理，选择人员管理，进入人员部门页面该页面支持平台用户信息的管理功能，支持对用户名唯一性的校验，并对用户的密码强度进行了复杂度判断，从而提高了用户身份信息的相对安全性，而且在添加一个新用户时可以选择不同的角色，确保该用户可以选择更适合的角色来管理平台，如图6-41所示。

图6-41 人员部门

6.4.1.2 人员角色

点击平台管理，选择人员管理，进入人员角色页面。该页面实现针对不同角色的用户，对同一个平台从不同方面、不同角度、不同关注点管理和监控该平台的某几个功能模块或某一功能模块的某几个操作，从而实现角色级的可视化自定义配置功能，如图6-42所示。

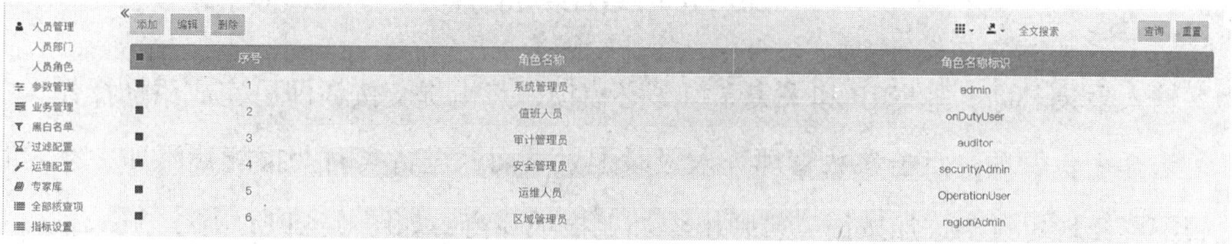

图6-42 人员角色

新增人员角色操作步骤：①点击添加按钮会弹出新增角色弹窗，填写角色名称、角色名称标识必填字段，其中角色标识为不同角色的标识，必须为英文字母；②点击提交按钮，新增角色成功。此外，也可以对角色进行修改和删除，如图6-43所示。

图6-43 新增角色

6.4.2 基础配置

基础配置是对平台自身各种参数的配置，是平台接入资产、与上下级连接的基础。

6.4.2.1 级联配置

级联配置包括采集配置和实时上报配置。采集配置可以配置本级平台的采集装置的采集名称、采集装置 IP 和采集装置的端口，下级平台的数据可以通过该装置上报到本级平台。实时上报配置则可以配置本级平台上报到上级平台数据的采集装置名称、远端 IP 和远端端口，这样便实现了上下级平台的数据联通。

选择平台管理，点击参数管理，进入级联配置页面，进行采集配置添加操作：在采集配置模块里点击添加按钮，弹出添加采集项弹窗，如图 6-44 所示。

图 6-44 增添采集项

输入采集名称、采集 IP 和采集端口等必填项，点击提交按钮即可完成添加操作。

选择平台管理，点击参数管理进入级联配置页面，进行实时上报配置添加：在实时上报配置模块里点击添加按钮，会弹出添加上报项弹窗，如图 6-45 所示。

图 6-45 添加上报项

输入采集名称、启用状态、远端 IP 和远端端口等必填项，然后点击提交按钮即可完成添加操作。

6.4.2.2 级联调阅

级联调阅提供主动调阅和批量调阅功能。

选择平台管理，点击参数管理，进入级联调阅页面，编辑级联调阅参数：点击表格操作里的编辑图标即可出现编辑调阅参数弹窗，然后填写对应的必填项，点击提交按钮即可完成编辑操作，如图6-46所示。

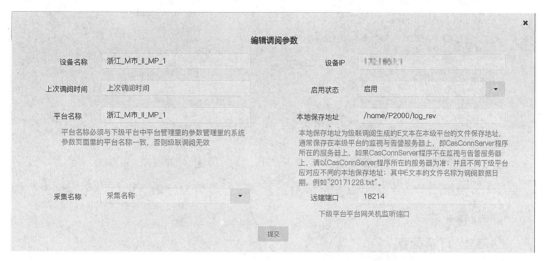

图 6-46 编辑调阅参数

6.4.3 资产接入

资产接入涉及区域配置、厂商配置和设备管理。当配置某一设备时必须配置该设备所属的区域和厂商，配置区域时可通过设置区域节点的属性来决定该区域是否能关联设备，而配置生产厂商时需要关联到某一具体的设备类型，因此，三种维度密切相联。

6.4.3.1 区域配置

区域配置定义了平台所属的地理区域或是所属电力公司，每个区域节点可以设置为分组节点或者是终端节点，分组节点下可以继续添加下级区域节点，终端节点则不可以。终端节点下可以配置不同类型的设备，从而实现设备与区域的关联。每个区域还可以配置不同的电压等级，从而确保该区域下所有设备使用统一的电压等级，最终会构造一个以每个区域为基本节点的区域树，从而实现对整个平台所有区域的管理。

点击模型管理，进入区域管理页面，选中左边区域树某一个节点为根节点，点击添加按钮，会弹出新增区域弹窗，如图6-47所示。

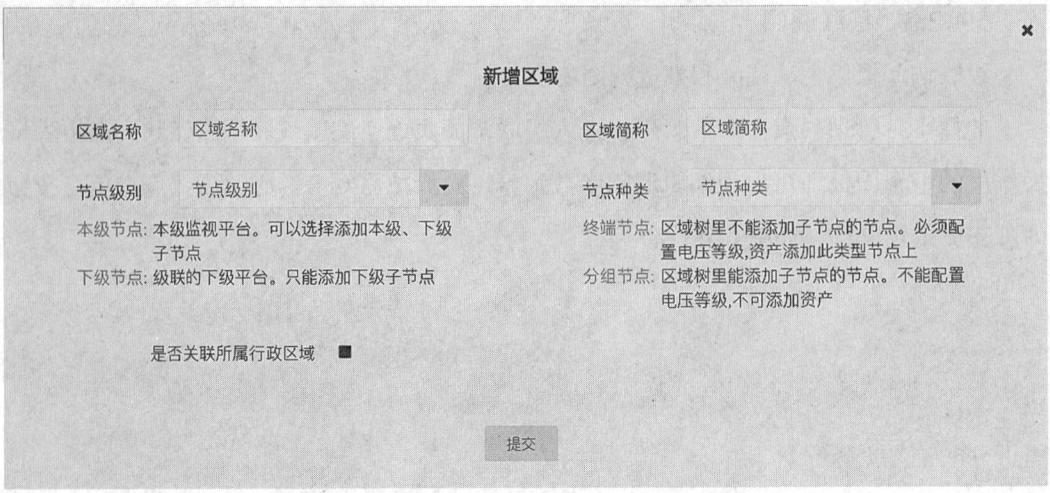

新增区域

| 区域名称 | 区域名称 | | 区域简称 | 区域简称 |

节点级别　节点级别

本级节点：本级监视平台。可以选择添加本级、下级
子节点
下级节点：级联的下级平台。只能添加下级子节点

节点种类　节点种类

终端节点：区域树里不能添加子节点的节点。必须配
置电压等级,资产添加此类型节点上
分组节点：区域树里能添加子节点的节点。不能配置
电压等级,不可添加资产

是否关联所属行政区域 ◼

提交

图 6-47　新增区域

输入区域名称、区域简称，选择节点级别、节点种类、所属行政区域、电压等级字段，其中节点级别分为本级节点和下级节点，节点种类分为分组节点与终端节点，然后点击提交按钮即可。

6.4.3.2　厂商配置

选择模型管理，点击厂商管理，该界面中用户可以针对某一具体类型的设备来配置一个或多个生产厂商，还可以配置某一厂商具体的设备型号、程序版本和动态连接库名称，从而实现设备与厂商的关联，如图 6-48 所示。

图 6-48　厂商管理界面

平台系统会自带一些常见的设备厂商，若接入的设备厂商不存在时，可以选择添加设备厂商。选择模型管理，点击进入厂商管理页面，选中左边资产类型树里某一具体的资产类型，点击添加按钮，会出现新增厂商弹窗，如图 6-49 所示。

填写设备厂商、设备型号、程序版本和动态链接库后，点击提交即可。

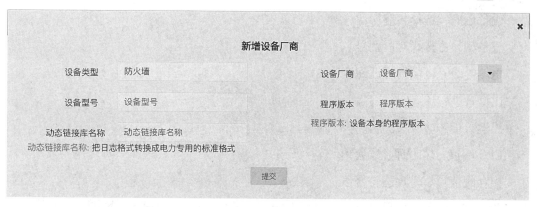

图 6-49 新增厂商

6.4.3.3 设备管理

以网络安全监测装置为例，介绍平台资产接入流程，分为如下三个步骤。

（1）平台资产添加

点击模型管理，进入设备管理页面，点击添加后，弹出添加资产界面，如图 6-50 所示。

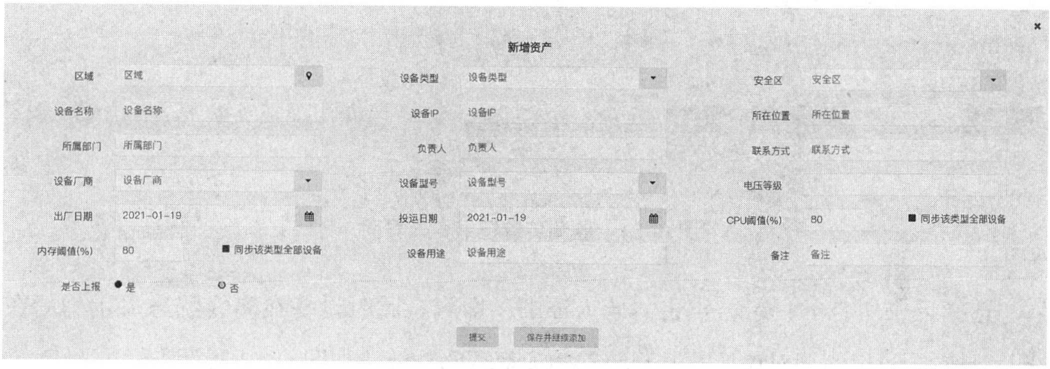

图 6-50 新增监测装置

填写必要信息，其他不带 * 的字段信息为标识性数据，平台不做合法性校验。必要信息包括以下几种：

区域：区域管理配置完毕，选择即可。

设备类型：监测装置。

安全区：选择相应平面及区域。

设备名称：如 ××××地区某厂站监测装置。

设备子类型：厂站为Ⅱ型监测装置。

设备 IP：根据实际情况填写监测装置上联口网络地址。

设备厂商：选择相应厂商。

设备型号：选择对应型号。

电压等级：区域管理已配置。

出厂日期：×××年××月××日。

投运日期：×××年××月××日。

CPU 阈值：填写理想告警值。

内存阈值：填写理想告警值。

所有信息配置完成后，点击"提交"，弹出"编辑成功"标识后，资产添加完毕。

（2）监测装置证书导入。现场调试人员将网络安全监测装置证书请求从设备中导出后发给主站，主站证书签发系统通过管理员、审计管理员对证书请求进行录入、审计后，由签发管理员进行签发，并将签发后的证书发给平台管理员。平台管理员将签发后的证书导入到平台 UI 工作站指定目录。

选择厂站管理，进入证书导入页面，点击"选择装置"选择需要导入证书的监测装置资产，再点击"选择证书"，如图 6-51 所示。

图 6-51　监测装置证书导入界面

选择证书所在的目录，点击"导入证书"即可。此时设备在离线状态显示为"在线"，且平台可以实现对该厂站监测装置的远程调阅功能，如图 6-52 所示。

图 6-52　监测装置在线

（3）监测装置远程调阅。进入厂站管理页面，监测装置远程调阅功能列表如图 6-53 所示。

图 6-53　远程调阅列表

1）切换至采集信息页面，选择新添加的监测装置后，点击"查询"，可以调阅监测装置所采集的设备信息，如图 6-54 所示。

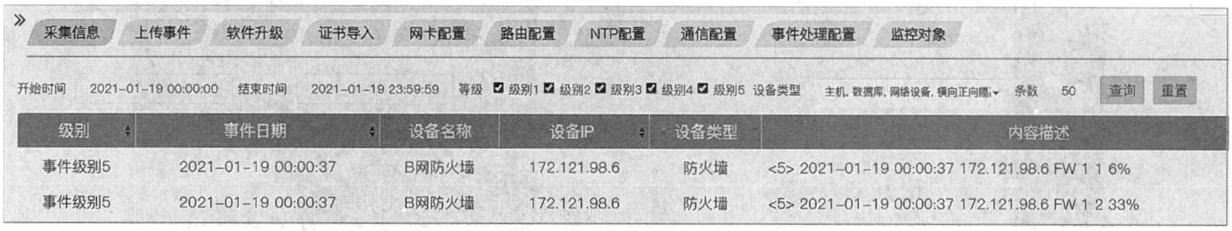

图 6-54　采集信息界面

2）切换至上传事件页面，可以调阅监测装置上送平台的事件，如图 6-55 所示。

图 6-55　上传事件

3）切换至命令控制页面，可以对监测装置进行控制（例如主动断网），如图 6-56 所示。

图 6-56　命令控制

4）切换至配置管理页面，可以调阅监测装置的资产配置、网卡配置、路由配置、NTP 配置通信配置等，也可对这些配置进行远程修改，如图 6-57 所示。

图 6-57　配置管理

5）切换至软件升级页面，可以对厂站监测装置进行远程升级，如图 6-58 所示。

253

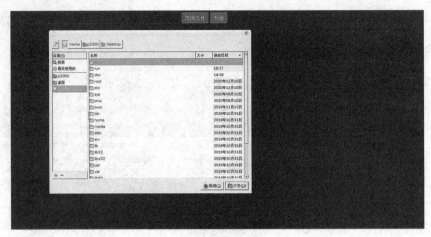

图 6-58　远程升级

6.4.4　安全监视

6.4.4.1　设备监视

设备监视是对接入后的资产状态进行验证的一种方式，包括对主机设备、网络设备、数据库和安全设备的监视，可同时监视以上设备的各个性能指标、CPU、内存的使用率，还可对主机设备的外接设备接入数进行监视，同时能监视所有设备的告警情况。

（1）主机设备监视。选择安全监视，进入设备监视页面，可查看本级主机设备的运行状态、告警信息、操作信息、外接设备使用情况，并对设备异常状态进行实时监视，如图 6-59 所示。

图 6-59　主机设备监视界面

（2）数据库设备监视。选择安全监视点击进入设备监视页面，可查看数据库设备的运行状态、告警信息，并对设备异常实时监视。数据库的运行状态监视包括数据库运行时长、数据库运行状态、CPU 利用率、内存利用率、数据库剩余连接数、数据库当前已使用连接数、数据库存储空间使用情况，如图 6-60 所示。

图 6-60　数据库设备监视界面

（3）安全设备监视。选择安全监视，点击进入设备监视页面，可查看纵向设备、隔离设备、防火墙设备、入侵检测系统并对设备异常状态进行实时监视，如图 6-61 所示。对纵向设备可实时监视设备在线状态、CPU 利用率、内存利用率、主备机状态、明 / 密通隧道数量、明 / 密通策略数量、设备密通率以及告警数；对隔离设备可实时监视设备在线状态、CPU 利用率、内存利用率、传输状态以及告警数；对防火墙设备可实时监视在线状态、CPU 利用率、内存利用率、网口状态、电源模块状态、风扇状态以及告警数；对入侵检测系统和防病毒系统可实时监视设备在线状态以及告警数。

图 6-61　安全设备监视界面

（4）网络设备监视。选择安全监视，进入设备监视页面，可查看网络设备的运行状态、告警信息以及设备异常的实时监视，如图 6-62 所示。网络设备的运行状态监视包括在线状态、CPU 利用率、内存利用率以及运行时长，告警信息监视包括告警数。

图 6-62　网络设备监视界面

6.4.4.2　行为监视

行为监视功能包括对主机、操作人员以及其他设备操作行为进行监视，可分别监视主机登录链路拓扑监视、操作人员登录主机的信息监视、被操作主机的信息监视以及其他设备用户登录状态的信息监视。

（1）主机行为监视。

选择安全监视，进入行为监视页面，点击主机行为监视，可查看主机登录链路实时情况，包括登录主机的登录用户、登录链路以及链路是否活跃等信息，并且能够区分出该主机的登录方式，能够实时监视登录该主机后的当天操作信息，如图 6-63 所示。

（2）其他设备实时监视。

选择安全监视，进入行为监视页面，点击其他设备实时监视，可查看纵向设备、隔离设备、防火墙设备以及网络设备的运行状态，内容包括用户登录、用户退出、用户操作等信息，如图 6-64 所示。

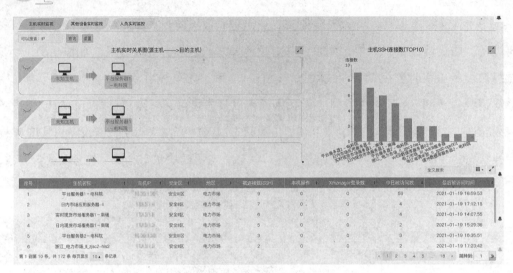

图 6-63　主机行为监视

图 6-64　其他设备实时监视

（3）人员实时监控。

选择安全监视，进入行为监视页面，点击人员实时监控，可查看人员登录主机后的一系列操作行为，可实时监视登录主机是否活跃以及监视操作行为等信息，并且能够区分主机登录类型（远程登录、本地登录或是 X11 协议登录），如图 6-65 所示。

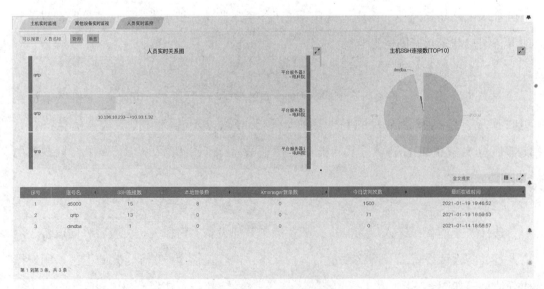

图 6-65　人员实时监控

6.4.4.3 告警监视

选择安全监视，进入告警监视页面。告警监视主要是实时监视当天发生的告警，并且对告警进行确认和解决。同时也能够对发生的告警进行查询，其主要目的是使用户能够简捷快速地处理发生的告警，如图 6-66 所示。

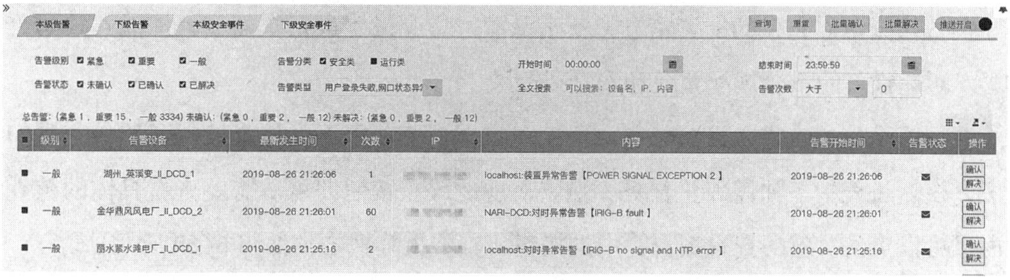

图 6-66 告警监视

默认的告警级别包括紧急、重要、普通，默认的告警状态包括未确认、已确认和已解决。可以根据告警级别、告警状态、开始时间、结束时间等条件进行告警查询。

在日常工作当中，首先根据告警级别（紧急大于重要大于普通）来判断告警的严重性，再根据告警类型区分轻重缓急，最后根据 IP 地址和端口等信息来确定告警产生的设备及原因。双击告警信息，可查看告警详情，如图 6-67 所示。

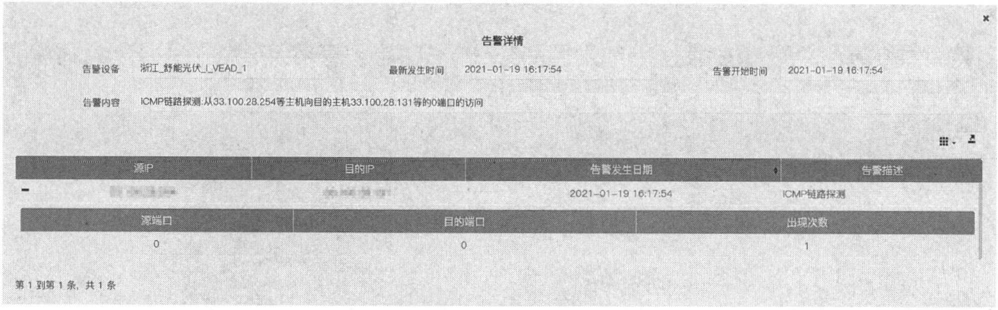

图 6-67 告警详情

对于短时间内无法处理的告警，又不想让告警上送至平台时，可进行资产挂牌操作。点击模型管理，进入资产管理页面，选择告警设备，点击鼠标左键，右侧弹出弹窗，点击最右边的"挂牌"按钮，完成挂牌。挂牌操作完成后，资产相关信息字体变为黄色，证明挂牌成功，如图 6-68 所示。

图 6-68 挂检修牌

6.4.5　安全核查

安全核查功能模块可对已接入平台的主机资产进行漏洞扫描和安全配置核查，分为设备核查和任务核查。

6.4.5.1　设备核查

设备核查是对主机的配置信息、安全漏洞及口令设置进行全面核查，能够清晰直接的显示对应设备的不合规配置数和安全风险数。

选择安全核查，进入设备核查页面，可点击对应功能下的核查按钮开始核查和扫描任务，核查过程中，如需停止任务，点击对应的停止按钮即可。需要查看具体的核查结果时，可以点击对应的查看报告栏中的按钮，查看核查报告，如图 6-69 所示。

图 6-69　设备核查

配置核查报告中显示核查设备名及核查时间，表格中显示核查项信息及核查结果，可导出为 Excel 等文件格式，如图 6-70 所示。

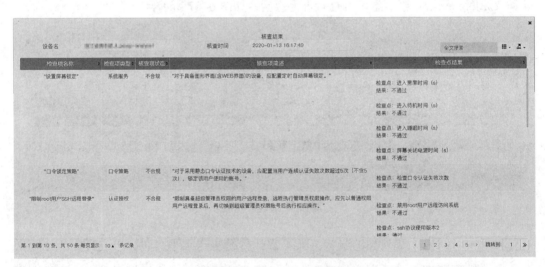

图 6-70　主机配置核查报告

安全风险评估报告可查看本次评估任务扫描出的目标主机的漏洞详情以及开放的服务端口情况，如图 6-71 所示。

图 6-71 主机漏洞核查报告

若发现弱口令用户存在，则会显示在下发的结果列表中，显示用户名及密码，如图 6-72 所示。

图 6-72 弱口令扫描报告

6.4.5.2 任务核查

选择安全核查进入任务核查界面。以核查任务为维度可在一次核查任务中分别对多个设备进行安全配置核查、安全风险评估或弱口令扫描，同时可以针对性地对设备进行单个配置项的配置信息的核查，如图 6-73 所示。

图 6-73 任务核查界面

6.4.6 安全审计

安全审计为安全事件分析提供追溯手段，包括行为审计、设备操作、安全告警、设备离线等。

6.4.6.1 行为审计

选择安全审计，进入行为审计页面，可对主机历史登录操作信息进行关联分析，提取出用户操作的行为特征及操作轨迹，聚合离散的历史登录操作行为记录，建立历史记录间的关联关系，实现对用户整个操作流程的审计，如图 6-74 所示。

图 6-74 行为审计

6.4.6.2　设备操作

选择安全审计，进入设备操作页面，可查看设备名称、设备类型、设备所属安全区、设备所属区域、操作时间、操作人员以及操作内容等信息，也可以从设备类型、日志类型、日志子类型、开始时间和结束时间等维度筛选查看设备的操作信息，如图6-75所示。

图6-75　设备操作界面

页面左边资产选择树支持对设备操作信息从安全区、资产类型、区域三个维度进行筛选与查询。

6.4.6.3　安全告警

选择安全审计，点击安全告警页面，可以看见本级告警列表和下级告警列表，此页面显示的是历史告警信息，查询告警时，可根据告警级别、告警状态、告警时间等信息进行筛选，如图6-76所示。

图6-76　历史告警界面

6.4.6.4　设备离线

选择安全审计，点击设备离线，点击进入离线事件查询页面，查询离线设备的设备名称、设备IP、离线时间、恢复时间、持续时长，如图6-77所示。

图6-77　离线事件查询界面

选择安全审计，点击设备离线，点击进入离线信息查询页面，查询所有厂站设备的厂站名称、设备名称、离线总时长、运行总时长、在线率，如图6-78所示。

图 6-78　离线信息查询界面

6.4.7　安全分析

安全分析主要是针对告警、设备等指标的历史记录进行分析对比，生成报表，实现用户对所选区域、指定时间的告警事件详细情况的图表展示。

选择安全分析，点击进入安全报表页面。该页面可以生成年报、月报和日报，选择不同的报表类型和时间，点击"生成报表"按钮，即可生成对应类型的报表，如图 6-79 所示。报表导出支持 PDF 和 WORD 两种格式。

图 6-79　安全报表

南瑞 NS5000 及科东 PSSMP-2000 网络安全管理平台的完整的操作请扫描左侧二维码观看。

7

综合实践

电力监控系统及电力调度数据网在电力生产过程中占据非常重要的位置，其运行状态直接影响电力生产过程中信息交互能否安全稳定运行。本章通过网络配置、纵向加密认证装置配置、网安监测装置配置、横向隔离装置配置、网络安全加固案例等具体配置过程了解电力监控系统网络安全组成。

7.1   网络配置案例

本节主要考察调度数据网中的路由器常用配置，了解动态路由协议 OSPF、BGP/MPLS-VPN 实例在调度数据网中的应用。路由器配置拓扑如图 7-1 所示。

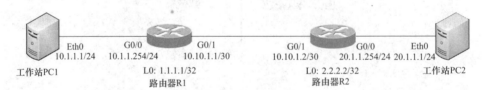

图 7-1   路由器配置拓扑

7.1.1   OSPF 配置

在路由器 R1、R2 上使用 OSPF 协议实现路由器两侧网络的互联互通，其 IP 地址如表 7-1 所示。

表 7-1 设备 IP 表

设备名称	端口	网络参数
工作站 PC1	Eth0	IP:10.1.1.1/24
工作站 PC2	Eth0	IP:20.1.1.1/24
路由器 R1	G0/0	IP:10.1.1.254/24
	G0/1	IP:10.10.1.1/30
	LoopBack0	IP:1.1.1.1/32
路由器 R2	G0/0	IP:20.1.1.254/24
	G0/1	IP:10.10.1.2/30
	LoopBack0	IP:2.2.2.2/32

路由器 R1、R2 通过 OSPF、BGP/MPLS-VPN 协议实现网络的互联互通，即工作站 PC1 与工作站 PC2 的相互通信，因此路由器的公网接口应直接运行 OSPF 协议。因路由器 R1、R2 均处于 OSPF 的同一区域，因此只要在该区域下宣告公网接口地址及 LoopBack 地址即可。

对于路由器 R1，作如下配置解析。

（1）router id 配置。优先配置 LoopBack0 地址，并将其设置为路由器 R1 的 router id，用于 OSPF 协议的路由器标识，如表 7-2 所示。

表 7-2 router id 配置

配置 LoopBack0 的 IP 地址	interface LoopBack0 ipaddress 1.1.1.1 255.255.255.255
配置 routerid	router id 1.1.1.1

（2）配置接口地址。须在路由器接口上配置符合网络要求的 IP 地址，如表 7-3 所示。

表 7-3 接口地址配置

配置互联接口 G0/1 的 IP 地址	interface GigabitEthernet 0/1 ip address 10.10.1.1 255.255.255.252

（3）启用 OSPF 协议。使用 OSPF 协议动态生成路由表，其配置解析如表 7-4 所示。

表 7-4   启用 OSPF 协议

配置 OSPF 路由	ospf 1 area 0.0.0.0 network 10.10.1.0 0.0.0.3 network 1.1.1.1 0.0.0.0

启用 OSPF 协议后，在指定区域 area0 下使用 network 命令宣告公网网段，路由器 R2 也应在相同区域 area0 中宣告公网网段，此处不再赘述。配置完成后应测试网络连通性，保证 OSPF 协议正常运行，确保互联接口地址和 LoopBack 地址正确宣告。

7.1.2 BGP/MPLS-VPN 配置

7.1.2.1 配置 vpn 实例

路由器 R1、R2 以 OSPF 作为 IGP 基础，配置 BGP/MPLS-VPN 实现路由器两侧网络的互联互通。两台路由器运行于同一自治系统 AS100 内，因此 R1、R2 之间应使用 LoopBack 地址建立 IBGP 邻居关系。同时启用公网互联接口的 MPLS LDP 的标签交换功能，并在业务接口绑定 VPN 实例，实例参数如表 7-5 所示。

表 7-5   VPN 实例参数表

RD	RT		ospf area	bgp AS
	export	import		
100:1	100:10	100:10	0	100

路由器 R1 的 MPLS LDP 标签及 VPN 实例配置如表 7-6 所示。

表 7-6   MPLS LDP 标签及 VPN 实例配置

使能 MPLS LDP 的标签交换功能	全局使能 MPLS 功能，配置 MPLS lsr-id 生成转发标签	mpls lsr-id 1.1.1.1 mpls ldp
	互联接口 G0/1 使能 MPLS LDP 功能	interface GigabitEthernet 0/1 mpls enable mpls ldp enable
VPN 实例配置	根据实际的业务需求，分别配置实时 VPN 实例	ip vpn-instance vpn route-distinguisher 100:1 vpn-target100:10 import-extcommunity vpn-target 100:10 export-extcommunity

续表

VPN 实例配置	业务接口 G0/0 绑定 VPN 实例，并配置业务接口的 IP 地址	interface GigabitEthernet 0/0 ip binding vpn-instance vpn ip address 10.1.1.254 255.255.255.0

业务接口下新增或更新 VPN 实例配置后将清除该接口下的所有原始配置，实际配置过程中应注意 VPN 实例配置的先后顺序。

7.1.2.2 建立 IBGP 邻居关系

建立 IBGP 邻居关系时，需要确认目标邻居所处的 AS 号公网接口地址。同一自治系统内，IBGP 邻居一般使用 LoopBack 地址建立邻居以保证邻居关系稳定可靠，同时基于 BGP/MPLS-VPN 通信方式，BGP 应使能 VPNV4 地址簇。IBGP 基础配置如表 7-7 所示。需要注意的是，由于路由器的私网部分与主机直连，因此 BGP 进程中仅需引入直连路由即可满足要求。

表 7-7   IBGP 基础配置

配置 BGP	①配置 IBGP 邻居； ②使能 vpnv4 地址簇； ③引入直连路由	bgp100 peer 2.2.2.2 as-number 100 peer 2.2.2.2 connect-interface loopBack0 address-familyvpnv4 peer 2.2.2.2 enable ip vpn-instance vpn address-family ipv4 unicast import-route direct

同样地，路由器 R2 可参照以上配置完成。配置完成后可使用 ping 命令测试 VPN 业务的网络联通性。若出现网络不通等情况，可参考配置思路进行故障逐级排查：①排查公网隧道是否建立；②排查本地 VPN 建立是否符合要求；③排查 MP-BGP 私网路由传递是否正确

7.2 纵向加密认证装置配置案例

纵向加密装置在不同的网络拓扑中可以选择桥模式、路由模式、借用地址模式等，本节将逐一进行介绍。网络拓扑中，要求实现主站与厂站的非控制区（II区）业务通

信，主站网络安全管理平台网关机通过调度数据网实现对厂站网络安全监测装置的服务代理及日志采集。主站及厂站加密装置需要完成证书导入、日志管理配置、网络配置、路由配置、隧道配置、策略配置，所有配置均按照最小化原则进行，以实现：①主站端网关机与厂站端网安监测装置之间网络联通；②主站端网关机到厂站端网安监测装置实现服务代理及日志采集。

7.2.1 桥模式

桥模式是实际生产中最常用的一种配置模式，是将纵向加密认证装置的两个物理接口绑定成一个桥接口，拓扑结构如图 7-2 所示。网络安全管理平台网关机部署于调度主站，通过网络方式与网络安全监测装置建立通信连接，实现其信息上送和远程调用。

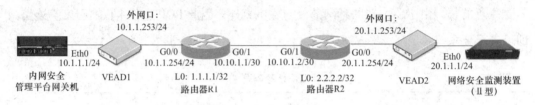

图 7-2　桥模式网络拓扑

7.2.1.1　主站纵向加密认证装置配置

（1）证书导入及日志管理配置。纵向加密认证装置通常是成对使用的，两台装置之间加密隧道的成功建立依赖于双方的设备证书。因此，装置投入使用前的第一步操作往往是导入对侧纵向加密认证装置的设备证书。因此，一台主站纵向加密认证装置（vead1）需导入厂站装置（vead2）证书。此外也需要生成自身的设备证书并提供给厂站纵向加密认证装置。

加密装置还应实现网络安全管理平台的日志上送与远程管控功能，因此还应导入网络安全管理平台的证书，并配置日志管理地址 10.1.1.1，用于与平台建立远程管控。

（2）网络及路由配置。纵向加密认证装置是运行于数据网与广域网边界的一台网络设备，一台网络设备要在网络中正常通信就需要配置 IP 地址和路由，如表 7-8 所示。

表 7-8　　　　　　　　　　　纵向加密认证装置网络及路由配置

网络基础配置	南瑞：配置桥地址 10.1.1.253/24，桥关联 Eth1 和 Eth2 科东：配置 Eth1（外网口）地址 10.1.1.253/24
路由配置	配置路由：20.1.1.0/24，下一跳地址 10.1.1.254

（3）隧道及策略配置。建立加密隧道并获得隧道 ID。依据最小化原则配置加密策略，并选择对应的隧道 ID，如表 7-9 所示。

表 7-9　　　　　　　　　纵向加密认证装置隧道及策略配置

隧道配置：与对端加密装置建立隧道	配置一条隧道，本端地址 10.1.1.253，对端地址 20.1.1.253，隧道模式密通
策略配置：根据实际业务需求配置相应策略，并匹配相应隧道： ①服务代理； ②监测信息； ③ ping 策略； ④日志信息	①源地址 10.1.1.1，目的地址 20.1.1.1，TCP 源端口 1024-65535，目的端口 8801，密文； ②源地址 10.1.1.1，目的地址 20.1.1.1，TCP 源端口 8800，目的端口 1024-65535，密文； ③源地址 10.1.1.1，目的地址 20.1.1.1，ICMP 源端口 0-65535，目的端口 0-65535，明文； ④源地址 10.1.1.1，目的地址 20.1.1.253，UDP 源端口 514，目的端口 0-65535，明文

7.2.1.2　厂站纵向加密认证装置配置

（1）证书导入及日志管理配置。厂站纵向加密认证装置需导入对端主站纵向加密认证装置及网络安全管理平台的证书，并配置日志管理地址 10.1.1.1。

（2）网络及路由配置。厂站纵向加密认证装置网络及路由配置如表 7-10 所示。

表 7-10　　　　　　　　　纵向加密认证装置网络及路由配置

网络基础配置	南瑞：配置桥地址 20.1.1.253/24，桥关联 Eth1 和 Eth2 科东：配置 Eth1（外网口）地址 20.1.1.253/24
路由配置	配置路由：10.1.1.0/24，下一跳地址 20.1.1.254

（3）隧道及策略配置。厂站纵向加密认证装置依据最小化原则，隧道及策略配置如表 7-11 所示。

表 7-11　　　　　　　　　纵向加密认证装置隧道及策略配置

隧道配置：与对端加密装置建立隧道	配置一条隧道，本端地址 20.1.1.253，对端地址 10.1.1.253，隧道模式密通
策略配置：根据实际业务需求配置相应策略，并匹配相应隧道。 ①服务代理； ②监测信息； ③ ping 策略	①源地址 20.1.1.1，目的地址 10.1.1.1，TCP 源端口 8801，目的端口 1024-65535，密文； ②源地址 20.1.1.1，目的地址 10.1.1.1，TCP 源端口 1024-65535，目的端口 8800，密文； ③源地址 20.1.1.1，目的地址 10.1.1.1，ICMP 源端口 0-65535，目的端口 0-65535，明文

配置完成后重启加密装置，应检查加密隧道是否正常建立：若加密装置显示隧道状态为"opened"时，表明主站与厂站加密装置的隧道正常建立；若隧道状态为"init"，则表示对侧加密装置网络不可达导致隧道无法建立；若隧道状态为"requested"，则表示两台加密装置协商不成功，应检查二者证书是否匹配。

7.2.2　路由模式

路由模式不同于桥模式，纵向加密认证装置内、外网口处于不同网段，配置接口 IP 地址时应将内、外网口作为独立接口进行配置。假设厂站纵向加密认证装置采用路由模式，其网络拓扑如图 7-3 所示。

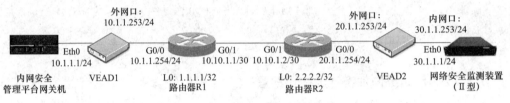

图 7-3　路由模式网络拓扑

7.2.2.1　主站纵向加密认证装置配置

（1）网络及路由配置。证书导入和管理平台配置不再赘述，主站纵向加密认证装置的网路配置如表 7-12 所示。

表 7-12　　　　　　　　　纵向加密认证装置网络及路由配置

网络基础配置	南瑞：配置桥地址 10.1.1.253/24，桥关联 Eth1 和 Eth2
	科东：配置 Eth1（外网口）地址 10.1.1.253/24
路由配置	配置路由 1：20.1.1.0/24，下一跳地址 10.1.1.254
	配置路由 2：30.1.1.0/24，下一跳地址 10.1.1.254

（2）隧道及策略配置。建立加密隧道并依据最小化原则配置加密策略，如表 7-13 所示。

表 7-13　　　　　　　　纵向加密认证装置隧道及策略配置

隧道配置：与对端加密装置建立隧道	配置一条隧道，本端地址 10.1.1.253，对端地址 20.1.1.253，隧道模式密通
策略配置：根据实际业务需求配置相应策略，并匹配相应隧道：	①源地址 10.1.1.1，目的地址 30.1.1.1，TCP 源端口 1024~65535，目的端口 8801，密文；
	②源地址 10.1.1.1，目的地址 30.1.1.1，TCP 源端口 8800，目的端口 1024~65535，密文；

隧道配置：与对端加密装置建立隧道	配置一条隧道，本端地址 10.1.1.253，对端地址 20.1.1.253，隧道模式密通
①服务代理； ②监测信息； ③ ping 策略； ④日志信息	③源地址 10.1.1.1，目的地址 30.1.1.1，ICMP 源端口 0–65535，目的端口 0–65535，明文； ④源地址 10.1.1.1，目的地址 20.1.1.253，UDP 源端口 514，目的端口 0–65535，明文

7.2.2.2 厂站纵向加密认证装置配置

（1）网络及路由配置。证书导入及日志管理配置不再赘述；厂站纵向加密认证装置网络及路由配置如表 7–14 所示。

表 7–14　　　　　　　　　纵向加密认证装置网络及路由配置

网络基础配置	南瑞：配置 Eth2：20.1.1.253/24，Eth1：30.1.1.253/24 科东：配置 Eth1：20.1.1.253/24，Eth0：30.1.1.253/24
路由配置	配置路由：10.1.1.0/24，下一跳地址 20.1.1.254

（2）隧道及策略配置。厂站纵向加密认证装置依据最小化原则，隧道及策略配置如表 7–15 所示。

表 7–15　　　　　　　　　纵向加密认证装置隧道策略配置

隧道配置：与对端加密装置建立隧道	配置一条隧道，本端地址 20.1.1.253，对端地址 10.1.1.253，隧道模式密通
策略配置：根据实际业务需求配置相应策略，并匹配相应隧道： ①服务代理； ②监测信息； ③ ping 策略	①源地址 30.1.1.1，目的地址 10.1.1.1，TCP 源端口 8801，目的端口 1024–65535，密文； ②源地址 30.1.1.1，目的地址 10.1.1.1，TCP 源端口 1024–65535，目的端口 8800，密文； ③源地址 30.1.1.1，目的地址 10.1.1.1，ICMP 源端口 0–65535，目的端口 0–65535，明文

7.2.3　借用地址模式

借用地址模式主要用于主机地址无法满足实际主机数量的情况，厂站加密装置采用借用模式，其网络拓扑如图 7–4 所示。

本案例中仅厂站纵向加密认证装置（VEAD2）处于借用模式，主站纵向加密认证装置（VEAD1）的配置与前文并无差异，因此仅对厂站纵向加密认证装置的配置进行简要阐述。

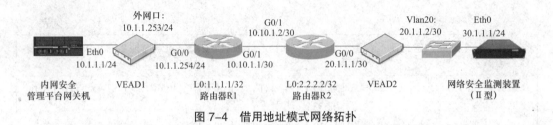

图7-4 借用地址模式网络拓扑

（1）网络及路由配置。厂站纵向加密认证装置采用借用模式，Vlan标记类型采用802.1Q，如表7-16所示。

表7-16　　　　　　　　　　纵向加密认证装置网络配置

网络基础配置	南瑞：配置 Eth2：20.1.1.2/30，Eth1：20.1.1.1/30
	科东：配置 Eth1：20.1.1.2/30，Eth0：20.1.1.1/30
路由配置	主站网管机路由：10.1.1.0/24，下一跳地址 20.1.1.1
	网安监测装置路由：30.1.1.0/24，下一跳地址 20.1.1.2

（2）隧道及策略配置。厂站纵向加密认证装置依据最小化原则，隧道及策略配置如表7-17所示。

表7-17　　　　　　　　　　纵向加密认证装置隧道及策略配置

隧道配置	配置一条隧道，本端地址 20.1.1.2，对端地址 10.1.1.253，隧道模式密通
策略配置：根据实际业务需求配置相应策略，并匹配相应隧道：①服务代理；②监测信息；③ping策略	①源地址 30.1.1.1，目的地址 10.1.1.1，TCP 源端口 8801，目的端口 1024~65535，密文；
	②源地址 30.1.1.1，目的地址 10.1.1.1，TCP 源端口 1024~65535，目的端口 8800，密文；
	③源地址 30.1.1.1，目的地址 10.1.1.1，ICMP 源端口 0~65535，目的端口 0~65535，明文

7.3　网络安全监测装置及防火墙配置案例

网络安全监测装置用于采集本地主机设备、网络设备、安防设备、数据库等安全信息，并将其上传至网络安全管理平台进行集中分析。本案例仅研究网络安全监测装置部署于厂站Ⅱ区的部署方式，Ⅰ/Ⅱ区通过防火墙进行隔离，其拓扑如图7-5所示：

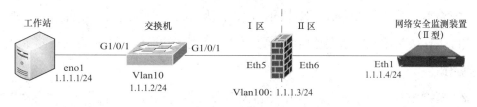

图 7-5 厂站网安监测部署网络拓扑

本节主要介绍网络安全监测装置（Ⅱ型）的资产添加和防火墙的配置。要求：

（1）实现网络安全监测装置（Ⅱ型）对工作站、交换机、防火墙的在线监测。

（2）交换机的 SNMP 配置采用 v2c 版本，读团体字为 Admin@123。

（3）以最小化原则保障业务的连通性。

7.3.1 防火墙配置

防火墙的访问控制是基于安全域实现的，需要进行业务通信的接口都需要划分安全域并配置相应的安全等级，同时结合访问策略实现访问控制。

（1）接口地址配置及安全域划分。厂站Ⅰ、Ⅱ区默认业务不能通信，因此将防火墙业务接口 Eth5、Eth6 分别划入具有相同优先级的不同安全域。配置 VLAN100，接口 IP/掩码：1.1.1.3/24。

（2）网络配置。根据实际拓扑，防火墙工作于透明模式，无需配置路由。

（3）策略配置。为满足网络安全监测装置的信息采集要求，防火墙需配置三条策略，如表 7-18 所示。

表 7-18	防火墙策略配置
网络安全监测装置主动发起向交换机 SW3 的 SNMP 访问	UDP 协议访问： DCD(1.1.1.4):1025-65535 访问 SW3(1.1.1.2):161
网络安全监测装置接收交换机 SW3 的 SNMP trap 报文	UDP 协议访问： SW3(1.1.1.2):1025-65535 访问 DCD(1.1.1.4):162
网络安全监测装置与 PC3 的 agent 建立连接	TCP 协议访问： PC3(1.1.1.1):1025-65535 访问 DCD(1.1.1.4):8800

7.3.2 网络安全监测装置配置

网络安全监测装置部署于站控层，以采集站控层设备的安全告警信息，同时向调度主站上传相关信息并提供服务代理功能，其配置内容主要包含网络配置及资产添加。

（1）网络配置。网络安全监测装置的网络配置涉及接口地址和路由的配置，题目中因网络安全监测装置与采集对象处于同一网段，因此无需增加路由，仅配置接口地址即可。实际工作中考虑到网络安全监测装置还需与调度主站通信，还应添加指向主站采集网关机路由。

（2）资产添加。资产添加界面中将监测对象的设备型号、设备类型、设备 IP 地址等资产信息进行录入。

7.3.3 交换机的 SNMP 配置

网络安全监测装置通过解析网络设备的 SNMP、SNMP trap 和 syslog 日志信息实现二者的信息交互，因此交换机需要额外配置 SNMP 以满足网络安全监测装置的日志信息要求。现以 H3C S3100V3 交换机为例进行说明，系统软件版本为 V5 版，如表 7-19 所示。

表 7-19　　　　　　　　　　交换机 SNMP 及日志配置

| 交换机 SW3 上配置 SNMP、SNMPtrap，同时配置 ACL 仅允许网络安全监测装置（DCD）采集交换机信息；

SNMP 采用 v2c 版本，只配置读团体字，不配置写团体字，团体字为 Admin@123 | acl number2999
rule 5 permit source 1.1.1.40
rule 100 denyip
snmp-agent community read Admin@123acl 2999
snmp-agentsys-infoversionv2c
snmp-agent trap enable
snmp-agent target-host trap address udp-domain 1.1.1.4
params securityname Admin@123 v2c |

7.4　横向隔离装置配置案例

隔离装置主要实现内外网的物理隔离，并提供非 TCP/IP 的方式为内外网提供非网络协议的信息交互，本节通过横向隔离装置在不同网络环境中的配置实例来强化理解，对正向、反向隔离装置在二层网络、三层网络环境中的虚拟地址及策略进行配置，以实现：①E 文本文件通过正向隔离装置从 I 区传输到 III 区，传输端口 2233；②E 文本文件通过反向隔离装置从 III 区传输到 I 区，传输端口 3322。

完成后检查文件传输是否成功，并导出配置。

7.4.1 隔离装置的二层模式

隔离装置的二层模式是指隔离装置内网侧（外网侧）的虚拟 IP 地址与内网侧（外

网侧）的通信主机处于同一网段，此时隔离装置相应接口的 MAC 地址应为主机的 MAC 地址，其拓扑结构如图 7-6 所示。

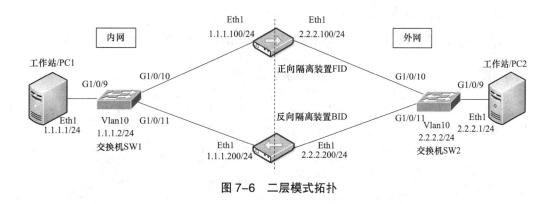

图 7-6　二层模式拓扑

7.4.1.1　正向隔离装置

（1）规则配置。正向隔离工作于二层模式，科东、南瑞正向隔离规则配置如表 7-20 所示。

表 7-20　　　　　　　　　　　　正向隔离装置配置

科东隔离规则配置	科东	IP 地址	虚拟 IP	MAC
	PC1	1.1.1.1	2.2.2.100	PC1MAC
	PC2	2.2.2.1	1.1.1.100	PC2MAC
	端口：2233 协议：tcp			

南瑞隔离规则配置	南瑞	内网配置	外网配置
	IP 地址	1.1.1.1	2.2.2.1
	端口	0	2233
	虚拟 IP	2.2.2.100	1.1.1.100
	掩码	255.255.255.0	255.255.255.0
	网卡	Eth1	Eth1
	网关	0	0
	路由	否	否
	MAC	PC1MAC	PC2MAC
	协议：tcp		

（2）隔离日志配置。为与网络安全管理平台对接，需在隔离装置上配置日志服务器地址和日志转发策略。配置其日志源地址为隔离装置虚拟地址 1.1.1.100，日志转发目的地址 192.2.1.2，发送端口为 514。

（3）传输软件配置。需在 PC2 发送端软件配置目的地址 1.1.1.100，PC1 接收端软件配置接收端口 2233。

7.4.1.2 反向隔离装置

（1）隔离规则配置。科东 / 南瑞设反向隔离规则配置如表 7-21 所示。

表 7-21   反向隔离装置配置

科东隔离规则配置	科东	IP 地址	虚拟 IP	MAC
	PC1	1.1.1.1	2.2.2.200	PC1MAC
	PC2	2.2.2.1	1.1.1.200	PC2MAC
	端口：3322 协议：udp			
南瑞隔离规则配置	南瑞	外网配置		内网配置
	IP 地址	2.2.2.1		1.1.1.1
	端口	0		3322
	虚拟 IP	1.1.1.200		2.2.2.200
	掩码	255.255.255.0		255.255.255.0
	网卡	Eth1		Eth1
	网关	0		0
	路由	否		否
	MAC	PC2MAC		PC1MAC
	协议：udp			

（2）隔离日志配置。此处日志配置与正向隔离装置类似，配置其日志源地址为隔离装置虚拟地址 1.1.1.200，日志转发目的地址 192.2.1.2，发送端口为 514。

（3）传输软件配置。需在 PC2 发送端配置目的地址 2.2.2.200，PC1 接收端配置接收端口 3322。

7.4.2 隔离装置的三层模式

隔离装置的三层模式是指隔离装置内网侧（外网侧）的虚拟 IP 地址与内网侧（外网侧）的通信主机处于不同网段，此时通信主机与隔离装置处于不同 VLAN，主机与隔离装置都要进行相应的路由配置，此时隔离装置中配置对应主机 IP 的 MAC 应使用虚拟 IP 对应的 VLAN MAC 地址，其拓扑结构如图 7-7 所示。

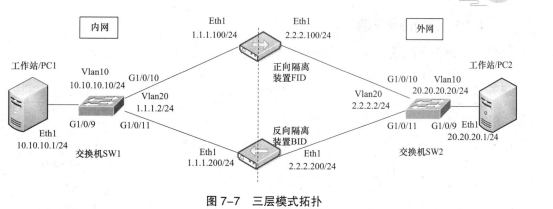

图 7-7　三层模式拓扑

7.4.2.1　正向隔离装置

（1）隔离规则配置。正向隔离其内、外网口均与业务主机处于不同网段，因此规则配置做表 7-22 所示的调整。

表 7-22　　　　　　　　　　　　　正向隔离装置配置

科东隔离规则配置	科东	IP 地址	虚拟 IP	MAC
	PC1	10.10.10.1	2.2.2.100	Sw1vlan20MAC
	sw1 网关	1.1.1.2	1.1.1.2	Sw1vlan20MAC
	PC2	20.20.20.1	1.1.1.100	Sw2vlan20MAC
	sw2 网关	2.2.2.2	2.2.2.2	Sw2vlan20MAC
	端口：2233 协议：tcp			

南瑞隔离规则配置	南瑞	内网配置	外网配置
	IP 地址	10.10.10.1	20.20.20.1
	端口	0	2233
	虚拟 IP	2.2.2.100	1.1.1.100
	掩码	255.255.255.0	255.255.255.0
	网卡	Eth1	Eth1
	网关	10.10.10.10	20.20.20.20
	路由	是	是
	MAC	Sw1vlan20MAC	Sw2vlan20MAC
	协议：tcp		

（2）隔离日志及传输软件配置。配置与二层模式一致，此处不再赘述。

7.4.2.2 反向隔离装置

（1）隔离规则配置。科东／南瑞设反向隔离规则配置如表 7-23 所示。

表 7-23　　　　　　　　　　反向隔离装置配置

	科东	IP 地址	虚拟 IP	MAC
科东隔离 规则配置	Pc1	10.10.10.1	2.2.2.200	Sw1vlan20MAC
	Sw1 网关	1.1.1.2	1.1.1.2	Sw1vlan20MAC
	Pc2	20.20.20.1	1.1.1.200	Sw2vlan20MAC
	Sw2 网关	2.2.2.2	2.2.2.2	Sw2vlan20MAC
	端口：3322 协议：udp			

	南瑞	外网配置	内网配置
南瑞隔离 规则配置	IP 地址	20.20.20.1	10.10.10.1
	端口	0	3322
	虚拟 IP	1.1.1.200	2.2.2.200
	掩码	255.255.255.0	255.255.255.0
	网卡	Eth1	Eth1
	网关	20.20.20.20	10.10.10.10
	路由	是	否
	MAC	Sw2vlan20MAC	Sw1vlan20MAC
	协议：udp		

（2）隔离日志及传输软件配置。配置与二层模式一致，此处不再赘述。

7.5　网络安全加固配置案例

电力监控系统安全加固是在保证电力监控系统正常稳定运行的条件下，在识别系统面临威胁和存在脆弱性的基础上，对电力监控系统进行安全配置或漏洞修补，从而提高自身安全性的过程。

安全加固工作可在电力监控系统投运前、运行中、等级保护建设过程中、风险评估后进行，主要通过配置安全策略、安装安全补丁、强化系统访问控制能力、修补系统漏洞等方法，对系统存在的脆弱性进行修补以提高系统的安全性和抗攻击能力。

为了保证电力监控系统内部运行环境安全可靠，防止人为漏洞利用或误操作，在配

备外部防护的前提下，仍需对相应设备自身进行安全加固配置。加固对象一般包括网络设备、操作系统、数据库、通用服务、应用服务、安全设备和电力专用安全装置等。

7.5.1 交换机加固

网络设备的安全防护管理要求包括等设备管理、账户与口令、日志与审计、网络服务和安全防护五个方面。设备管理主要包括网络设备的本地登录、远程管理等内容，保证网络设备的管理符合安全防护要求；用户账号与口令主要是从用户分配、口令管理和权限划分方面保证网络设备的安全；日志与审计主要从设备运行日志和网络管理协议考虑运行信息的记录和分析，方便事后安全漏洞和事件的追溯；网络服务是从控制网络设备开启的公共网络服务的角度，防止不必要、存在漏洞的网络服务被利用；安全防护是从设备使用的角度入手，通过设置访问控制列表等提高设备防护能力。

交换机是电力监控系统中使用最为广泛的网络设备之一，现以 H3C 3100V3 交换机（系统版本 V5）为例，从以上五个方面进行网络设备的安全加固讲解。本案例以电力监控系统局域网中的核心交换机为例，要求实现以下安全加固要求：

（1）使用 SSH 等加密协议进行远程维护，同时仅允许网管系统能够访问网络设备管理服务。

（2）分别创建管理员账户及操作员账户，并满足"三权分立"。

（3）开启日志审计功能，实现运行信息记录。

（4）关闭不必要的网络服务。

（5）配置访问控制列表提高设备防护能力。

7.5.1.1 设备管理

电力监控系统交换机进行远程维护时，一般采用 SSH 等加密协议代替 telnet 实施远程管理；同时要求配置访问控制列表，只允许网管系统、审计系统、主站核心设备地址能访问网络设备管理服务。为满足上述要求，其配置如：

（1）创建账户 admin，设置权限为最高级（管理级），允许使用 SSH 方式登录：

```
[ZJDL]local-user admin
[ZJDL]password simple 123456
[ZJDL]authorization-attribute level 3
[ZJDL]service-type ssh
```

（2）进行 SSH 登录设置。

```
[ZJDL] user-interface vty 0 4
```

[ZJDL-ui-vty0-4] acl 2000 inbound　　使用访问控制策略限制远程 ip

[ZJDL-ui-vty0-4] authentication-mode scheme　　配置认证模式为 scheme

[ZJDL-ui-vty0-4] protocol inbound ssh

[ZJDL-ui-vty0-4] idle-timeout 4 0　　配置登录超时时间为 4min

[ZJDL] ssh server enable　　　　开启 SSH 服务

[ZJDL] public-key local create rsa/dsa　　生成 RSA/DSA 密钥对

[ZJDL] ssh server authentication-retries 4 修改认证尝试次数为 4

[ZJDL] ssh server authentication-timeout 120 修改认证超时 120s

[ZJDL] ssh-user admin service-type stelnet authentication-type password

7.5.1.2 账户与口令

此处要求基于"三权分立"的要求创建管理员账户及操作员账户。

（1）创建管理员账户。

[ZJDL] local-user sysadmin

[ZJDL-luser-sysadmin] password cipher 123

[ZJDL-luser-sysadmin] authorization-attribute level 3

[ZJDL-luser-sysadmin] service-type ssh

（2）创建操作员账户。

[ZJDL] local-user opadmin

[ZJDL-luser-opadmin] password cipher 123

[ZJDL-luser-opadmin] authorization-attribute level 1

[ZJDL-luser-opadmin] service-type terminal ssh

7.5.1.3 日志与审计

日志审计功能一般用于记录设备运行信息以便事后追溯，此处通过 SNMP 及 SNMP trap 两种方式分别完成日志记录。

[ZJDL] snmp-agent community write switch acl 2000　　使用 acl 仅允许网管访问

[ZJDL] snmp-agent sys-info version v2c

[ZJDL] snmp-agent trap enable

[ZJDL] snmp-agent trap source loopback 0　配置 snmp trap 的发送

源地址

[ZJDL] snmp-agent target-host trap address udp-domain x.x.x.x params securityname switch v2c

7.5.1.4 网络服务

电力监控系统中的网络设备应禁用不必要的公共网络服务。此处仅关闭通用的 http、ftp、telnet 及 dns 服务。

[ZJDL] undo ip http enable

[ZJDL] undo ftp server

[ZJDL] undo telnet server enable

[ZJDL] undo dns server

7.5.1.5 安全防护

（1）业务接口实施 MAC 地址绑定，限制非业务主机接入网络。

[ZJDL] port-security enable   开启端口安全模式

[ZJDL] port-security timer disableport 30

[ZJDL] interface Gigabit Ethernet 1/0/1

[ZJDL-Gigabit Ethernet 1/0/1]stp edged-port enable   配置为边缘端口

[ZJDL-Gigabit Ethernet 1/0/1]port-security max-mac-count 1

[ZJDL-Gigabit Ethernet 1/0/1]port-security port-mode autolearn   配置端口安全模式

[ZJDL-Gigabit Ethernet 1/0/1]port-security intrusion-mode disableport-temporarily

[ZJDL-Gigabit Ethernet 1/0/1]port-security mac-address security sticky xxxx-xxxx -xxxx

（2）安全防护一般需要在网络边界限制常见的危端口的信息接入，例如 udp/tcp 端口 135、137、138、139、445 的信息接入；同时应配置日志记录。

[ZJDL] acl number 3000

[ZJDL-acl-adv-3000] rule 0 deny tcp destination-port eq 135 logging

[ZJDL-acl-adv-3000] rule 5 deny tcp destination-port range 137 139 logging

```
[ZJDL-acl-adv-3000] rule 10 deny tcp destination-port eq 445
logging
[ZJDL-acl-adv-3000] rule 15 deny udp destination-port eq 135
logging
[ZJDL-acl-adv-3000] rule 20 deny udp destination-port range
netbios-ns netbios-ssn logging
[ZJDL-acl-adv-3000] rule 25 deny udp destination-port eq 445
logging
[ZJDL-acl-adv-3000] rule 100 permit ip
[ZJDL] interface Gigabit Ethernet 1/0/1
[ZJDL-Gigabit Ethernet 1/0/1] packet-filter 3000 inbound
```

7.5.2　凝思操作系统加固

操作系统的安全防护管理要求包括等配置管理、网络管理、接入管理和日志与审计四个方面。现以凝思操作系统 4.2 版本为例，从以上四个方面进行凝思操作系统的安全加固讲解，要求实现以下安全加固要求：

（1）完成账户及口令加固，删除多余账户。

（2）关闭不必要的网络服务。

（3）开启主机防火墙，限制外部的 139 端口访问。

（4）禁止 U 盘及光驱接入，并关闭其自启动功能。

（5）开启日志审计功能。

7.5.2.1　配置管理

配置管理包括账户策略、身份鉴别、桌面配置、补丁管理、安全内核及主机配置。本案例仅涉及用户策略及身份鉴别。

账户策略信息一般存储于 /etc/passwd 文件中有多种方法可以实现多余账户的无效化。

（1）可使用"#"符号对 /etc/passwd 文件中的无关账户进行注释，使该账户无效。

（2）将无关账户最后 shell 改成 /bin/false 或 /sbin/nologin 即可。

口令策略加固同时包括口令有效期及口令复杂度两方面加固。

凝思系统中，密码有效期的配置因账户不同存在配置差异。针对已经存在的账户，一般使用 chage 命令修改。

chage － M 90 ＋用户名　　　　　　　　修改密码最大使用时间为 90 天

chage － m 1＋用户名   修改密码最少使用时间为 1 天

针对新增账户，一般通过修改 /etc/login.defs 文件实现有效期的修改。

PAM_MAX_DAYS=90   修改密码最大使用时间为 90 天

PAM_MIN_DAYS= 1   修改密码最少使用时间为 1 天

密码复杂度的配置一般在 /etc/pam.d/passwd 中实现，可在文件中添加语句 "password required pam_cracklib.so retry=5 minlen=10 difok=1 ucredit=1 lcredit=−2 dcredit=3 ocredit=4 reject_username"。该语句表达的意思为 "密码允许尝试 5 次输入、最小长度 10、新旧密码不同字符 1 个、大写字母 1 个、小写字母至少 2 个、数字 3 个、特殊字符 4 个，口令不得与用户名相同"。

7.5.2.2 网络管理

凝思操作系统的网络管理包含网络服务管理及主机防火墙管理两方面。现要求关闭不必要的网络服务，一般包括但不限于 ftp、telnet、rlogin、rshell 等高危网络服务。

常用的网络服务可通过编辑 /etc/inetd.conf 文件实现。使用 vim 编辑器打开 /etc/inetd.conf 文件，将 telnet、rlogin、rshell 服务进行注释，并使用 "/etc/init.d/inetd" 命令重启 inetd 服务生效。对于 ftp 服务，需使用命令 "/etc/init.d/proftpd stop" 以停止 ftp 进程。配置完成后应使用 "netstat" 命令核查相应服务是否正常关闭。

对于 139 高危端口的访问限制，可通过开启 iptables 满足主机网络防护要求。通过 iptables 防火墙配置基于 IP 地址、端口、数据流向的网络访问控制策略，限制 192.168.0.0/25 网段任意主机发起对本地主机 139 端口的访问。

iptables −A INPUT −s 192.168.0.0/25 −p tcp −−dport 139 −j DROP

7.5.2.3 接入管理

接入管理主要包括主机外设接口的设备接入管理、自动播放功能管理及外部连接管理。本案例中要求管理 U 盘及光驱接入，并关闭其自启动功能，相当于从两方面都进行了安全管控。

/etc/init.d /remove_usb.sh start   启动脚本禁用 U 盘

/etc/init.d /remove_built−in_cdrom.shstart   启动脚本禁用光驱

cd /etc/rc.d/rc3.d

ln － s ../init.d/remove_usb.sh S889remove_usb.sh

ln － s ../ init.d /remove_built−in_cdrom.sh S888remove_built−in_cdrom.sh

cd /etc/rc.d/rc5.d

ln － s ../init.d/remove_usb.sh S889remove_usb.sh

ln – s ../ init.d /remove_built–in_cdrom.sh S888remove_built–in_cdrom.sh

7.5.2.4 日志与审计

系统应对重要用户行为、系统资源的异常使用、入侵攻击行为等重要事件进行日志记录和安全审计，并根据审计记录进行分析、生成审计报表。凝思操作系统的日记审计配置文件为 /etc/audit/auditd.conf，使用 vim 编辑器打开文件进行参数编辑。

num_logs=16   配置保存的日志文件个数为 16 个

max_log_file = 300   每个日志文件的大小为 300M

max_log_file_action = ROTATE   日志的保存方式为 rotate

space_left =100   磁盘剩余 100M 时发出告警信息

space_left_action = SYSLOG   以 syslog 的形式发出磁盘容量告警

配置完成后，应重启 auditd 进程使更新后的配置文件生效。

7.5.3 Windows 加固

Windows 作为目前全球范围内使用最广泛的 PC 操作系统，其基本功能使用已经被广大人员所熟悉，因此在电力监控系统中需要尤其注意 Windows 操作系统的安全加固和漏洞防护。

以下 Windows 操作系统的加固以 Windows7 操作系统为例进行加固配置分析，要求实现：

（1）配置账户锁定策略及口令策略。

（2）开启主机防火墙，限制外部的 135、139、445 端口访问。

（3）关闭 U 盘及光驱的自启动功能。

（4）开启日志审计功能。

Windows 操作系统的加固思路与凝思操作系统基本一致，且人性化的操作界面更便于加固操作，因此 Windows 的加固案例分析仅作简要操作说明。

（1）账户及口令管理。账户锁定策略需要在本地安全策略中进行配置，一般配置为：当用户连续认证失败次数超过 5 次，锁定该用户使用的账户 10min，避免账户被恶意用户暴力破解。

账户口令策略同样在本地安全策略配置，可实现口令复杂度、口令最长时效、口令长度等安全配置。

（2）接入管理。要限制外来任意地址访问本机地址的 tcp135、139、445 端口，在缺少外部任何软件及硬件辅助的情况下，一般可通过开启主机防火墙实现。在防火墙的高

级配置中，通过配置入站规则的协议及访问端口，可以实现外来地址对本地特定端口的访问。

（3）外设管理。类似于 Linux 系统，Windows 操作系统也应关闭 usb 接口及光驱的自动播放功能，该配置在本地组策略编辑器中实现。通过关闭 Windows 组件的自动播放功能即可关闭 sb 接口及光驱的自动播放功能。

（4）日志与审计。日志与审计的功能在本地安全策略配置，具体配置要求一般按照应实际业务及安防需求进行配置，此处仅展示默认安全配置要求如表 7-24 所示。

表 7-24 审计策略配置

审核内容	审核策略
审核策略更改	成功，失败
审核登录事件	成功，失败
审核对象访问	无审核
审核过程追踪	无审核
审核目录服务访问	无审核
审核特权使用	无审核
审核系统事件	成功，失败
审核账户登录事件	成功，失败
审核账户管理	成功，失败

7.5.4 达梦数据库加固

达梦数据库的安全防护管理要求一般包括账户与口令管理、数据库操作权限管理及日志审计管理三个方面。现以达梦 6 版本为例，从以上三个方面进行达梦数据库的安全加固讲解，要求实现以下安全加固要求：

（1）配置 D5000 账户锁定策略。

（2）配置账户口令策略，要求口令长度不小于 6。

（3）开启日志审计功能。

7.5.4.1 账户及口令管理

数据库的账户锁定策略需使用系统管理员账户 SYSDBA 在数据库管理软件中完成配置，配置界面如图 7-8 所示。

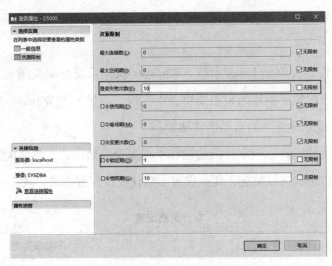

图 7-8　数据库登录锁定策略配置界面

使用 SYSDBA 用户登录数据库后，选择需要加固的对象账户 D50000，在"安全→登录"的资源限制中进行登录锁定的参数配置。弹出 D5000 账户的登陆属性配置窗口，根据要求设置"登录失败次数""口令锁定期"和"最大空闲期（登录超时时间）"即可。

对于口令策略的配置，需要在达梦数据库的配置文件 dm.ini 中修改 PWD_POLICY 参数即可。其中 PWD_POLICY 参数以十进制数值进行设置，其具体含义如表 7-25 所示。

表 7-25　　　　　　　　　　　　PWD_POLICY 参数释义表

数值	密码策略
0	无策略
1	禁止与用户名相同
2	口令长度不小于 6
4	至少包含一个大写字母（A~Z）
8	至少包含一个数字（0~9）
16	至少包含一个标点符号

此处仅对口令长度进行了要求，及"口令长度不小于 6"，因此设置 PWD_POLICY 参数的数值为"2"即可满足口令策略要求。

7.5.4.2　日志审计管理

达梦数据库日志审计功能的开启同样需要在数据库配置文件 dm.ini 中完成配置。达梦数据库支持数据库级审计，可以通过修改审计使能参数 ENABLE_AUDIT=1 开启数据

库审计功能，审计功能开启后应使用数据库审计账户 SYSAUDITOR 进行进一步的审计设置，以满足系统管理员对特定账户及特定数据内容的日志审计要求。

7.6 电力监控系统综合案例分析

本节以图 7-9 所示的网络拓扑为基础，实现厂站Ⅱ区部署网络安全监测装置采集厂站控制区（Ⅰ区）的网络安全监测信息，通过调度数据网上传至主站非控制区（Ⅱ区）的网络安全管理平台（采集）网关机，网关机将接收到的网络安全监测信息进行相应预处理后存储于数据库以供后续调用；同时，Ⅱ区工作站 PC1 与Ⅲ区工作站 PC2 之间通过正、反向隔离装置实现信息互传。

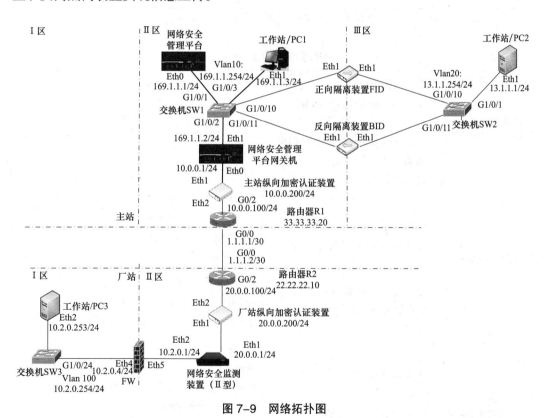

图 7-9 网络拓扑图

7.6.1 网络配置

配置 R1、R2 的接口和动态路由协议，实现主站和厂站网络的互联互通。以路由器 R1 的配置为例进行详细说明：

（1）OSPF 配置。路由器 R1 的公网接口 G0/0 与路由器 R2 的公网接口 G0/0 之间使用 OSPF 实现网络互联，如表 7-26 所示。

表 7-26   路由器 R1 的 OSPF 配置

配置项	配置内容
配置 LoopkBack0 的 IP 地址	interface LoopBack 0 ip address 33.33.33.20 255.255.255.255
配置 router id	router id 33.33.33.20
配置互联接口 G0/0 的 IP 地址	interface GigabitEthernet 0/0 ip address 1.1.1.1 255.255.255.252
配置 OSPF 路由协议	ospf 1 area 0.0.0.10 network 1.1.1.1 0.0.0.3 network 33.33.33.20 0.0.0.0

（2）配置 VPN 实例并建立 IBGP 邻居关系，如表 7-27 所示。

表 7-27   VPN 实例及 BGP 配置

配置类别	配置说明	配置内容
使能 MPLS LDP 的标签交换功能	全局使能 MPLS 功能，配置 MPLSlsr-id 生成转发标签	mpls lsr-id 33.33.33.20 mpls ldp
	互联接口 G0/0 使能 MPLSLDP 功能	interface GigabitEthernet 0/0 mpls enable mpls ldp enable
VPN 实例配置	根据实际的业务需求，分别配置非实时 VPN 实例 vpn-nrt	ip vpn-instance vpn-nrt route-distinguisher 100:2 vpn-target 100:20 import-extcommunity vpn-target 100:20 export-extcommunity
	业务接口 g0/2 绑定 VPN 实例，并配置业务接口的 IP 地址业务	interface GigabitEthernet 0/2 ip binding vpn-instance vpn-nrt ip address 10.33.0.254 255.255.255.0
配置 BGP	①配置 IBGP 邻居； ②使能 vpnv4 地址簇； ③ VPN 实例中引入直连路由	bgp100 peer 1.1.1.2 as-number 100 peer 1.1.1.2 connect-interface LoopBack0 address-family vpnv4 peer 1.1.1.2 enable ip vpn-instance vpn-nrt address-family ipv4 unicast import-route direct

7.6.2　纵向加密认证装置配置

7.6.2.1　主站纵向加密认证装置

（1）证书导入及日志管理配置。完成对端设备证书导入及管理平台的相应配置，此处不再赘述。

（2）网络及策略配置，如表 7-28 所示。

表 7-28　　　　　　　　　　主站纵向加密认证装置配置

网络基础配置	南瑞：配置桥地址 10.0.0.200/24，桥关联 Eth1 和 Eth2 科东：配置 Eth1（外网口）地址 10.0.0.200/24
路由配置	配置路由：20.0.0.0/24，下一跳地址 10.0.0.100
隧道配置	配置一条隧道，本端地址 10.0.0.200，对端地址 20.0.0.200，隧道模式密通
策略配置：根据实际业务需求配置相应策略，并匹配相应隧道： ①服务代理； ②监测信息； ③ Ping 策略； ④日志信息	①源地址 10.0.0.1，目的地址 20.0.0.1，TCP 源端口 1024-65535，目的端口 8801，密文； ②源地址 10.0.0.1，目的地址 20.0.0.1，TCP 源端口 8800，目的端口 1024-65535，密文； ③源地址 10.0.0.1，目的地址 20.0.0.1，ICMP 源端口 0-65535，目的端口 0-65535，明文； ④源地址 10.0.0.1，目的地址 20.0.0.200，UDP 源端口 514，目的端口 0-65535，明文

7.6.2.2　厂站纵向加密认证装置

（1）证书导入及日志管理配置。完成对端设备证书导入及管理平台的相应配置，此处不再赘述。

（2）网络及策略配置，如表 7-29 所示。

表 7-29　　　　　　　　　　厂站纵向加密认证装置配置

网络基础配置	南瑞：配置桥地址 20.0.0.200/24，桥关联 Eth1 和 Eth2 科东：配置 Eth1（外网口）地址 20.0.0.200/24
路由配置	配置路由：10.0.0.0/24，下一跳地址 20.0.0.100
隧道配置：与对端加密装置建立隧道	配置一条隧道，本端地址 20.0.0.200，对端地址 10.0.0.200，隧道模式密通

续表

策略配置：根据实际业务需求配置相应策略，并匹配相应隧道： ①服务代理 ②监测信息 ③ Ping 策略	①源地址 20.0.0.1，目的地址 10.0.0.1，TCP 源端口 8801，目的端口 1024–65535，密文； ②源地址 20.0.0.1，目的地址 10.0.0.1，TCP 源端口 1024–65535，目的端口 8800，密文； ③源地址 20.0.0.1，目的地址 10.0.0.1，ICMP 源端口 0–65535，目的端口 0–65535，明文

7.6.3　网络安全监测装置及防火墙配置

7.6.3.1　防火墙配置

（1）接口地址配置及安全域划分。厂站Ⅰ、Ⅱ区默认业务不能通信，因此将防火墙的业务接口划入具有相同优先级的不同安全域。

（2）网络配置。防火墙工作于透明模式，因此防火墙无需路由配置。

（3）策略配置。网络安全监测装置需要采集交换机 SW3 的日志信息及 PC3 的 agent 访问网络安全监测装置的通信策略，因此需要在防火墙上配置三条策略：

1）网络安全监测装置主动访问交换机 SW3 的 SNMP 访问：

UDP：DCD(10.2.0.1)：1025–65535 访问 SW3(10.2.0.254)：161

2）网络安全监测装置 DCD 接收交换机 SW3 的 SNMP trap 报文

UDP：SW3(10.2.0.254)：1025–65535 访问 DCD(10.2.0.1)：162

3）网络安全监测装置 DCD 接收 PC3 的 agent 访问：

TCP：PC3(10.2.0.253)：1025–65535 访问 DCD(10.2.0.1)：8800

7.6.3.2　网络安全监测装置配置

（1）网络配置如表 7–30 所示。

表 7–30　　　　　　　　　　网络安全监测装置网络配置

配置接口地址、路由及平台传输通信地址	Eth1 口 IP 地址：20.0.0.1/24 Eth2 口 IP 地址：10.2.0.1/24 路由 1：目的网段 10.0.0.0/24，网关 20.0.0.100 路由 2：10.0.0.1：8800

（2）资产添加。将监测对象的设备型号、设备类型、设备 IP 地址等资产信息进行录入。

7.6.3.3　交换机 SW3 相应配置

交换机需要进行额外配置以满足网络安全监测装置的日志信息要求，现以 H3C S3100V3 交换机（系统软件版本为 V5）为例进行说明。仅允许网络安全监测装置对该

交换机管理和信息采集，因此在配置 SNMP 及 SNMP trap 时需要引入 ACL 以满足限制条件。交换机 SNMP 及日志配置如表 7–31 所示。

表 7–31　　　　　　　　　　　　交换机 SNMP 及日志配置

交换机 SW3 上配置 SNMP、SNMPtrap，配置 ACL 仅允许网络安全监测装置采集交换机信息； SNMP 采用 v2c 版本，只配置读团体字，不配置写团体字，团体字为 Admin@123	acl number 2999 rule 5 permit source 20.0.0.10 rule 100 deny ip snmp-agent community read Admin@123acl2999 snmp-agent sys-info versionv2c snmp-agent trap enable snmp-agent target-host trap address udp-domain 20.0.0.1 params securityname Admin@123v2c

7.6.4　隔离装置配置

本案例中的正、反向隔离装置的内、外网侧为二层网络：主机 PC1 与隔离装置内网侧同处一个 VLAN，主机 PC2 与隔离装置外网侧同处一个 VLAN；同时，由于未给出隔离装置的 IP 地址，需根据实际所处网络自行分配正确的地址。

7.6.4.1　正向隔离装置配置

（1）隔离规则配置。正向隔离规则配置如表 7–32 所示。

表 7–32　　　　　　　　　　　　正向隔离装置配置

科东隔离规则配置	科东	IP 地址	虚拟 IP	MAC
	PC1	169.1.1.3	13.1.1.10	PC1MAC
	PC2	13.1.1.1	169.1.1.10	PC2MAC
	端口：32728；协议：TCP；外网网关：33.10.1.254			
南瑞隔离规则配置	南瑞	内网配置	外网配置	
	IP 地址	169.1.1.3	13.1.1.1	
	端口	0	32728	
	虚拟 IP	13.1.1.10	169.1.1.10	
	掩码	255.255.255.0	255.255.255.0	
	网卡	Eth1	Eth1	
	网关	0	0	
	路由	否	否	
	MAC	PC1MAC	PC2MAC	
	协议：TCP			

（2）隔离日志及传输软件配置。为与网络安全管理平台对接，需在隔离装置上配置日志服务器地址和日志转发策略如表 7–33 所示。

表 7–33　　　　　　　　　　日志转发及传输软件配置

日志转发配置	日志源地址：169.1.1.20 目的地址：169.1.1. 端口：514
传输软件配置	目的地址（13.1.1.10），端口 32728

7.6.4.2　反向隔离装置配置

（1）隔离规则配置。反向隔离规则配置如表 7–34 所示，需注意正、反向隔离的同侧虚拟地址及端口不应相同。

表 7–34　　　　　　　　　　反向隔离装置配置

科东隔离规则配置：	科东	IP 地址	虚拟 IP	MAC
	PC1	169.1.1.3	13.1.1.100	PC1MAC
	PC2	13.1.1.1	169.1.1.200	PC2MAC
	端口：32727；协议：UDP			

南瑞隔离规则配置：	南瑞	外网配置	内网配置
	IP 地址	13.1.1.1	169.1.1.3
	端口	0	32727
	虚拟 IP	169.1.1.200	13.1.1.100
	掩码	255.255.255.0	255.255.255.0
	网卡	Eth1	Eth1
	网关	0	0
	路由	否	否
	MAC	PC2MAC	PC1MAC
	协议：UDP		

（2）隔离日志及传输软件配置。隔离装置上需配置日志服务器地址和日志转发策略，此处不再赘述。

中英文缩写对照表

英文	中文	英文缩写
Access Control List	访问控制列表	ACL
Access Control Lists	访问控制列表	ACL
Address Resolution Protocol	地址解析协议	ARP
AlternatedPort	可选端口	AP
Autonomous System	自治系统	AS
Back-up Designated Router	备份指定路由器	BDR
Border Gateway Protocol	边界网关协议	BGP
Bridge Protocol Data Unit	桥接协议数据单元	BPDU
BridgeID	桥 ID	BID
Certificate Authority	认证中心	CA
Data Transformation Services	数据迁移工具	DTS
Database Administrator	数据库管理员	DBA
Database Description	数据库描述消息	DD
Database System	数据库系统	DBS
Database	数据库	DB
Designated Router	指定路由器	DR
DesignatedPort	指定端口	DP
Discretionary Access Control	自主访问控制	DAC
Downstream unsolicited	下游自主标记分配	DU

英文	中文	英文缩写
Downstream-on-demand	下游按需标记分	DOD
Exterior Gateway Protocol	外部网关协议	EGP
Forwarding Equivalence Class	转发等价类	FEC
Host-based Intrusion Detection System	基于主机的入侵检测系统	HIDS
International Organization for Standardization	国际标准化组织	ISO
Internet Service Provider	互联网服务提供商	ISP
Intrusion detection system	入侵检测系统	IDS
Label Distribution Protocol	标签分配协议	LDP
Label Switching Edge Router	标签交换边界路由器	LER
Label Switching Path	标签交换通道	LSP
Label·Switching Router	标签交换路由器	LSR
Link State Acknowledge	链路状态确认	LSAck
Link State DataBase	链路状态数据库	LSDB
Link State Request	链路状态请求	LSR
Link State Update	链路状态更新	LSU
Link-State Advertisement	链路状态广播	LSA
mandatory access control	强制访问控制	MAC
Media Access Control Address	媒体存取控制位址	MAC
Multiprotocol Label Switching	多协议标签交换	MPLS
Network Address Translation	网络地址转换	NAT
Network intrusion detection system	基于网络的入侵检测系统	NIDS
Network Time Protocol	网络时间协议	NTP
Open Shortest Path First	开放最短路径优先	OSPF
Open System Interconnection	开放系统互联	OSI
Penultimate Hop Popping	倒数第二跳弹出特性	PHP
Port ID	端口 ID	PID
Public Key Infrastructure	公钥基础设施	PKI
Registration Authority	注册审批机构	RA

续表

英文	中文	英文缩写
Remote Network Monitoring	远端网络监控	RMON
Reverse Address Resolution Protocol	逆向地址解析协议	RARP
RootPort	根端口	RP
Secure Shell	安全外壳协议	SSH
Security Gateway	安全网关	SG
Simple Network Management Protocol	简单网络管理协议	SNMP
Single Sign On	数据库安全员	SSO
Spanning Tree Protocol	生成树协议	STP
Synchronous Digital Hierarchy	电力同步数字体系	SDH
Transmission Control Protocol/Internet Protocol	传输控制协议 / 网际协议	TCP/IP
Virtual Local Area Network	虚拟局域网	VLAN
Virtual Private Network	虚拟专用网络	VPN
Virtual Private Network	虚拟专用网络	VPN
Web Application Firewall	Web 应用防火墙	WAF